火电厂
供热及热电解耦技术

主　编　杨俊波
副主编　苗井泉　胡训栋　周正道

中国电力出版社
CHINA ELECTRIC POWER PRESS

内 容 提 要

本书首先以清洁供热系统为对象,详细分析我国供热及热电解耦政策,为供热规划提供参考;然后系统介绍电厂清洁供热技术、热电解耦技术、长距离输送供热及智慧供热技术原理,界定各种技术的使用范围和场合,提供技术应用典型案例,为各类发电供热企业采用高效、经济、合理的技术路线提供参考。

本书可作为供热设计人员和热电厂、供热企业技术及管理人员的培训教材,也可供能源行业研究机构人员、各城市供热主管部门人员、高等院校能源与动力类相关专业师生参考。

图书在版编目(CIP)数据

火电厂供热及热电解耦技术/杨俊波主编 . 一北京:中国电力出版社,2020.9
ISBN 978 - 7 - 5198 - 4819 - 4

Ⅰ.①火… Ⅱ.①杨… Ⅲ.①火电厂-供热系统-研究 Ⅳ.①TM621.4

中国版本图书馆 CIP 数据核字(2020)第 131993 号

出版发行:中国电力出版社
地 址:北京市东城区北京站西街 19 号(邮政编码 100005)
网 址:http://www.cepp.sgcc.com.cn
责任编辑:刘汝青(010-63412382) 柳 璐
责任校对:黄 蓓 于 维
装帧设计:赵姗姗
责任印制:吴 迪

印 刷:北京瑞禾彩色印刷有限公司
版 次:2020 年 9 月第一版
印 次:2020 年 9 月北京第一次印刷
开 本:710 毫米×980 毫米 16 开本
印 张:17.75
字 数:285 千字
印 数:0001—2000 册
定 价:78.00 元

前　言

　　随着我国城镇化的快速发展和人民生活水平的提高，我国供热产业发展迅速，以煤为主的资源禀赋特点决定了煤是供热主体能源。供热系统作为我国生产、生活的重要能源基础设施，面临产业转型升级。构建清洁低碳、安全高效的供热体系，已成为行业的共识和行动指南。为实现区域能源系统的低碳化和清洁化，国家相继出台了一系列重要的政策文件，要求提高能源利用清洁化水平及利用效率，对清洁取暖、煤电节能升级、大气污染防治与环保设施改造等都提出了明确要求。

　　清洁供热的背后实际是供热技术路线的选择，我国经过几十年的探索和积累，对不同供热方式下的技术路线都有成功示范案例和基本结论。为研究不同供热方式下的技术路线，促进火电转型升级，推进清洁供热产业，提出中国未来清洁供热的解决方案，编写组编写了《火电厂供热及热电解耦技术》一书，力图全面梳理分析国家与地方有关供热及热电解耦政策，为供热发展提供参考。供热技术发展与相关政策出台是相互促进、相辅相成的。通过分析国家、地方出台的相关政策，系统梳理汇集供热与调峰技术方案及技术应用情况，分别对国家供热政策前景、供热技术应用、供热机组调峰技术应用进行前景展望，明确提出供热发展原则及思路，为供热企业采用高效、经济、合理的技术路线提供建议。

　　本书共分为九章。第一章介绍了国内外供热发展概况；第二章深入分析了国家和地方供热政策出台背景，重点解读了主要供热政策；第三～七章分别针对工业供热技术、火电厂清洁供暖技术、可再生能源供暖（供热）技术、长距离输送供热技术及智慧供热技术，从技术原理、适用范围及工程案例等方面进行了详细阐述；第八章重点介绍了供热机组热电解耦技术，论述了低压缸切除、旁路蒸汽供热和储热蓄能的技术原理、适用范围及工程案例等；第九章对供热政策和技术应用进行了前景展望，提出了供热发展的原则和方案，对供热技术提出了应用建议。

在本书的编写过程中，参考借鉴了许多同行的资料和成果，在此一并致以诚挚的感谢。

我国火电厂供热处于快速发展阶段，各种供热技术数据多、涉及面广、研究难度大。编者虽然投入大量精力，但受时间和研究水平所限，本书不足之处在所难免，恳请读者不吝赐教，以便再版时更正。

编者

2020 年 5 月

目　录

第一章

概　　述

一、供热技术基本概念

我国供热事业已经走过了将近 70 年的发展历程，供热系统已经成为人们生产生活的重要能源基础设施，涉及热源、热网、用户等多个环节。供热热源形式有燃煤热电厂及锅炉房、燃气热电厂及锅炉房、电能、生物质能、太阳能、风能、地热能、核能等，诸多热源通过多能互补技术实现供热系统的动态能量平衡和集成优化。在当前能源转型的信息社会背景下，清洁集中供热系统、智慧热网成为供热系统的重要突破方向。下面从供热系统热源、热网、用户等方面对相关术语进行简要介绍。

供热，是指以热水和蒸汽作为热媒，由一个或多个热源通过热网向热用户提供生产、生活所需的热能。

热用户，是指从供热系统中获得热能的用户系统。

集中供热，是指一个或多个集中热源通过供热管网供给城市（镇）或部分区域热用户所需热量的方式。

清洁供热，是指利用天然气、电、地热能、生物质能、太阳能、工业余热、清洁化燃煤（超低排放）、核能等清洁化能源，通过高效用能系统实现低排放、低能耗的供热方式，包含以降低污染物排放和能源消耗为目标的供热全过程，涉及清洁热源、高效输配管网（热网）、节能建筑（热用户）等环节。

广义的清洁供热，是指工业、农业和建筑等所有生产生活场所供应热水

1

和蒸汽的供热方式。主要是指因地制宜使用清洁化能源（热源），直接或通过高效输配管网为热用户提供绿色经济热能的供热方式，不仅涉及清洁化能源（热源）、高效输配管网（热网）、节能建筑（热用户）等全过程，还包含供热之外的方案设计、融资服务、节能改造、工程施工、精细管理及智慧运营等环节。

狭义的清洁供热，主要是建筑清洁供暖，是指高效利用天然气、电、地热能、生物质能、太阳能、风能空气能、工业余热、清洁化燃煤及核能等清洁化能源（热源），直接或通过高效输配管网（热网）为节能建筑（热用户）提供绿色经济热能的供暖方式。

热电联产，是根据能源梯级利用原理，先将燃料转换为热能进行发电，再将发电后的余热用于供热的先进能源利用形式。热电联产过程为同时生产电能和热能的工艺过程，热电联产的汽轮机有背压式供热和抽汽式供热两种供热方式。

热泵技术，是指一种能从工业余热、空气、水源以及土壤中获取低位热能，以逆循环方式经过电能或蒸汽做功，提供用户所需高位热能。

生物质能清洁供热，是指利用各类生物质原料，及其加工转化形成的固体、气体、液体燃料，在专用设备中清洁燃烧供热。

风电供暖，是指利用弃风电量代替燃煤提供热源，通过吸纳、存储、传输为北方冬季供暖，并通过建立调度与风电场、电储热实时调度模式，实现弃风电量的动态消纳，进行储热供暖。

太阳能供暖，是指通过集热器吸收清洁、无污染的太阳能，将太阳能转换成热能，通过传热工质传递所得的热能，供给建筑物冬季供暖和其他用热系统。

地热能供暖（又称地热供暖），是指利用地热资源，即使用换热系统提取地热资源中的热能，向用户供暖。

长距离输送供热，是指供热输送管线的主线距离通常在 20km 以上，供热规模较大的供热技术。

火电灵活性改造，是指通过热电解耦或技术改造等方式，将机组的最小技术出力由传统的 50% 降至 40%~20%，使其具有更加灵活的调峰能力，是当前解决弃风、弃光的主要措施之一。

热电解耦，是指对热电机组进行适应性的深度调峰，压低负荷运行，通过技术改造，将供热产生的电负荷就近消纳，或通过电能替代、电制热锅炉将所发电能直接转化为热能储存，在需要供热时通过热电厂的管网送出。通过这种方式，将热电厂的热电产出解耦，在供暖季将发电的空间腾挪出来，为新能源机组创造电能消纳的条件。

　　智慧供热，是在中国推进能源生产与消费革命，构建清洁低碳、安全高效的现代能源体系，大力发展清洁供热的新时代背景下，以供热信息化和自动化为基础，以信息系统与物理系统深度融合为技术路径，运用物联网、空间定位、云计算、信息安全等"互联网＋"技术感知连接供热系统"源-网-荷-储"全过程中的各种要素，运用大数据、人工智能、建模仿真等技术统筹分析优化系统中的各种资源，运用模型预测等先进控制技术按需精准调控系统中各层级、各环节对象，通过构建具有自感知、自分析、自诊断、自优化、自调节、自适应特征的智慧型供热系统，显著提升供热在政府监管、规划设计、生产管理、供需互动、客户服务等各环节业务能力和技术水平的现代供热生产与服务新范式。

二、供热主要技术

　　在国家政策引导和经济、技术发展的大背景下，供热面临产业变革升级。加快构建清洁低碳、高效环保的供热体系，已成为行业发展的共识和行动指南。清洁燃煤集中供热及工业集中供热、供冷都面临良好的发展机遇。一方面，国家政策鼓励发电企业发展高效清洁的供热形式，要求单机容量小、能耗高、污染重的燃煤小热电机组逐步关停，在热电联产项目尚未按合理供热半径布局到位的前提下，有充分的供热区域空间可以利用。特别是北方地区截至 2018 年底清洁供暖占比已达到 50.7%，但距离国家制定的 2021 年达到70%的目标仍有较大差距，未来发展潜力巨大。另一方面，在工业园区、新建大型公用设施等新增用能区域，对冷、热、电、水等综合能源的需求增长迅速，南方地区供热、供冷市场发展潜力巨大。

　　清洁供热的背后实际上是供热技术路线的选择，我国经过几十年的探索和积累，对不同供热方式下的多数技术路线均有成功示范案例和基本结论。火电清洁热源技术路线可分为工业供热技术和供暖技术，工业供热技术主要包括旋转隔板抽汽供热技术、座缸阀抽汽供热技术、背压工业供热技术、打孔抽汽供热技术、参数匹配优化供热技术、燃气机组余热锅炉供热技术等；

供暖技术主要包括抽汽供热技术、抽汽能源梯级利用供热技术、光轴供热技术、高背压供热技术、热泵供热技术、汽轮机背压（含 NCB）供热技术、烟气余热利用供热技术，其中高背压供热、热泵供热也属于余热利用技术。火电厂热电联产供热是我国主要的集中供热方式。

除火电厂清洁供热外，可再生能源供热是建立低碳化和清洁化的供热能源系统不可或缺的部分，可再生能源供热技术主要包括生物质能清洁供热技术、太阳能供暖技术、风电清洁供暖技术和地热能供暖技术。

火电厂热电解耦、长距离输送供热、智慧供热技术的不断发展，对火电厂进一步降低供热煤耗，提高供热经济性、安全性具有积极作用。

火电厂热电解耦技术可以解决以热定电导致的弃风、弃光问题，实现火电厂供热机组深度调峰，热电解耦技术主要包括低压缸切除、汽轮机旁路供热、蓄热水罐、电锅炉技术。

热电厂生产的热能通过热网向热用户供应，在供热系统的热网技术方面，长距离输送供热技术可以将热网输送距离延伸至 20～50km，解决热源和热负荷的空间不匹配问题。智慧供热技术以供热信息化和自动化为基础，连接供热系统"源-网-荷-储"全过程中的各种要素，提高供热全行业的管理水平，促进供热系统清洁化、智能化的实现。

供热技术分类详见表 1-1。

表 1-1   供 热 技 术 分 类

分类	技术名称	技 术 简 介
工业供热技术	旋转隔板抽汽供热技术	汽轮机抽汽口后（顺汽流方向）增设旋转隔板，通过转动环调整抽汽压力和流量
	座缸阀抽汽供热技术	汽轮机中压缸外缸上部布置三个或四个相互独立的调整腔室，各设置一个调节阀单独控制抽汽压力和流量
	背压工业供热技术	利用背压式汽轮机排汽对外供汽
	打孔抽汽供热技术	在汽轮机本体或主蒸汽、再热冷段、再热热段管道、连通管相应位置开孔抽汽
	参数匹配优化供热技术	选择两个甚至多个供汽汽源，耦合匹配用户参数进行供热
	燃气机组余热锅炉供热技术	从燃气轮机排出的高温烟气进入余热锅炉，将水加热使之变成蒸汽供热

分类	技术名称	技术简介
清洁供暖技术	抽汽供热技术	在汽轮机调节级或某个压力级后引出一根抽汽管道进行供热
	抽汽能源梯级利用供热技术	蒸汽先通过背压汽轮机、螺杆机、热泵等设备做功后再进行供热
	光轴供热技术	将汽轮机低压转子更换为不带叶片的光轴，低压缸仅进少量蒸汽用于冷却光轴，其余蒸汽抽出供热
	高背压供热技术	将凝汽器中乏汽的压力提高，凝汽器改为供热系统的热网加热器，充分利用排汽的汽化潜热加热循环水
	热泵供热技术	从工业余热、空气、水源以及土壤中获取低位热能，以逆循环方式经过电能或蒸汽做功，向用户提供高位热能
	汽轮机背压（含NCB）供热技术	利用背压式汽轮机供热，或在联合循环机组汽轮机高中压缸和低压缸之间设置SSS离合器，机组可按纯凝、抽凝和背压三种方式运行
	联合循环机组烟气余热利用供热技术	在联合循环电站中，通过设置尾部烟气换热器生产热水，用于供热、制冷
可再生能源供暖（供热）技术	生物质能清洁供热技术	利用各类生物质原料，及其加工转化形成的固体、气体、液体燃料，在专用设备中清洁燃烧供热
	太阳能供暖技术	通过集热器吸收清洁、无污染的太阳能，将太阳能转换成热能进行供热
	风电清洁供暖技术	利用具备蓄热功能的电供暖设施进行供暖，消纳风电
	地热能供暖技术	使用换热系统提取地热资源中的热量向用户供暖
热电解耦技术	低压缸切除技术	切除低压缸进汽用于供热，仅保留少量冷却蒸汽进入低压缸，实现低压转子"零"出力运行
	旁路蒸汽供热技术	利用高、低压旁路系统经过减温减压后直接供热
	蓄热水罐技术	蓄热水罐用于满足和平衡日热负荷的波动
	电锅炉技术	电极式锅炉是一种直接将电能转换成热能的装置，固体蓄热装置是一种显热储热装置
长距离输送供热技术		将热网输送距离延伸至20km以上，解决热源和热负荷的空间不匹配问题
智慧供热技术		以供热信息化和自动化为基础，连接供热系统"源-网-荷-储"全过程中的各种要素，提高供热全行业的管理水平，促进供热系统清洁化、智能化的实现

第二节 国外供热发展概况

19 世纪 80 年代，美国工程师霍利率先利用工厂排汽进行加热，这是最早的联产项目，也是联产思想应用在能源领域的开始。1893 年，德国采用余热供热方式对一些大楼进行集中供暖，经济效益良好。到 20 世纪初，汽轮机相比于蒸汽机，在技术、经济方面开始体现出优势。1905 年，英国生产了世界上第一台热电联产汽轮发电机组，这是联产技术的一次跨越，开启了汽轮机热电联产应用的序幕。1907 年，美国西屋电气公司制造出抽汽压力可调整的抽汽式热电联产汽轮发电机，标志着热电联产技术在国外逐渐成熟。

由于工业经济的发展迅速，电力需求和热能需求同时增加，相比热电分产，热电联产供热在技术与经济上都体现出了明显优势，得到快速的发展。

集中供热系统使用加压后的热水作为热媒（水温大部分高于 100℃）最早出现在圣彼得堡。1924 年 11 月 25 日，同时生产电和热水的热电联产系统投运，为城市中的各类热用户供热。此后，热电事业随着汽轮机技术进步发展起来，供热汽轮机的参数走过了中压-次高压-高压-超高压-临界-超临界的路程。供热汽轮机的功率也从几千瓦增长到现在的几百兆瓦。

20 世纪 70 年代世界能源危机后，降低能源消耗、提高能源利用率成为各国能源发展的核心任务，此外，全球气候问题也进一步推动了热电联产的发展，采用热电联产供热的城市越来越多。

从总体上看，供热发展的总体趋势是热电联产普遍化、机组容量大型化、使用燃料清洁化、能源系统新型化、热媒参数低温化、热量消耗计量逐步本地化、供热运行智慧化、投资经营市场化。

一、 俄罗斯

俄罗斯地处严寒区，每年供暖期长达 7 个月。俄罗斯高度重视供暖技术发展，是最早发展集中供暖的国家之一。目前，俄罗斯大多数常住人口 10 万以上的城市都有中央供暖系统，并把热电厂和区域供热锅炉房作为主要热源。俄罗斯天然气资源丰富，是热电联产的主要能源。根据 2015 年的统计，俄罗斯运行的约 600 个热电厂使用的燃料中约 67％为天然气、28％为煤炭。煤炭在俄罗斯能源结构中也占有重要地位，小型城市集中供暖主要由燃煤锅炉提供。

1991 年苏联解体后，由于投资萎缩、设备老化，俄罗斯供暖事业的发展受到较大限制，热电联产比例和系统热效率下降，许多用户脱离集中供暖，建立独立锅炉，到 2000 年，热能工程逐步复兴，随着经济复苏，俄罗斯加大了对供暖发展的关注力度，通过热网节能改造、锅炉及小型热电厂改造，建筑物采用局部热源及节能工艺、材料和设备等，优化集中供热系统，建设现代化热网。根据《2030 年前俄罗斯能源发展战略》的目标要求，预计到 2030年，俄罗斯集中供暖节能达到 35%～45%，热能需求降低 30%～40%。

俄罗斯在建设大型集中供热系统方面经验丰富，气候和地质条件的多样性增加了发展集中供热的技术难度，促使其对供热设计、施工及运行过程中的诸多问题进行研究。俄罗斯在高参数汽轮机设计及制造、各种地下及地上管网敷设技术、长距离输送热网及系统运行调节等方面都具有深厚的技术基础。

二、 德国及北欧国家

德国住宅建筑供暖时间基本为每年 9 月至次年 5 月。供暖主要以分散为主，一户或几户共用一个锅炉供暖，燃料类型以天然气及燃油为主，集中供暖占全部供暖系统比例约 12%。虽然集中供暖占比不大，但技术较为发达，集中供暖热源为热电厂、调峰锅炉和独立供暖锅炉，其中热电联产占比 60%。德国高度重视环境保护，鼓励使用清洁能源供暖。出于安全考虑，德国计划于 2027 年关闭核能发电，计划以煤的清洁利用作为过渡性能源，并逐步以可再生能源代替化石燃料，最终实现不使用煤的目标。

丹麦积极发展区域供热及可再生能源。根据 2014 年的统计，丹麦近 50%的供热需求由区域供热系统提供。区域供热热能主要由热电联产的热电厂提供，普遍采用主供热站与用户分离的间接供热方式，通过换热站间接连接。由于自然资源匮乏，丹麦政府大力发展可再生能源，形成以热电联产为主导，风能、生物能源、潮汐能、太阳能等多种能源相结合的能源现状，是全球可再生能源发展成果最显著的国家之一。

芬兰的供热方式主要有区域供热、独立燃油供暖、电供暖和燃烧木材，其中区域供热占主导地位。大城市建筑主要采用区域供热，独户建筑主要采用小型燃油和电供暖锅炉。芬兰的供暖二次网系统相对较小，换热站通常为设在公寓地下室的小型组合式换热站，具备无人值守、自动控制的功能。

挪威气候寒冷，面积狭小，但资源丰富，是欧洲重要的能源生产国和出口国，有充足的资源满足居民的供暖需求。挪威水力资源丰富，水力发电量占全国总发电量的95%，供暖主要为电供暖。传统独户住房供暖方式是电加热和木柴炉相结合，城市建筑密集区也有热电联产集中供暖，燃料主要为垃圾、生物质等可再生能源。

2015年，瑞典290个城市中有270个采用了区域供暖系统，55%的供暖需求是通过区域供暖系统实现的，其地下管道总长超过1.8万km。

近年来，北欧学者提出了"第四代供暖技术"的概念，旨在更充分地利用太阳能、地热能、风能、生物质能等可再生能源，进一步降低化石能源在供暖中的比例。提高第四代区域供热系统效率和灵活性的途径是：大量使用生物质燃料，充分利用太阳能、地热能、风能等其他可再生能源；进一步推广各类电热泵、电锅炉等电转热方法，并用于一、二次供热；采用低温供热技术（如55℃供水、25℃回水，甚至35～45℃供水），减少输送中的热量损失；在供热系统中应用智能能源管理，实现"源-网-储-荷"全过程管理。

三、 美国

美国于1882年建设了第一座热电联产机组。20世纪90年代中期，美国政府推出了一系列促进热电联产发展的措施，包括1978年颁布的《共用电力公司管理政策法案》和1992年颁布的《能源政策法案》。1980—1995年，美国热电联产装机容量由12000MW增加到45000MW，到2014年，热电联产装机容量发展至82700MW。

美国住宅、别墅类建筑大多采用分户独立供暖装置，公寓一般在附近设置锅炉为整座公寓进行供暖。根据2015年美国能源信息署公布的调查数据，绝大多数美国家庭使用燃气炉、电热炉或热泵作为冬季热源设备。目前美国主要以天然气、电力、石油作为取暖燃料，2015年冬季供暖燃料消耗统计显示，电力占比40%，天然气占比47%，石油占比5%，丙烷占比5%，木材燃料占比2%，其他能源占比1%。根据美国的能源和环保战略，可再生能源供热将是美国未来燃料多样化战略的重要组成部分。

除积极推动热电联产的发展，美国还积极发展小型冷热电联产以高效利用能源，是第一个实施发展天然气分布式能源的国家。2010年，美国有25%新建商用和公共建筑设计采用冷热电联产技术。近年来，美国能源部积极鼓励发展以天然气为能源的分布式供能系统，并以此构建微电网，发展更为先进的智能电网。

四、 日本及韩国

日本的集中供热普及率在发达国家中相对较低，其集中供热系统始建于1970年，以小规模居多，多用于办公楼等商务设施。日本供热热源主要采用天然气、电力、石油、煤气以及生物质等。由于资源相对匮乏，日本高度重视节能和环境保护，重视工业余热、垃圾焚烧热、生活污水废热、空气能等能源利用，已减少甚至不再使用燃煤供热。

韩国南部地区供暖时间大约是在每年11月至次年3月，北部地区供暖时间在每年11月初至次年4月中旬。为减少能量消耗及温室气体排放，韩国积极发展集中供热事业，其供暖的能源主要是天然气和各种油品，基本不使用煤炭。韩国传统住宅基本采用地暖，单独供暖的热源来自天然气和煤油。此外，韩国也正发展以垃圾能源为燃料进行区域供暖。

第三节　国内供热发展概况

我国集中供暖从新中国成立后起步，参考苏联模式，经历了从无到有、从小到大、从弱到强的发展历程。我国居民集中供暖分界线位于北纬33°附近的秦岭和淮河一带，供暖分界线以北累年日平均气温稳定低于或等于5℃的天数大于或等于90天，即被界定为集中供暖区域。

20世纪80年代以前，我国供热行业发展缓慢，技术、设备和管理相对落后，中小型热电联产机组和区域锅炉房零散建设了一些小型集中供热系统。这种情况出现的主要原因是第一、第二、第三个五年计划期间建设的热电厂，由于热负荷设计偏大，导致热电厂的能源效率下降。同时，区域热电厂的建设需要协调工业建设和城市规划，工作量很大，对热电建设带来了很大的影响。据国家能源局统计，1980年，单机容量为6000kW及以上的供热机组总容量为443.41万kW，"三北"（东北、西北、华北）城镇集中供热面积为1124.8万 m^2，普及率仅2%。

改革开放后，集中供热得到了社会和政府的高度重视。1981年以后，中央确定了到2000年工农业总产值翻两番的目标，提出了节能与发展并重的能源政策。1986年，国务院发布了第22号文件《关于发展城市集中供热的意见》，集中供热模式步入快速发展时期。到 1990 年底，全国单机容量 6000kW 及以上的供热机组总容量已增长到 998.93 万 kW，年供热量为 56481 万 GJ，全国 17 个城市建设了集中供热设施，供热面积 2.13 亿 m^2，"三北"地区集中供热普及率提高到 12%。

20 世纪 90 年代以来，我国集中供热行业发展迅速，集中供热已成为我国北方地区城镇冬季供暖的主要模式。2000 年，国家计委、国家经贸委、建设部、环保总局出台《关于发展热电联产的若干规定》，鼓励热电联产健康发展。2003 年，国家发展改革委编制了《2010 年热电联产发展规划及 2020 年远景发展目标》，总结了我国热电联产发展现状、需求、发展目标、政策和管理措施。2004 年，国家发展改革委颁布《中长期节能专项规划》，确定热电联产为节能十大重点工程之一。2017 年，全国集中供热面积比 1990 年增长 39 倍，城市集中供热管网总里程已超过 31.2 万 km，北部地区燃煤供热面积占总供热面积的 83%。

我国热电联产装机与年供热量发展情况见表 1-2。

表 1-2　　　　　　　我国热电联产装机与年供热量发展情况

年份	装机容量（万 kW）	年供热量（万 GJ）	比上年增长（%）
2005	6981	192549	
2006	8311	227565	18.19
2007	10091	259651	14.1
2008	11583	249702	-3.83
2009	14464	258198	3.4
2010	16655	280760	8.74
2011	20387	297859	6.09
2012	22075	307749	3.32
2013	25182	324128	5.32
2014	28326	332160	2.48
2015	35000	351813	5.92
2016	39105	359545	2.19
2017	43500	368285	2.41
2018	46907	381396	3.56

随着城镇化的快速发展和生活水平的提高，供暖的能源消费大幅增加，

煤炭依然是城市供暖热力生产的主要燃料。煤炭的燃用给供应和环境造成了巨大压力，近几年在供暖期频繁发生雾霾的原因之一就是冬季供暖燃用煤炭，特别是在城市周边及县城、农村等区域，大量散煤被用作取暖燃料，加剧了北方区域雾霾的发生。

随着社会和经济的发展，在新需求及环保的驱动下，新旧动能加快转换，供热产业格局发生深刻调整。自 2013 年实施《大气污染防治行动计划》以来，供热领域作为大气污染治理的主战场，清洁供暖被提上日程，经过几年的努力，清洁供暖取得了长足的进展。

在推进清洁供暖工作中，中央及地方国有发电企业、私营发电企业极大地推进了供热行业的发展。作为电力能源央企的五大发电集团坚持以电为主，大力发展清洁供暖产业，分别根据国家供热发展需求制定了相关规划，具体情况如下。

1. 国家电力投资集团有限公司

国家电力投资集团有限公司（简称国家电投）在火电"十三五"及中长期供热发展规划中提出大力拓展供热业务，助力国家清洁供暖。依托国家电投现有煤电机组，推进供热新技术应用研究，统筹开展供热改造，积极拓展供热市场；在北方供热价格低的地区，积极争取政府支持，提高供热效益；大力开拓沪、赣、贵、渝、粤等南方供热市场；进一步拓展集中能源供给市场，积极发展热、冷、水等一体化供能模式；探索拓展新市场、新业态的发展机遇；积极发展热电联产机组，优选发展中心城市和工业园区配套的燃煤热电联产项目，积极在北方城市寻求集中供热改造项目，充分利用国家相关政策，优先发展背压热电联产机组；深入开展供热改造、余热利用、辅机系统等系统性节能新技术应用，提升机组能效水平。

国家电投 2019 年火电工作要点通知指出，要进一步巩固和开拓供热市场，总结北方供热地区成功经验，研究国家及各省蓝天保卫行动计划及措施，加大供热新技术的推广利用，积极开拓江西、贵州、重庆、广东等南方供热市场。2019 年开展国家电投火电转型升级专题规划编制，完成国家电投火电供热发展规划思路专题编制与研究。在清洁供暖方面，利用已有的项目经验和技术储备，发挥整体优势，研究分析国家政策，梳理二级单位规划的清洁供暖项目，研究清洁供暖技术路线及商业模式，提出发展策略和规划项目安排，推动清洁供暖成为国家电投新产业。

2. 中国华电集团有限公司

中国华电集团有限公司（简称华电集团）结合《中国华电集团有限公司"十三五"发展规划》的总体要求，制定了《中国华电集团有限公司"十三五"热力产业发展》，提出积极拓展热力市场，做好供热版块化管理的要求。

华电集团 2018 年 4 月下发《关于做好北方地区冬季清洁供暖项目开发有关工作的通知》，北方 15 省各区域公司根据要求开展冬季清洁供暖项目开发规划，择优布局热电联产项目以及配套热网项目。

截至 2018 年底，华电集团在北方区域共有 46 个清洁供暖项目，总供热能力为 3151 万 kW，热源供热量为 15927.2 万 GJ，管网规模 3361.48km，热网趸售供热量 11526.59 万 GJ，入网面积 49727.83 万 m²，实际供热面积 42960.21 万 m²。

华电集团计划到 2020 年底供热机组装机容量接近 1 亿 kW，供热面积 7 亿 m²，年供热量突破 3 亿 GJ 的总目标。各区域公司根据当地政府出台的政策及实施方案，结合本区域的装机情况，加大对风、光、生物质等新能源供热的开发力度。

3. 中国华能集团有限公司

中国华能集团有限公司（简称华能集团）根据 2017 年 12 月国家发展改革委等 10 部委印发的《北方地区冬季清洁取暖规划（2018—2021年）》，以华能集团现有民生供暖、工业供热为基础，统筹供热产业发展，编制《供热产业发展专项规划》。

截至 2017 年底，华能集团火电供热机组 282 台，总装机容量 8545 万 kW，其中燃煤供热机组 251 台 7977 万 kW，燃气供热机组 31 台 568 万 kW，另有供热热水炉 59 台 3055MW。截至 2017 年底，华能集团供热能力 50556MW，其中供暖供热 42856MW，工业供热 7700MW。2017 年度，完成总供热量 28786 万 GJ，其中供暖 23942 万 GJ、工业供热 4844 万 GJ，平均供热煤耗 40.85kg/GJ，平均热电比 12.1%。

华能集团计划到 2021 年，供热能力突破 60000MW，供热量突破每年 4.3 亿 GJ，年均增幅超过 10%，供热收入占比超过 5%，热水管网供暖总面积突破 8 亿 m²，实际工业供汽超过 4000t/h，直供供暖面积达到 3.54 亿 m²，供热价格平均 40 元/GJ。到 2021 年，华能集团黄（淮）河以北电厂全面实现热电联产，南方具备条件地区电厂积极拓展工业供汽市场。到 2021 年，在建及规划项目建成投产，预计新增供热能力约 4938MW，供热面积可达 9065 万 m²，工业供汽达 2444t/h，新增装机容量 828 万 kW。

4. 中国大唐集团有限公司

中国大唐集团有限公司（简称大唐集团）在 2016 年编制了大唐集团"十三五"发展规划，提出因地制宜发展燃煤热电、燃气热电、背压机、分布式能源、热网等供热产业。近五年来，通过热电联供和机组节能改造等措施，供电煤耗累计下降 13.25g/kWh。开发推广分布式能源、集中供热、多能互补等业务。在北方寒冷地区的人口聚居区，重点发展以供暖供热为主的燃煤热电联产项目；在东南沿海经济发达地区，重点发展大型清洁高效煤电，在有热负荷需求的大型工业园区，适度择优发展大型燃气热电项目，积极试点开发背压机工业供热和燃气分布式冷热电联供项目。

5. 国家能源投资集团有限责任公司

国家能源投资集团有限责任公司（简称国家能源集团）提出开发供热市场、实施热电联产、减少冷端损失是提高煤电能源转化效率的重要方向。一是扩展供热范围，30km 以上远距离供热，扩展居民供热面积、提升热电比，协调政府为园区集中供热，扩展冷热电多联供及综合能源服务；二是研究实践新供热技术，以余热利用、高背压改造为主导路线，综合运用旋转隔板技术、溴化锂热泵、高效换热器等技术，分能级供热提供高效能源。

从对供热产业发展规划看，国家电投、华电集团、华能集团、大唐集团及国家能源集团都明确提出响应国家清洁取暖政策，积极发展热电联产机组的目标。但在针对供热产业发展的具体目标和发展思路、方案方面，华电集团和华能集团制定了详细的清洁取暖或供热规划，明确了发展目标，总结发展的不足，制定发展思路及方案，值得各供热企业借鉴。

2018 年五大电力集团供热基本情况对比较见表 1－3。

表 1－3　　　　　2018 年五大电力集团供热基本情况对比

指 标 名 称	国家电投	华电集团	华能集团	大唐集团	国家能源集团
供热装机容量（万 kW）	3446.05	7360.29	8063.67	5702.58	11209.00
供热占火电装机比例（%）	43.77	70.58	63.95	60.38	64.03
供热量（万 GJ）	21126.69	30949.21	35351.29	28255.29	60311.42
供热量同比增幅（%）	17.72	18.95	23.10	19.58	23.24
火电装机容量（万 kW）	7873.17	10428.82	12608.51	9445.26	17506.93

注　数据来自各集团社会责任报告和供热行业交流会等资料。

第二章
供 热 政 策 环 境 分 析

近年来，我国经济高速发展，虽然集中供热面积逐年扩大，供热能力明显提升，但供热行业仍处在转型发展的关键时期。因此，以习近平新时代中国特色社会主义思想为指导，着力推进能源变革和效率变革，努力实现供热的清洁化、灵活化和智慧化，是未来的发展方向。

第一节　供热政策制定背景

我国华北区域（北京、天津、河北、山西、内蒙古）、西北区域（宁夏、新疆、青海、陕西、甘肃、西藏）、东北区域（辽宁、吉林、黑龙江）、华东区域（山东、江苏部分区域）、华中区域（河南）、西南区域（西藏、四川部分区域）是传统的供暖区域。近年来，上述北方区域内大中城市的集中供热和热电联产得到了长足的发展，对改善人民生活水平和提高环境质量起到了良好的作用。集中供热系统已经成为我国生产生活的重要能源基础设施。

随着我国城镇化快速发展和居民生活水平的提高，供暖能源消费大幅增加。2018年，我国电力行业供热年消耗2.55亿t标准煤，供热耗煤成为冬季雾霾的重要叠加成因。总的来看，一方面我国产业结构偏重、能源结构偏煤的现状，导致我国大气污染物排放总量大、排放强度高，经济总量增长与污染物排放总量增加仍未脱钩，环境污染防治任务艰巨，因此，从环保和可持续发展方面考虑，北方地区亟需建立低碳化和清洁化的区域能源系统，提高能源利用清洁化水平及利用效率，实现清洁取暖、煤电节能升级与环保改造任务；另一方面，工业热力供应存在生产工艺相对落后、产业结构不合理等现象，因此，当前的供热行业亟需升级变革，以构建清洁低碳、安全高效的供热体系。针对以上问题，我国在民生供暖、能源结构调整、环境治理及火电灵活性方面也出台了大量相关政策。

第二节 国家政策环境分析

一、 国家政策概况

（一）民生供暖方面

2003 年，为加快推进城镇供热，努力解决我国北方地区城镇居民的冬季供热供暖问题，建设部等八部委下发《关于城镇供热体制改革试点工作的指导意见》，首次提出在我国"三北"地区开展城镇供热体制改革的试点工作。同时指出，城镇供热体制改革是一项涉及千家万户利益的大事，是一项具有复杂性、艰巨性和长期性的任务。后续国家相继出台了一系列重要供热发展相关政策文件，详见图 2-1。

图 2-1 国家重要供热发展政策文件

随着我国供热需求的不断增加，城市供热面积从 2002 年的 15.56 亿 m² 上升到 2018 年的 87.8 亿 m²，多年复合增长率约为 12%。供暖平均能耗高、污染重，热电联产在各类热源中占比低，热电机组供热能力未充分发挥。用热用电矛盾突出，窝电问题突显，用电增长乏力，用热需求持续增加，热电消耗比例不协调，而全国又实行控制煤炭消费总量战略，供给不足问题日益凸显，如何用最少煤耗实现最大供热成为解决目前供热缺口的关键问题。

中国产业调研网发布的2016—2022年中国城市供热行业现状调研分析与发展趋势预测报告显示，我国供热区域过于分散，集中供热覆盖率仍处于较低水平，目前仅北方各省的主要城镇建有集中供暖系统，且平均覆盖率不到50％，南方城镇和广大农村地区则基本没有集中供暖设施，集中供暖逐渐成为当前国情下解决我国供暖需求和供暖现状之间矛盾的重要方法之一。

热电联产具有节约能源、改善环境、提高供热质量、增加电力供应等综合效益。热电厂的建设是城市治理大气污染和提高能源利用率的重要措施，是集中供热的重要组成部分，是提高人民生活质量的公益性基础设施。

（二）能源结构调整方面

随着我国热力市场发展进入高速时代，供暖模式与我国能源之间的矛盾也愈加严重。根据供热行业与市场发展实际，国家陆续出台了多项相关政策，来实现能源结构的调整和可持续发展。

2016年，国家发展改革委下发《能源生产和消费革命战略（2016—2030）》，指出我国经济发展步入新常态，能源消费增速趋缓，发展质量和效率问题突出。深入推进能源革命，着力推动能源生产利用方式变革，建设清洁低碳、安全高效的现代能源体系，成为能源发展改革的重大历史使命。

《能源生产和消费革命战略（2016—2030）》指出了我国能源的发展趋势："十三五"时期是我国实现非化石能源消费比例达到15％目标的决胜期，也是为2030年前后碳排放达到峰值奠定基础的关键期。这期间，煤炭消费比例将进一步降低，非化石能源和天然气消费比例将显著提高；在确保安全的前提下，主要核电大国和一些新兴国家仍将核电作为低碳能源发展的方向；"因地制宜、就地取材"的分布式供能系统将越来越多地满足新增用能需求，风能、太阳能、生物质能和地热能在新城镇、新农村能源供应体系中的作用将更加凸显。

同时，《能源生产和消费革命战略（2016—2030）》也指出我国能源仍存在诸多问题：煤炭产能过剩，供求关系严重失衡；煤电机组平均利用小时明显偏低，并呈进一步下降趋势，导致设备利用效率低下、能耗和污染物排放水平大幅增加；可再生能源发展面临多重瓶颈；电力系统调峰能力不足，难以适应可再生能源大规模并网消纳的要求，部分地区弃风、弃水、弃光问题严重。鼓励风电和光伏发电依靠技术进步降低成本、加快分布式发展的机制尚未建立，可再生能源发展模式多样化受到制约；"以气代煤"和"以电代煤"等清洁替代成本高，洁净型煤推广困难，散烧煤使用量居高，污染物排放严重；电力、热力、燃气等不同供能系统集成互补、梯级利用程度不高，能源系统整体效率较低；电力、天然气峰谷差逐渐增大，系统调峰能力严重不足，系统设备利用率持续下降等。

考虑到我国能源资源和能源需求有着逆向分布的特点，三北地区同是风能资源和煤炭资源丰富地域，但区域内能源消纳空间有限，远距离跨区域输送又面临很多技术障碍，而电网还没有形成必要的适应能力。但三北地区多属于冬季供暖区域，冬季产热供暖需求恰好可与风电消纳形成契合，解决风电消纳和供暖减排两方面问题。基于此，国家能源局综合司下发了《关于开展风电清洁供暖工作的通知》，鼓励内蒙古等七个省编制风电清洁供暖工作方案，以达到用建设在偏远地区风电场的"低谷电量"替代煤炭为城镇供热，节省煤炭消耗，减少环境污染，提高风电本地消纳能力的目的。

2016年国家发展改革委发布的《能源发展"十三五"规划》中，提出要新增用能区域，实施终端一体化集成供能工程，因地制宜推广天然气热电冷三联供、分布式再生能源发电、地热能供暖制冷等供能模式。《热电联产管理办法》也鼓励采用清洁能源和可再生能源供热方式满足新增热负荷需求。2018年颁布的《清洁能源消纳行动计划（2018—2020年）》则进一步提出，要以促进能源生产和消费革命、推进能源产业结构调整、推动清洁能源消纳为核心，坚持远近结合、标本兼治、安全优先、清洁为主的原则，贯彻"清洁低碳、安全高效"方针，形成政府引导、企业实施、市场推动、公众参与的清洁能源消纳新机制，切实践行"绿水青山就是金山银山"的理念，争取到2020年基本解决清洁能源消纳问题。

（三）环境治理方面

在能源可持续发展问题亟待解决的同时，我国对于环境问题的改善治理也迫在眉睫。2013年9月，国务院印发《大气污染防治行动计划》（简称"大气十条"），这是党中央、国务院针对环境突出问题开展综合治理的首个行动计划。2016年，习近平总书记在中央财经领导小组第十四次会议上强调"推进北方地区冬季清洁取暖，关系北方地区广大群众温暖过冬，关系雾霾天能不能减少，是能源生产和消费革命、农村生活方式革命的重要内容。"2017

年，李克强总理在政府工作报告中再次强调，要"坚决打好蓝天保卫战，全面实施散煤综合治理，推进北方地区冬季清洁取暖"。同年，党的十九大更是把污染防治攻坚战作为决胜全面建成小康社会的三大攻坚战之一。至此，"保蓝天"清洁供暖问题已上升为关乎民生保障的国家问题。

为落实党中央、国务院要求，2017年，十部委联合印发了《北方地区冬季清洁取暖规划（2017—2021年）》。由于我国以煤为主的资源禀赋特点，长期以来，北方地区冬季取暖以燃煤为主。截至2016年底，我国北方地区城乡建筑取暖总面积约206亿 m^2，其中清洁取暖面积占总取暖面积约为34%，取暖用煤年消耗约4亿t标准煤，其中散烧煤（含低效小锅炉用煤）约2亿t标准煤，主要分布在农村地区。同样1t煤，散烧煤的大气污染物排放量是燃煤电厂的10倍以上，散烧煤取暖已成为我国北方地区冬季雾霾的重要原因之一。通过各种清洁取暖方式全面替代散烧煤，对于缓解我国北方特别是京津冀地区冬季大气污染问题具有重要作用。根据国家能源局公布的数据，2018年北方地区新增清洁取暖面积约15.5亿 m^2，清洁取暖率约达46%；2019年北方地区新增清洁取暖面积15亿 m^2，清洁取暖率达55%，累计替代散烧煤约1亿t，到2021年，这一数字将变为70%，替代散烧煤1.5亿t。

《北方地区冬季清洁取暖规划（2017—2021年）》首次明确了清洁取暖的概念和范围：清洁取暖是指利用天然气、电、地热、生物质、太阳能、工业余热、清洁化燃煤（超低排放）、核能等清洁化能源，通过高效用能系统实现低排放、低能耗的取暖方式，包含以降低污染物排放和能源消耗为目标的取暖全过程，涉及清洁热源、高效输配管网（热网）、节能建筑（热用户）等环节。值得注意的是，该规划还对供热管网和供热系统提出了要求：全面提升热网系统效率，优化城镇供热管网规划建设，充分发挥清洁热源供热能力；加大老旧一、二级管网、换热站及室内取暖系统的节能改造；对存在多个热源的大型供热系统，应具备联网运行条件，实现事故时互相保障。并提出"2017—2012年，北方地区要新建智能化热力站2.2万座，改造1.4万座"，"2+26"重点城市城区全部实现清洁取暖，县城和城乡结合部清洁取暖率达到80%，农村地区清洁取暖率60%以上。

"2+26"城市是指京津冀大气污染传输通道城市，其中"2"指的是北京市和天津市；"26"指的是河北省石家庄、唐山、廊坊、保定、沧州、衡水、邢台、邯郸市，山西省太原、阳泉、长治、晋城市，山东省济南、淄博、济宁、德州、聊城、滨州、菏泽市，河南省郑州、开封、安阳、鹤壁、新乡、焦作、濮阳市（含河北雄安新区、辛集市、定州市，河南巩义市、兰考县、滑县、长垣县、郑州航空港区）。需注意的是，应该充分认识到煤炭清洁利用的主体地位和"兜底"作用，不能将散煤治理等同于"无煤化"。清洁燃煤集中供暖是实现环境保护与成本压力平衡的有效方式，未来较长时期内，在多数北方城市城区、县城和城乡结合部应作为基础性热源使用。对于资源总量有限、补贴需求较大的天然气、电等取暖能源，应该多用在清洁集中燃煤不能胜任或环保要求最严格的地区。

2018 年，国务院印发了《打赢蓝天保卫战三年行动计划》（又称"大气十条"二期工程），指出要提高能源利用率，加快发展清洁能源和新能源，加快调整能源结构，构建清洁低碳高效能源体系，大幅减少主要大气污染物排放总量，关停不达标的 30 万 kW 以下燃煤机组，开展燃煤锅炉综合整治，有效推进北方地区清洁供暖。

总体而言，供热事业事关民生冷暖，北方冬季清洁取暖涉及北方城镇 140 亿 m^2 和农村地区 100 亿 m^2 的建筑供热，是北方城市治理大气污染的首要举措，也是城市能源基础设施的生命线之一。但清洁取暖绝非简单的"一刀切"去煤化，而是对煤炭、天然气、电、可再生能源等多种能源形式的统筹谋划，"宜气则气，宜电则电，宜煤则煤，宜可再生则可再生，宜余热则余热，宜集中供暖则管网提效，宜建筑节能则保温改造"。

（四）火电运行灵活性方面

长期以来，我国电力市场建设缓慢，电价和发用电计划由政府确定，虽然推动了电力供应的持续增长，但也导致传统电力粗放式发展道路、扩张式经营模式与清洁可再生能源的矛盾日益尖锐，严重限制了水电、风电和太阳能光伏发电的并网消纳和持续健康发展。我国虽已拥有全球最大风电、光伏装机容量，但每年弃水、弃风、弃光电量达到数百亿千瓦时。为满足可再生能源的快速发展需要，提高可再生能源消纳能力，国家"十三五"规划纲要提出：建设高效智能电力系统，将实施提升电力系统调节能力专项工程，提升火电运行灵活性成为重点工作之一。同时，国家陆续出台了多项重大改革举措，对我国电力体制和价格机制改革做出了全面部署。

2016 年，国家能源局综合司下发《火电灵活性改造试点项目的通知》，首次确定了 16 个项目作为第一批提升火电灵活性改造试点项目。紧接着，国家能源局综合司又下发了《第二批火电灵活性改造试点项目的通知》，提出要充分挖掘火电机组调峰潜力，提升我国火电运行灵活性，提高新能源消纳能力。

《热电联产管理办法》中也明确指出：抽凝热电联产机组（含自备电厂机组）应提高调峰能力，积极参与电网调峰等辅助服务考核与补偿；鼓励热电机组配置蓄热、储能等设施实施深度调峰，并给予调峰补偿；鼓励有条件的地区对配置蓄热、储能等调峰设施的热电机组给予投资补贴。

2017 年，为贯彻落实党的十九大精神，进一步完善和深化电力辅助服务补偿机制，推动电力辅助服务市场化，国家能源局下发《完善电力辅助服务补偿（市场）机制工作方案》提出要实现电力辅助服务补偿项目全覆盖，鼓励采用竞争方式确定电力辅助服务承担机组，鼓励储能设备需求侧资源参与提供电力辅助服务，允许第三方参与提供电力辅助服务。《关于提升电力系统调节能力的指导意见》更是提出，在"十三五"期间，力争完成 2.2 亿 kW 火电机组灵活性改造，提升电力系统调节能力 4600 万 kW。

国家能源局、国家发展改革委出台的政策见图 2-2。

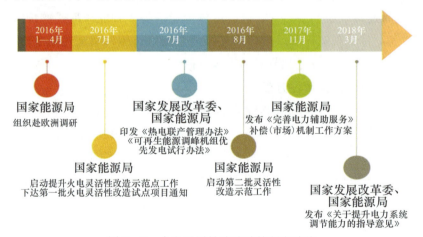

图 2-2　火电灵活性改造政策制定路线

当前，电力装机结构和电力消费结构正在发生着重大变革。实施火电灵活性改造不仅仅是火电企业自身生存发展的需要，更是推进整个电力能源生产及消费革命的必然要求，实施灵活性改造对火电产业来说既是一项挑战，更是一次机遇。

二、 国家重点政策解读

（一）《大气污染防治行动计划》

大气环境保护事关人民群众根本利益，事关经济持续健康发展，事关全面建成小康社会，事关实现中华民族伟大复兴中国梦。当前，我国大气污染形势严峻，以可吸入颗粒物（PM_{10}）、细颗粒物（$PM_{2.5}$）为特征污染物的区域性大气环境问题日益突出，损害人民群众身体健康，影响社会和谐稳定。随着我国工业化、城镇化的深入推进，能源资源消耗持续增加，大气污染防治压力继续加大。

该计划提出总体要求：以邓小平理论、"三个代表"重要思想、科学发展观为指导，以保障人民群众身体健康为出发点，大力推进生态文明建设，坚持政府调控与市场调节相结合、全面推进与重点突破相配合、区域协作与属地管理相协调、总量减排与质量改善相同步，形成政府统领、企业施治、市场驱动、公众参与的大气污染防治新机制，实施分区域、分阶段治理，推动产业结构优化、科技创新能力增强、经济增长质量提高，实现环境效益、经济效益与社会效益多赢。

经过五年努力，全国空气质量总体改善，重污染天气较大幅度减少；京津冀、长三角、珠三角等区域空气质量明显好转。力争再用五年或更长时间，逐步消除重污染天气，全国空气质量明显改善。

到 2017 年，全国地级及以上城市可吸入颗粒物浓度比 2012 年下降 10％以上，优良天数逐年提高；京津冀、长三角、珠三角等区域细颗粒物浓度分别下降 25％、20％、15％左右，其中北京市细颗粒物年均浓度控制在 $60\,\mu g/m^3$ 左右。

其中，发电厂供热部分主要涉及以下几个方面：

（1）加大综合治理力度，减少多污染物排放。全面整治燃煤小锅炉。加快推进集中供热、"煤改气"及"煤改电"工程建设，到 2017 年，除必要保留的以外，地级及以上城市建成区基本淘汰蒸发量 10t/h 及以下的燃煤锅炉，禁止新建蒸发量 20t/h 以下的燃煤锅炉；其他地区原则上不再新建蒸发量 10t/h 以下的燃煤锅炉。在供热供气管网不能覆盖的地区，改用电、新能源或洁净煤，推广应用高效节能环保型锅炉。在化工、造纸、印染、制革、制药等产业集聚区，通过集中建设热电联产机组逐步淘汰分散燃煤锅炉。

京津冀、长三角、珠三角等区域已于 2015 年底前基本完成燃煤电厂、燃煤锅炉和工业窑炉的污染治理设施建设与改造，完成石化企业有机废气综合治理。

（2）调整优化产业结构，推动产业转型升级。加快淘汰落后产能。结合产业发展实际和环境质量状况，进一步提高环保、能耗、安全、质量等标准，分区域明确落后产能淘汰任务，倒逼产业转型升级。

（3）加快调整能源结构，增加清洁能源供应。控制煤炭消费总量，制定国家煤炭消费总量中长期控制目标，实行目标责任管理。到 2017 年，煤炭占能源消费总量比例降低到 65％以下。京津冀、长三角、珠三角等区域力争实现煤炭消费总量负增长，通过逐步提高接受外输电比例、增加天然气供应、加大非化石能源利用强度等措施替代燃煤。

京津冀、长三角、珠三角等区域新建项目禁止配套建设自备燃煤电站。耗煤项目要实行煤炭减量替代。除热电联产外，禁止审批新建燃煤发电项目；现有多台燃煤机组装机容量合计达到 30 万 kW 以上的，可按照煤炭等量替代的原则建设为大容量燃煤机组。

加快清洁能源替代利用。加大天然气、煤制天然气、煤层气供应。到 2015 年，新增天然气干线管输能力 1500 亿 m³ 以上，覆盖京津冀、长三角、珠三角等区域。优化天然气使用方式，新增天然气应优先保障居民生活或用于替代燃煤；鼓励发展天然气分布式能源等高效利用项目，限制发展天然气化工项目；有序发展天然气调峰电站，原则上不再新建天然气发电项目。

制定煤制天然气发展规划，在满足最严格的环保要求和保障水资源供应的前提下，加快煤制天然气产业化和规模化步伐。

积极有序发展水电，开发利用地热能、风能、太阳能、生物质能，安全高效发展核电。到 2017 年，运行核电机组装机容量达到 5000 万 kW，非化石能源消费比例提高到 13％。

京津冀区域城市建成区、长三角城市群、珠三角区域要加快现有工业企业燃煤设施天然气替代步伐；到 2017 年，基本完成燃煤锅炉、工业窑炉、自备燃煤电站的天然气替代改造任务。

（4）提高能源使用效率。严格落实节能评估审查制度。新建高耗能项目单位产品（产值）能耗要达到国内先进水平，用能设备达到一级能效标准。京津冀、长三角、珠三角等区域，新建高耗能项目单位产品（产值）能耗要达到国际先进水平。

（5）积极发展绿色建筑，政府投资的公共建筑、保障性住房等要率先执行绿色建筑标准。新建建筑要严格执行强制性节能标准，推广使用太阳能热水系统、地源热泵、空气源热泵、光伏建筑一体化、"热-电-冷"三联供等技术和装备。

（6）推进供热计量改革，加快北方供暖地区既有居住建筑供热计量和节能改造；新建建筑和完成供热计量改造的既有建筑逐步实行供热计量收费。加快热力管网建设与改造。

（7）强化节能环保指标约束。提高节能环保准入门槛，健全重点行业准入条件，公布符合准入条件的企业名单并实施动态管理。严格实施污染物排放总量控制，将二氧化硫、氮氧化物、烟粉尘和挥发性有机物排放是否符合总量控制要求作为建设项目环境影响评价审批的前置条件。

（8）发挥市场机制作用，完善环境经济政策。推进天然气价格形成机制改革，理顺天然气与可替代能源的比价关系。地方人民政府要对涉及民生的"煤改气"项目等加大政策支持力度，对重点行业清洁生产示范工程给予引导性资金支持。

（二）《热电联产管理办法》

为推进大气污染防治，提高能源利用效率，促进热电产业健康发展，解决我国北方冬季供暖期空气污染严重、热电联产发展滞后、区域性用电用热矛盾突出等问题，国家发展改革委联合国家能源局、财政部、住房城乡建设部、环境保护部发布了《热电联产管理办法》（发改能源〔2016〕61号）。该办法适用于全国范围内热电联产项目（含企业自备热电联产项目）的规划建设及相关监督管理。

该办法提出，热电联产发展应遵循"统一规划、以热定电、立足存量、结构优化、提高能效、环保优先"的原则。以集中供热为基础，以热电联产规划为必要条件，以优先利用已有热源且最大限度地发挥其供热能力为前提，统筹协调城市或工业园区的总体规划、供热规划、环境治理规划和电力规划等，综合考虑电力、热力需求和当地气候、资源、环境条件，科学合理确定热负荷和供热方式。

1. 热电联产规划方面

热电联产规划应依据本地区城市供热规划、环境治理规划和电力规划编制，与当地气候、资源、环境等外部条件相适应，以满足热力需求为首要任务，同步推进燃煤锅炉和落后小热电机组的替代关停。

热电联产规划应纳入本省（区、市）五年电力发展规划并开展规划环评工作，规划期限原则上与电力发展规划相一致。

规划建设时，应严格调查核实现状热负荷，科学合理预测近期和远期规划热负荷。

根据地区气候条件，合理确定供热方式，具体地区划分方式按照 GB 50176—2016《民用建筑热工设计规范》等国家有关规定执行。严寒、寒冷地区（包括秦岭、淮河以北，新疆、青海）优先规划建设以供暖为主的热电联产项目，替代分散燃煤锅炉和落后小热电机组。夏热冬冷地区（包括长江以南的部分地区）鼓励因地制宜采用分布式能源等多种方式满足供暖供热需求。夏热冬暖与温和地区除满足工业园区热力需求外，暂不考虑规划建设热电联产项目。

规划建设热电联产应以集中供热为前提，对不具备集中供热条件的地区，暂不考虑规划建设热电联产项目。以工业热负荷为主的工业园区，应尽可能集中规划建设用热工业项目，通过规划建设公用热电联产项目实现集中供热。京津冀、长三角、珠三角等区域，规划工业热电联产项目优先采用燃气机组，燃煤热电项目必须采用背压机组，并严格实施煤炭等量或减量替代政策；对于现有工业抽凝热电机组，可通过上大压小方式，按照等容量、减煤量替代原则，规划改建超临界及以上参数抽凝热电联产机组。新建工业项目禁止配套建设自备燃煤热电联产项目。

在已有（热）电厂的供热范围内，且已有（热）电厂可满足或改造后可满足工业项目热力需求，原则上不再重复规划建设热电联产项目（含企业自备电厂）。除经充分评估论证后确有必要外，限制规划建设仅为单一企业服务的自备热电联产项目。

合理确定热电联产机组供热范围。鼓励热电联产机组在技术经济合理前提下，扩大供热范围。以热水为供热介质的热电联产机组，供热半径一般按20km考虑，供热范围内原则上不再另行规划建设抽凝热电联产机组。以蒸汽为供热介质的热电联产机组，供热半径一般按10km考虑，供热范围内原则上不再另行规划建设其他热源点。

2. 机组改造方面

优先对城市或工业园区周边具备改造条件且运行未满 15 年的现役纯凝发电机组实施改造，以实现兼顾供热。

鼓励对热电联产机组实施技术改造，充分回收利用电厂余热，进一步提高供热能力，满足新增热负荷需求。供热改造要因厂制宜采用打孔抽气、低真空供热、循环水余热利用等成熟适用技术，鼓励具备条件的机组改造为背压热电联产机组。

鼓励因地制宜利用余热、余压、生物质能、地热能、太阳能、燃气等多种形式的清洁能源和可再生能源供热方式。鼓励风电、太阳能消纳困难地区探索采用电供暖、储热等技术实施供热。推广应用工业余热供热、热泵供热等先进供热技术。

鼓励有条件的地区通过替代建设高效清洁供热热源等方式，逐步淘汰单机容量小、能耗高、污染重的燃煤小热电机组。

3. 机组选型方面

对于城区常住人口 50 万人以下的城市，供暖型热电联产项目原则上采用单机 5 万 kW 及以下背压热电联产机组。

对于城区常住人口 50 万人及以上的城市，供暖型热电联产项目优先采用 5 万 kW 及以上背压热电联产机组。

工业热电联产项目优先采用高压及以上参数的背压热电联产机组。

规划建设燃气-蒸汽联合循环热电联产项目，应坚持以热定电，统筹考虑电网调峰需求、其他热源点的关停和规划建设情况，供暖型联合循环项目供热期热电比不低于 60%，工业型联合循环项目全年热电比不低于 40%。

在役热电厂扩建热电联产机组时，原则上采用背压热电联产机组。

4. 网源协调方面

热电联产项目配套热网应与热电联产项目同步规划、同步建设、同步投产，对于存在安全隐患的老旧热网，应根据《国务院关于加强城市基础设施建设的意见》（国发〔2013〕36 号）有关要求进行改造。

积极推进热电联产机组与供热锅炉协调规划、联合运行，调峰锅炉供热能力可按供热区最大热负荷的 25%～40% 考虑。热电联产机组承担基本热负荷，调峰锅炉承担尖峰热负荷，在热电联产机组能够满足供热需求时调峰锅炉原则上不得投入运行。

5. 政策措施方面

各级地方政府要继续按照"公平无歧视"原则加大供热支持力度，相同条件下各类热源应享有同等的支持和保障政策。

热电联产机组所发电量按"以热定电"原则由电网企业优先收购。开展电力市场的地区，背压热电联产机组暂不参与市场竞争，所发电量全额优先上网并按政府定价结算。抽凝热电联产机组参与市场竞争，按"以热定电"原则确定的上网电量优先上网并按市场价格进行结算。

推动热力市场改革，对于工业供热，鼓励供热企业与用户直接交易，供热价格由企业与用户协商确定，支持相关业主以多种投融资模式参与建设背压热电联产机组。

6. 监督管理方面

省级能源主管部门要会同经济运行、环保、住建、国家能源局派出机构等部门对本地区热电联产机组的前期、建设、运营、退出等环节实施闭环管理，确保热电联产机组各项条件满足有关要求；健全完善热电联产项目检查核验制度，定期对热电联产项目检查核验，重点检查煤炭等量替代、关停燃煤锅炉和小热电机组等落实情况。

省级价格主管部门要对本地区热电联产机组电价、热价执行情况进行定期核查，确保电价支持政策落实到位。

省级质检、住建、工信、环保等部门结合自身职能负责本地区燃煤锅炉的运行管理及淘汰等相关工作，督促地方政府对不符合产业政策的燃煤锅炉实施改造或关停。

(三)《能源发展"十三五"规划》

1. 发展基础与形势

《能源发展"十三五"规划》指出，"十三五"是我国经济社会发展非常重要的时期。能源发展呈现以下基础与形势：

(1) 能源供给保障有力。能源生产总量、电力装机规模和发电量稳居世界第一，长期以来的保供压力基本缓解。

(2) 能源消费增速明显回落。未来五年，钢铁、有色、建材等主要耗能产品需求预计将达到峰值，能源消费将稳中有降。

(3) 能源结构双重更替加快。煤炭消费比例将进一步降低，非化石能源和天然气消费比例将显著提高，我国主体能源由油气替代煤炭、非化石能源替代化石能源的双重更替进程将加快推进。

（4）能源系统智能化。能源科技创新加速推进，新一轮能源技术变革方兴未艾，以智能化为特征的能源生产消费新模式开始涌现。

（5）能源供需形态深刻变化。随着智能电网、分布式能源、低风速风电、太阳能新材料等技术的突破和商业化应用，能源供需方式和系统形态正在发生深刻变化。

2. 面临的问题和挑战

随着我国能源消费增长换挡减速，保供压力明显缓解，供需相对宽松，能源发展进入新阶段。在供求关系缓和的同时，结构性、体制机制性等深层次矛盾进一步凸显，成为制约能源可持续发展的重要因素。未来，我国能源发展仍面临着众多的问题和挑战主要有以下方面：

（1）传统能源产能结构性过剩问题突出。煤炭产能过剩，煤电机组效率低下，能耗和污染物排放水平增加。

（2）可再生能源发展面临多重瓶颈。可再生能源全额保障性收购政策尚未得到有效落实。电力系统调峰能力不足，调度运行和调峰成本补偿机制不健全，难以适应可再生能源大规模并网消纳的要求，部分地区弃风、弃水、弃光问题严重。鼓励风电和光伏发电依靠技术进步降低成本、加快分布式发展的机制尚未建立，可再生能源发展模式多样化受到制约。

（3）天然气消费市场亟需开拓。天然气消费水平明显偏低，需要尽快拓展新的消费市场。基础设施不完善，管网密度低，储气调峰设施严重不足，输配成本偏高。市场机制不健全，国际市场低价天然气难以适时进口，天然气价格水平总体偏高，随着煤炭、石油价格下行，气价竞争力进一步削弱，天然气消费市场拓展受到制约。能源清洁替代任务艰巨。

（4）能源清洁替代任务艰巨。部分地区能源生产消费的环境承载能力接近上限，大气污染形势严峻，煤炭占终端能源消费比例过高。"以气代煤"和"以电代煤"等清洁替代成本高，洁净型煤推广困难，大量煤炭在小锅炉、小窑炉及家庭生活等领域散烧使用，污染物排放严重。

（5）能源系统整体效率较低。电力、热力、燃气等不同供能系统集成互补、梯级利用程度不高。电力、天然气峰谷差逐渐增大，系统调峰能力严重不足，需求侧响应机制尚未充分建立，系统设备利用率持续下降。风电和太阳能发电主要集中在西北部地区，长距离大规模外送需配套大量煤电用以调峰，输送清洁能源比例偏低，系统利用效率不高。

（6）跨省区能源资源配置矛盾凸显。能源送受地区之间利益矛盾日益加剧，清洁能源在全国范围内优化配置受阻，部分跨省区能源输送通道面临低效运行甚至闲置的风险。

（7）适应能源转型变革的体制机制有待完善。能源价格、税收、财政、环保等政策衔接协调不够，价格制度不完善，天然气、电力调峰成本补偿及相应价格机制较为缺乏，科学灵活的价格调节机制尚未完全形成，不能适应能源革命的新要求。

3. 指导思想和目标

以"革命引领，创新发展；效能为本，协调发展；清洁低碳，绿色发展；立足国内，开放发展；以人为本，共享发展；筑牢底线，安全发展"为原则。

以"更加注重发展质量，调整存量、做优增量，积极化解过剩产能；更加注重结构调整，加快双重更替，推进能源绿色低碳发展；更加注重系统优化，创新发展模式，积极构建智慧能源系统；更加注重市场规律，强化市场自主调节，积极变革能源供需模式；更加注重经济效益，遵循产业发展规律，增强能源及相关产业竞争力；更加注重机制创新，充分发挥价格调节作用，促进市场公平竞争"为导向。

力争在 2020 年，能源消费总量控制在 50 亿 t 标准煤以内，煤炭消费总量控制在 41 亿 t 以内。全社会用电量预期为 6.8 万亿～7.2 万亿 kWh。能源自给率保持在 80％以上，增强能源安全战略保障能力，提升能源利用效率，提高能源清洁替代水平。保持能源供应稳步增长，国内一次能源生产量约 40 亿 t 标准煤，其中煤炭 39 亿 t，原油 2 亿 t，天然气 2200 亿 m^3，非化石能源 7.5 亿 t 标准煤。发电装机容量 20 亿 kW 左右。非化石能源消费比例提高到 15％以上，天然气消费比例力争达到 10％，煤炭消费比例降低到 58％以下。发电用煤占煤炭消费比例提高到 55％以上。单位国内生产总值能耗比 2015 年下降 15％，煤电平均供电煤耗下降到每千瓦时 310g 标准煤以下，电网线损率控制在 6.5％以内。单位国内生产总值二氧化碳排放比 2015 年下降 18％。能源行业环保水平显著提高，燃煤电厂污染物排放显著降低，具备改造条件的煤电机组全部实现超低排放。能源公共服务水平显著提高，实现基本用能服务便利化，城乡居民人均生活用电水平差距显著缩小。

4. 主要任务

优化能源开发布局。能源消费地区因地制宜，发展分布式能源合理优化配置能源资源，有效化解弃风、弃光、弃水和部分输电通道闲置等资源浪费问题，全面提升能源系统效率。

加强电力系统调峰能力建设。加大既有热电联产机组、燃煤发电机组调峰灵活性改造力度，改善电力系统调峰性能，减少冗余装机和运行成本，提高可再生能源消纳能力。积极开展储能示范工程建设，推动储能系统与新能源、电力系统协调优化运行。推进电力系统运行模式变革，实施节能低碳调度机制，加快电力现货市场及电力辅助服务市场建设，合理补偿电力调峰成本。

实施能源需求响应能力提升工程。坚持需求侧与供给侧并重，完善市场机制及技术支撑体系，实施"能效电厂""能效储气库"建设工程，逐步完善价格机制，引导电力、天然气用户自主参与调峰、错峰，增强需求响应能力。以智能电网、能源微网、电动汽车和储能等技术为支撑，大力发展分布式能源网络，增强用户参与能源供应和平衡调节的灵活性和适应能力。积极推行合同能源管理、综合节能服务等市场化机制和新型商业模式。

实施多能互补集成优化工程。在新城镇、新工业园区、新建大型公用设施（机场、车站、医院、学校等）、商务区和海岛地区等新增用能区域，实施终端一体化集成供能工程，因地制宜推广天然气热电冷三联供、分布式再生能源发电、地热能供暖制冷等供能模式，加强热、电、冷、气等能源生产耦合集成和互补利用。在既有工业园区等用能区域，推进能源综合梯级利用改造，推广应用上述供能模式，加强余热余压、工业副产品、生活垃圾等能源资源回收及综合利用。利用大型综合能源基地风能、太阳能、水能、煤炭、天然气等资源组合优势，推进风光水火储多能互补工程建设运行。

积极推动"互联网＋"智慧能源发展。加快智能电网发展，积极推进智能变电站、智能调度系统建设，扩大智能电能表等智能计量设施、智能信息系统、智能用能设施应用范围，提高电网与发电侧、需求侧交互响应能力。

开展煤炭消费减量行动。严控煤炭消费总量，京、津、冀、鲁、长三角和珠三角等区域实施减煤量替代，其他重点区域实施等煤量替代。全面实施散煤综合治理，逐步推行天然气、电力、洁净型煤及可再生能源等清洁能源替代民用散煤，实施工业燃煤锅炉和窑炉改造提升工程，散煤治理取得明显进展。

实施电能替代工程。积极推进居民生活、工业与农业生产、交通运输等领域电能替代。推广电锅炉、电窑炉、电供暖等新型用能方式，以京津冀及周边地区为重点，加快推进农村供暖电能替代，在新能源富集地区利用低谷富余电实施储能供暖。

加快淘汰落后产能，建立煤电规划建设风险预警机制，加强煤电利用小时监测和考核，与新上项目规模挂钩，合理调控建设节奏。"十三五"前两年暂缓核准电力盈余省份中除民生热电和扶贫项目之外的新建自用煤电项目，后三年根据供需形势，按照国家总量控制要求，合理确定新增煤电规模，有序安排项目开工和投产时序。民生热电联产项目以背压式机组为主。提高煤电能耗、环保等准入标准，加快淘汰落后产能，力争关停 2000 万 kW。2020年煤电装机规模力争控制在 11 亿 kW 以内。

全面实施燃煤机组超低排放与节能改造，推广应用清洁高效煤电技术，严格执行能效环保标准，强化发电厂污染物排放监测。2020 年煤电机组平均供电煤耗控制在 310g/kW 以下，其中新建机组控制在 300g 以下，二氧化硫、氮氧化物和烟尘排放浓度分别不高于 35、50、10mg/m³。

因地制宜发展生物质能、地热能、海洋能等新能源，提高可再生能源发展质量和在全社会总发电量中的比例。2020 年，风电装机规模达到 2.1 亿 kW以上，风电与煤电上网电价基本相当。太阳能发电规模达到 1.1 亿 kW 以上，其中分布式光伏电站 6000 万 kW、光伏电站 4500 万 kW、光热发电站 500 万 kW，光伏发电力争实现用户侧平价上网。生物质能发电装机规模达到 1500 万 kW 左右，地热能利用规模达到 7000 万 t 标准煤以上。

实施科技创新示范工程。在油气勘探开发、煤炭加工转化、高效清洁发电、新能源开发利用、智能电网、先进核电、大规模储能、柔性直流输电、制氢等领域加大力度，建设一批创新示范工程，推动先进产能建设，提高能源科技自主创新能力和装备制造国产化水平。

深化电力体制改革。按照"准许成本加合理收益"的原则，严格成本监管，合理制定输配电价。有序放开除公益性调节性以外的发用电计划和配电增量业务，鼓励以混合所有制方式发展配电业务，严格规范和多途径培育售电市场主体。全面放开用户侧分布式电力市场，实现电网公平接入，完善鼓励分布式能源、智能电网和能源微网发展的机制和政策，促进分布式能源发展。积极引导和规范电力市场建设，有效防范干预电力市场竞争、随意压价等不规范行为。

5. 保障措施

加大财政资金支持，完善能源税费政策，完善能源投资政策，健全能源金融体系，增强能源规划引导约束作用，建立能源规划动态评估机制，创新能源规划实施监管方式。

（四）《北方地区冬季清洁取暖规划（2017—2021 年）》

为提高北方地区取暖清洁化水平，减少大气污染物排放，根据中央财经领导小组第 14 次会议关于推进北方地区冬季清洁取暖的要求，2017 年 12 月制定该规划。

1. 基本情况

长期以来，我国北方地区冬季取暖以燃煤为主。截至 2016 年底，我国北方地区城乡建筑取暖总面积约 206 亿 m^2，其中燃煤取暖面积约 83%，取暖用煤年消耗约 4 亿 t 标准煤，其中散烧煤（含低效小锅炉用煤）约 2 亿 t 标准煤，主要分布在农村地区。同样 1t 煤，散烧煤的大气污染物排放量是燃煤电厂的 10 倍以上，散烧煤取暖已成为我国北方地区冬季雾霾的重要原因之一。

其次，我国北方地区清洁取暖比例低（占总取暖面积约 34%），且发展缓慢。

2. 基本原则

一是坚持清洁替代，安全发展。以清洁化为目标，重点替代取暖用散烧煤，减少大气污染物排放，同时也必须要统筹热力供需平衡，保障民生取暖安全。民生和环保两方面都要抓，不可顾此失彼。

二是坚持因地制宜，居民可承受。清洁取暖不是"一刀切"，应立足本地资源禀赋、经济实力、基础设施等条件及大气污染防治要求，结合区域特点和居民消费能力，做到"资源用得好、财政补得起、设施跟得上、居民可承受"，用合理经济代价获取最大的整体污染物减排效果。

三是坚持全面推进，重点先行。取暖是北方基本民生需求，雾霾天气是大范围区域性污染，"抓大放小""以点带面"的方式不适用于取暖散烧煤治理。因此，清洁取暖工作要综合考虑大气污染防治紧迫性、经济承受能力、工作推进难度等因素，全面统筹推进城市城区、县城和城乡结合部、农村三类地区的清洁取暖工作，应当"分类施策"，不可"挑肥拣瘦"。"2+26"重点城市位于京津冀大气污染传输通道，人口总量大、供暖用能多，这些地区的清洁取暖是重点优先解决的问题。

四是坚持企业为主，政府推动。实践经验表明，单纯以政府为主的清洁取暖面临巨大补贴压力，难以在北方地区全面推广。必须充分调动企业和用户的积极性，鼓励企业发挥自身优势，发现市场机遇，优化资源配置，降低整体成本。同时，各级政府也要推动体制机制改革，构建科学高效的政府推动责任体系，为清洁取暖市场体系的建立创造良好条件。

五是坚持军民一体，协同推进。地方政府与驻地部队要加强相互沟通，建立完善清洁取暖军地协调机制，确保军地一体衔接，同步推进实施。军队清洁取暖一并纳入国家规划，享受有关支持政策。

3. 主要目标

目标是到 2019 年，北方地区清洁取暖率达到 50％，替代散烧煤（含低效小锅炉用煤）7400 万 t。截至 2018 年底，北方地区冬季清洁取暖率达到了50.7％，实现了规划目标。相比 2016 年提高了 12.5 个百分点；替代的散烧煤约 1 亿 t，大大超出了预期的 7400 万 t。

到 2021 年，北方地区清洁取暖率达到 70％，替代散烧煤（含低效小锅炉用煤）1.5 亿 t。供热系统平均综合能耗、热网系统失水率、综合热损失明显降低，高效末端散热设备广泛应用，北方城镇地区既有节能居住建筑占比达到 80％。力争用 5 年左右时间，基本实现雾霾严重城市化地区的散煤供暖清洁化，形成公平开放、多元经营、服务水平较高的清洁供暖市场。

此外，鉴于北方地区冬季大气污染以京津冀及周边地区最为严重，"2＋26"重点城市作为京津冀大气污染传输通道城市，且所在省份经济实力相对较强，有必要、有能力率先实现清洁取暖。该规划针对这些城市也提出了更高的要求，2021 年，城市城区全部实现清洁取暖，县城和城乡结合部清洁取暖率达到 80％以上，农村地区清洁取暖率达到 60％以上。

4. 推进策略

该规划从"因地制宜选择供暖热源""全面提升热网系统效率""有效降低用户取暖能耗"三个方面系统总结了清洁取暖的推进策略。

（1）热源方面，全面梳理了地热、生物质、太阳能、天然气、电、工业余热、清洁化燃煤（超低排放）等各种清洁取暖类型，对每种类型的特点、适宜条件、发展路线、关键问题等进行了重点阐述。

地热供暖，积极推进水热型（中深层）地热供暖，大力开发浅层地热能供暖，完善地热能开发利用行业管理。到 2021 年，地热供暖面积达到 10 亿 m²，其中中深层地热供暖 5 亿 m²，浅层地热供暖 5 亿 m²（含电供暖中的地源、水源热泵）。

生物质能清洁供暖，大力发展县域农林生物质热电联产，稳步发展城镇生活垃圾焚烧热电联产，加快发展生物质锅炉供暖，积极推进生物沼气等其他生物质能清洁供暖，严格生物质能清洁供暖标准要求。到 2021 年，生物质能清洁供暖面积达到 21 亿 m²，其中：农林生物质热电联产供暖面积 10 亿 m²，城镇生活垃圾热电联产供暖面积 5 亿 m²，生物质成型燃料供暖面积 5 亿 m²，生物天然气与其他生物质气化供暖面积超 1 亿 m²。

太阳能供暖，大力推广太阳能供暖，进一步推动太阳能热水应用。配合其他清洁供暖方式，到 2021 年，实现太阳能供暖面积目标 5000 万 m²。

天然气供暖，有条件城市城区和县城优先发展天然气供暖，城乡结合部延伸覆盖，农村地区积极推广。"2+26"城市争取在 2017—2021 年累计新增天然气供暖面积 18 亿 m²，新增用气 230 亿 m²。其中，燃气热电联产新建/改造规模 1100 万 kW，新增用气 75 亿 m³；燃气锅炉新建/改造蒸发量 5 万 t，新增用气 56 亿 m³；"煤改气"壁挂炉用户增加 1200 万户，新增用气 90 亿 m³；天然气分布式能源增加 120 万 kW，新增用气 9 亿 m³。新增清洁取暖"煤改气"需求主要集中在城镇地区，新增 146 亿 m³，占比 63%；农村地区新增 85 亿 m³，占比 37%。

电供暖，积极推进各种类型电供暖，鼓励可再生能源发电规模较大地区实施电供暖。到 2021 年，电供暖（含热泵）面积达到 15 亿 m²，其中分散式电供暖 7 亿 m²，电锅炉供暖 3 亿 m²，热泵供暖 5 亿 m²。城镇电供暖 10 亿 m²，农村 5 亿 m²。电供暖带动新增电量消费 1100 亿 kWh。

工业余热供暖，继续做好工业余热回收供暖，到 2021 年，工业余热（不含电厂余热）供暖面积目标达到 2 亿 m²。

清洁燃煤集中供暖，充分利用存量机组供热能力，科学新建热电联产机组，着力提升热电联产机组运行灵活性，重点提高环保水平，联合运行提高供热可靠性。到 2021 年，清洁燃煤集中供暖面积达到 110 亿 m²，其中超低排放热电联产 80 亿 m²，超低排放锅炉房 30 亿 m²。热电联产供热能力利用率达到 60%。实施燃煤热电联产灵活性改造 1.3 亿 kW。结合城镇新增取暖需求及燃煤小锅炉替代，新建背压式热电联产机组 1000 万 kW，现役热电联产机组超低排放改造 1.2 亿 kW。

（2）热网方面，明确有条件的城镇地区优先采用清洁集中供暖，全面提升热网系统效率，加大供热系统优化升级力度。该规划提出在 2017—2021 年目标为北方地区新建供热管网 8.4 万 km，其中新建供热一级网、二级网各 4.2 万 km；完成供热管网改造里程 5 万 km，其中改造供热一级网 1.6 万 km、二级网 3.4 万 km。北方地区新建智能化热力站 2.2 万座，改造 1.4 万座。

（3）用户方面，强调了提升建筑用能效率，完善高效供暖末端系统，推广按热计量收费方式。提出在 2017—2021 年，北方城镇新建建筑全面执行国家建筑节能强制性标准，京津冀及周边地区等重点区域新建居住建筑执行 75% 建筑节能强制性标准；实施既有建筑节能改造面积 5 亿 m²，其中，城镇既有居住建筑节能改造 4 亿 m²，公共建筑节能改造 5000 万 m²，农村农房节能改造 5000 万 m²。

总体而言，清洁取暖的推进策略必须突出一个"宜"字，宜气则气，宜电则电，宜煤则煤，宜可再生则可再生，宜余热则余热，宜集中供暖则管网提效，宜建筑节能则保温改造。即使农村偏远山区等暂时不能通过清洁供暖替代散烧煤供暖的，也要重点利用"洁净型煤＋环保炉具""生物质成型燃料＋专用炉具"等模式替代散烧煤。

5. 保障措施

该规划从国家-地方-企业层面明确了任务分工。国家部门做好总体设计，指导推动；地方政府制定实施方案，抓好落实；企业承担供暖主体责任，提供优质服务。

通过上下联动落实任务分工，多种渠道提供资金支持、完善价格与市场化机制、保障清洁取暖能源供应、加快集中供暖方式改革、加强取暖领域排放监管、推动技术装备创新升级、构建清洁取暖产业体系、做好清洁取暖示范推广、加大农村清洁取暖力度等方面，保障清洁取暖规划顺利实施。

总体来看，该规划确定的工作进展顺利、效果明显，已经经过了两个供暖季。2019 年 9 月 20 日，国新办就中华人民共和国成立 70 周年能源发展成就举行发布会，国家能源局电力司司长黄学农就北方地区冬季清洁取暖推进效果发表了讲话，国家能源局开展了一个评估，总的结论是成效明显，而且重点地区清洁取暖工作进展超出规划的预期。截至 2018 年底，北方地区冬季清洁取暖率达到 50.7%，实现了规划目标的 50%，相比 2016

年提高了 12.5 个百分点，替代的散烧煤约 1 亿 t，大大超出预期的 7400 万 t，有大量散煤被替代。"2+26"重点城市的清洁取暖率达到 72%，超出了规划的任务目标。其中，城市地区清洁取暖率达到 96%，县城和城乡结合部达到 75%，农村地区达到 43%。清洁取暖以来，北方地区四五个省份，散烧煤消费大幅下降。减排的二氧化硫 78 万 t，氮氧化物 38 万 t，非化学有机物 14 万 t，颗粒物 153 万 t，清洁取暖已经成为北方地区大气污染物减排的一个很重要措施。

（五）《清洁能源消纳计划》

我国清洁能源产业不断发展壮大，产业规模和技术装备水平连续跃上新台阶，为缓解能源资源约束和生态环境压力作出突出贡献。但同时，清洁能源发展不平衡不充分的矛盾也日益凸显，特别是清洁能源消纳问题突出，已严重制约电力行业健康可持续发展。

"十三五"是我国全面建成小康社会的关键决胜期，是能源发展转型的重要战略机遇期。为贯彻落实习近平新时代中国特色社会主义思想和党的十九大精神，全面促进清洁能源消纳，制定该计划。

总体要求：以习近平新时代中国特色社会主义思想为指导，深入贯彻党的十九大精神，全面落实党中央、国务院决策部署，紧紧围绕"五位一体"总体布局和"四个全面"战略布局，牢固树立创新、协调、绿色、开放、共享的发展理念。立足我国国情和发展阶段，着眼经济社会发展全局，以促进能源生产和消费革命、推进能源产业结构调整、推动清洁能源消纳为核心，坚持远近结合、标本兼治、安全优先、清洁为主的原则，贯彻"清洁低碳、安全高效"方针，形成政府引导、企业实施、市场推动、公众参与的清洁能源消纳新机制，切实践行"绿水青山就是金山银山"的理念，为建设美丽中国而奋斗。

2018 年，清洁能源消纳取得显著成效；到 2020 年，基本解决清洁能源消纳问题。

2018 年，确保全国平均风电利用率高于 88%（力争达到 90% 以上），弃风率低于 12%（力争控制在 10% 以内）；光伏发电利用率高于 95%，弃光率低于 5%，确保弃风、弃光电量比 2017 年进一步下降。全国水能利用率 95% 以上。全国大部分核电实现安全保障性消纳。

2019 年，确保全国平均风电利用率高于 90%（力争达到 92% 左右），弃风率低于 10%（力争控制在 8%左右）；光伏发电利用率高于 95%，弃光率低于 5%。全国水能利用率 95%以上。全国核电基本实现安全保障性消纳。

2020 年，确保全国平均风电利用率达到国际先进水平（力争达到 95%左右），弃风率控制在合理水平（力争控制在 5%左右）；光伏发电利用率高于 95%，弃光率低于 5%。全国水能利用率 95%以上。全国核电实现安全保障性消纳。

我国清洁能源消纳主要目标见表 2-1。

表 2-1　　　　　　　我国清洁能源消纳主要目标

项目	2018 年		2019 年		2020 年	
	利用率	弃电率	利用率	弃电率	利用率	弃电率
一、风电						
1. 新疆	75%	25%	80%	20%	85%	15%
2. 甘肃	77%	23%	80%	20%	85%	15%
3. 黑龙江	90%	10%	92%	8%	94%	6%
4. 内蒙古	88%	12%	90%	10%	92%	8%
5. 吉林	85%	15%	88%	12%	90%	10%
6. 河北	94%	6%	95%	5%	95%	5%
二、光伏						
1. 新疆	85%	15%	90%	10%	90%	10%
2. 甘肃	90%	10%	90%	10%	90%	10%
三、水电						
1. 四川	90%		92%		95%	
2. 云南	90%		92%		95%	
3. 广西	95%		95%		95%	

1. 优化电源布局，合理控制电源开发节奏

科学调整清洁能源发展规划，结合能源、电力及可再生能源"十三五"规划中期评估，科学调整"十三五"发展目标，优化各类发电装机布局规模，清洁能源开发规模进一步向中东部消纳条件较好地区倾斜，优先鼓励分散式、分布式可再生能源开发。

有序安排清洁能源投产进度，各地区要将落实清洁能源电力市场消纳条

件作为安排本区域新增清洁能源项目规模的前提条件，严格执行风电、光伏发电投资监测预警机制，严禁违反规定建设规划外项目。存在弃风、弃光的地区原则上不得突破"十三五"规划规模。

积极促进煤电有序清洁发展，发挥规划引领约束作用，发布实施年度风险预警，合理控制煤电规划建设时序，严控新增煤电产能规模。有力有序有效关停煤电落后产能，推进煤电超低排放和节能改造，促进煤电灵活性改造，提升煤电灵活调节能力和高效清洁发展水平。

2. 加快电力市场化改革，发挥市场调节功能

完善电力中长期交易机制，进一步扩大交易主体覆盖范围，拓展延伸交易周期向日前发展，丰富中长期交易品种，进一步促进发电权交易，促进清洁能源以与火电等电源打捆方式在较大范围内与大用户、自备电厂负荷等主体直接签订中长期交易合约。创新交易模式，鼓励合约以金融差价、发电权交易等方式灵活执行，在确保电网安全稳定运行情况下，清洁能源电力优先消纳、交易合同优先执行。

扩大清洁能源跨省区市场交易，打破省间电力交易壁垒，推进跨省区发电权置换交易，确保省间清洁能源电力送电协议的执行，清洁能源电力可以超计划外送。在当前跨区域省间富余可再生能源电力现货交易试点的基础上，进一步扩大市场交易规模，推动受端省份取消外受电量规模限制，鼓励送受两端市场主体直接开展交易。各地不得干预可再生能源报价和交易。合理扩大核电消纳范围，鼓励核电参与跨省区市场交易。

统筹推进电力现货市场建设，鼓励清洁能源发电参与现货市场，并向区外清洁能源主体同步开放市场。在市场模式设计中充分考虑清洁能源具有的边际成本低、出力波动等特性。电力现货市场建设试点从 2019 年起逐步投入运行。持续推动全国电力市场体系建设，促进电力现货市场融合。

全面推进辅助服务补偿（市场）机制建设，进一步推进东北地区及山西、福建、山东、新疆、宁夏、广东、甘肃等电力辅助服务市场改革试点工作，推动华北、华东等地辅助服务市场建设，非试点地区由补偿机制逐步过渡到市场机制。实现电力辅助服务补偿项目全覆盖，补偿力度科学化，鼓励自动发电控制和调峰服务按效果补偿，按需扩大储能设备、需求侧资源等电力辅助服务提供主体，充分调动火电、储能、用户可中断负荷等各类资源提供服务的积极性。

3. 加强宏观政策引导，形成有利于清洁能源消纳的体制机制

研究实施可再生能源电力配额制度，由国务院能源主管部门确定各省级区域用电量中可再生能源电力消费量最低比例指标。省级能源主管部门、省级电网企业、售电公司和电力用户共同承担可再生能源电力配额工作和义务。力争在 2018 年全面启动可再生能源电力配额制度。

完善非水可再生能源电价政策，进一步降低新能源开发成本，制定逐年补贴退坡计划，加快推进风电、光伏发电平价上网进程，2020 年新增陆上风电机组实现与煤电机组平价上网，新增集中式光伏发电尽早实现上网侧平价上网。合理衔接和改进清洁能源价格补贴机制。落实《可再生能源发电全额保障性收购管理办法》有关要求，鼓励非水可再生能源积极参与电力市场交易。

落实清洁能源优先发电制度，地方政府相关部门在制定中长期市场交易电量规模、火电机组发电计划时，应按照《可再生能源发电全额保障性收购管理办法》《保障核电安全消纳暂行办法》要求足量预留清洁能源优先发电空间，优先消纳政府间协议水电跨省跨区输电电量和保障利用小时内的新能源电量。逐步减少燃煤电厂计划电量，计划电量减小比例应不低于中长期市场的增加比例；考虑清洁能源的出力特性，细化燃煤电厂计划电量的分解至月度，并逐步过渡至周。鼓励核电开展"优价满发"试点，充分发挥资源环境效益，合理平衡经济效益。因清洁能源发电影响的计划调整，经省级政府主管部门核定后，不纳入"三公"考核。系统内各类电力主体共同承担清洁能源消纳义务。

启动可再生能源法修订工作。随着我国可再生能源产业的快速发展，可再生能源已逐渐成为我国的主要能源品种之一。面对可再生能源规模化发展、对电力系统渗透率不断提高等新形势，应尽快启动可再生能源法修订工作，更好地促进清洁能源健康发展。

4. 深挖电源侧调峰潜力，全面提升电力系统调节能力

实施火电灵活性改造，省级政府相关主管部门负责制定年度火电灵活性改造计划，国家能源局派出机构会同相关部门组织省级电网公司对改造机组进行验收。研究出台火电灵活性改造支持性措施，将各地火电灵活性改造规模与新能源规模总量挂钩。

核定火电最小技术出力率和最小开机方式，国家能源局派出机构会同相

关部门，组织省级电网公司开展火电机组单机最小技术出力率和最小开机方式的核定；2018 年底前全面完成核定工作，并逐年进行更新和调整；电力调度机构严格按照核定结果调度火电机组。

通过市场和行政手段引导燃煤自备电厂调峰消纳清洁能源。进一步扩大清洁能源替代自备电厂负荷市场交易规模，研究出台自备电厂负荷调峰消纳新能源的相关政策，加强自备电厂与主网电气连接，率先实现新能源富集地区自备电厂参与调峰。督促自备电厂足额缴纳政府性基金和附加，提高清洁能源替代发电的竞争性。2018 年，清洁能源年替代自备电厂发电量力争超过100 亿 kWh；到 2020 年，替代电量力争超过 500 亿 kWh。

提升可再生能源功率预测水平，可再生能源发电企业利用大数据、人工智能等先进技术提高风况、光照、来水的预测精度，增加功率预测偏差奖惩力度，对于偏差超过一定范围的电量进行双向考核结算，国家能源局派出机构或地方能源主管部门做好考核细则制定工作，区域和省级电网公司做好功率预测的汇总和考核工作。

5. 完善电网基础设施，充分发挥电网资源配置平台作用

提升电网汇集和外送清洁能源能力，加快推进雅中、乌东德、白鹤滩、金沙江上游等水电外送通道建设；研究推进青海、内蒙古等可再生能源富集地区高比例可再生能源通道建设。加强可再生能源富集区域和省份内部网架建设，重点解决甘肃、两广、新疆、河北、四川、云南等地区内部输电断面能力不足问题。

提高存量跨省区输电通道可再生能源输送比例，充分发挥送受两端煤电机组的调频和调峰能力，调度机构要充分利用可再生能源的短期和超短期功率预测结果，滚动修正送电曲线。2020 年底前，主要跨省区输电通道中可再生能源电量比例力争达到平均 30% 以上。

实施城乡配电网建设和智能化升级，持续开展配电网和农网改造建设，推动智能电网建设，提升配电自动化覆盖率，增强电网分布式清洁能源接纳能力以及对清洁供暖等新型终端用电的保障能力。

研究探索多种能源联合调度，研究试点火电和可再生能源联合优化运行，探索可再生能源电站和火电厂组成联合调度单元，内部由火电为可再生能源电站提供调峰和调频辅助服务；联合调度单元对外视为整体参加电力市场并接受电网调度机构指令。水电为主同时有风电、光伏发电的区域，以及风电、

光伏发电同时集中开发的地区,可探索试点按区域组织多种电源协调运行的联合调度单元。鼓励新建核电项目结合本地实际,配套建设抽水蓄能等调峰电源。

加强电力系统运行安全管理与风险管控,调度机构要科学合理安排运行方式,建立适应新能源大规模接入特点的电力平衡机制。加强涉网机组安全管理,增强电网对新能源远距离外送的安全适应性,完善分布式新能源接入的技术标准体系。加快建设完善新能源发电技术监督管理体系,加强新能源企业电力监控系统安全防护等网络信息安全工作,提高新能源发电设备的安全运行水平。针对新能源并网容量增加出现的安全风险,电力企业要落实电力安全生产主体责任,全面加强电网安全风险管控工作。国家能源局派出机构和省级政府能源主管部门要按照职能,切实加强电力系统运行安全管理与风险管控,定期开展监督检查工作。

6. 促进源-网-荷-储互动,积极推进电力消费方式变革

推行优先利用清洁能源的绿色消费模式,倡导绿色电力消费理念,推动可再生能源电力配额制向消费者延伸,鼓励售电公司和电网公司制定清洁能源用电套餐、可再生能源用电套餐等,引导终端用户优先选用清洁能源电力。

推动可再生能源就近高效利用,选择可再生能源资源丰富的地区,建设可再生能源综合消纳示范区。开展以消纳清洁能源为目的的清洁能源电力专线供电试点,加快柔性直流输电等适应波动性可再生能源的电网新技术应用。探索可再生能源富余电力转化为热能、冷能、氢能,实现可再生能源多途径就近高效利用。

优化储能技术发展方式,充分发挥储电、储热、储气、储冷在规模、效率和成本方面的各自优势,实现多类储能的有机结合。统筹推进集中式和分布式储能电站建设,推进储能聚合、储能共享等新兴业态,最大化利用储能资源,充分发挥储能的调峰、调频和备用等多类效益。

推进北方地区冬季清洁取暖,全面落实《北方地区冬季清洁取暖规划(2017—2021年)》要求,加快提高清洁供暖比例。加强清洁取暖总体设计与清洁能源消纳的统筹衔接,上下联动落实任务分工,明确省级清洁取暖实施方案。2019年、2021年实现北方地区清洁取暖率达到50%、70%。

推动电力需求侧响应规模化发展,鼓励大工业负荷参加辅助服务市场,发挥电解铝、铁合金、多晶硅等电价敏感型高载能负荷的灵活用电潜力,消

纳波动性可再生能源。鼓励并引导电动汽车有序充电。加快出台需求响应激励机制,培育需求侧响应聚合服务商等新兴市场主体,释放居民、商业和一般工业负荷的用电弹性,将电力需求侧资源纳入电力市场。

7. 落实责任主体,提高消纳考核及监管水平

强化清洁能源消纳目标考核,科学测算清洁能源消纳年度总体目标和分区域目标,进一步明确弃电量、弃电率的概念和界定标准。弃水、弃风、弃光情况严重和核电机组利用率低的省(区、市),当地能源主管部门要会同国家能源局派出监管机构制定本地区解决清洁能源消纳问题的专项方案。组织具备接受外送清洁能源消纳条件的省(区、市),明确本区域消纳目标。明确新能源与煤电联合外送通道中,非水可再生能源占总电量的运行比例目标,并实施年度考核。原则上,对风电、光伏发电利用率超过 95% 的区域,其限发电量不再计入全国限发电量统计。对水能利用率超过 95% 的区域和主要流域(河流、河段),其限发电量不再计入全国限发电量统计。

建立清洁能源消纳信息公开和报送机制,电网企业和电力交易机构按月向国家能源主管部门提供发电计划和跨省跨区通道的送电曲线、各类电源逐小时实际出力情况和清洁能源交易情况备查。国家能源主管部门组织第三方技术机构对清洁能源消纳进行监测评估,并向社会公布。

加强清洁能源消纳监管督查。全面梳理各地和电网企业对《解决弃水弃风弃光问题实施方案》《保障核电安全消纳暂行办法》等清洁能源消纳政策的落实情况。对实施方案和消纳目标完成情况按月监测、按季度评估、按年度考核,国家能源局派出监管机构开展清洁能源消纳专项督查和清洁能源消纳重点专项监管,对政策执行不力和达不到消纳目标的地区依法予以追责。畅通 12398 能源监管热线,及时分析统计涉及清洁能源消纳的投诉、举报和咨询等情况。

(六)《打赢蓝天保卫战三年行动计划》

打赢蓝天保卫战,是党的十九大作出的重大决策部署,事关满足人民日益增长的美好生活需要,事关全面建成小康社会,事关经济高质量发展和美丽中国建设。为加快改善环境空气质量,打赢蓝天保卫战,2018 年 6 月 27 日制定该行动计划。

该计划提出,以京津冀及周边地区、长三角地区、汾渭平原等区域(以下称重点区域)为重点,持续开展大气污染防治行动,综合运用经济、法律、

技术和必要的行政手段，大力调整优化产业结构、能源结构、运输结构和用地结构，强化区域联防联控，狠抓秋冬季污染治理，统筹兼顾、系统谋划、精准施策，坚决打赢蓝天保卫战，实现环境效益、经济效益和社会效益多赢。

力争到 2020 年，二氧化硫、氮氧化物排放总量分别比 2015 年下降 15% 以上；$PM_{2.5}$ 未达标地级及以上城市浓度比 2015 年下降 18% 以上，地级及以上城市空气质量优良天数比率达到 80%，重度及以上污染天数比率比 2015 年下降 25% 以上；提前完成"十三五"目标任务的省份，要保持和巩固改善成果；尚未完成的，要确保全面实现"十三五"约束性目标；北京市环境空气质量改善目标应在"十三五"目标基础上进一步提高。

（1）有效推进北方地区清洁取暖，坚持从实际出发，宜电则电、宜气则气、宜煤则煤、宜热则热，确保北方地区群众安全取暖过冬。集中资源推进京津冀及周边地区、汾渭平原等区域散煤治理，优先以乡镇或区县为单元整体推进。2020 年供暖季前，在保障能源供应的前提下，京津冀及周边地区、汾渭平原的平原地区基本完成生活和冬季取暖散煤替代；对暂不具备清洁能源替代条件的山区，积极推广洁净煤，并加强煤质监管，严厉打击销售使用劣质煤行为。

抓好天然气产供储销体系建设，力争 2020 年天然气占能源消费总量比例达到 10%。新增天然气量优先用于城镇居民和大气污染严重地区的生活和冬季取暖散煤替代，重点支持京津冀及周边地区和汾渭平原，实现"增气减煤"。"煤改气"坚持"以气定改"，确保安全施工、安全使用、安全管理。有序发展天然气调峰电站等可中断用户，原则上不再新建天然气热电联产和天然气化工项目。限时完成天然气管网互联互通，打通"南气北送"输气通道。加快储气设施建设步伐，2020 年供暖季前，地方政府、城镇燃气企业和上游供气企业的储备能力达到量化指标要求。建立完善调峰用户清单，供暖季实行"压非保民"。

加快农村"煤改电"电网升级改造。制定实施工作方案。电网企业要统筹推进输变电工程建设，满足居民供暖用电需求。鼓励推进蓄热式等电供暖。地方政府对"煤改电"配套电网工程建设应给予支持，统筹协调"煤改电""煤改气"建设用地。

（2）重点区域继续实施煤炭消费总量控制，到 2020 年，全国煤炭占能源消费总量比例下降到 58% 以下；北京、天津、河北、山东、河南五省（直辖市）煤炭消费总量比 2015 年下降 10%，长三角地区下降 5%，汾渭平原实现负增长；新建耗煤项目实行煤炭减量替代。按照煤炭集中使用、清洁利用的原则，重点削减非电力用煤，提高电力用煤比例，2020 年全国电力用煤占煤炭消费总量比例达到 55% 以上。继续推进电能替代燃煤和燃油，替代规模达到 1000 亿 kWh 以上。

制定专项方案，大力淘汰关停环保、能耗、安全等不达标的 30 万 kW 以下燃煤机组。对于关停机组的装机容量、煤炭消费量和污染物排放量指标，允许进行交易或置换，可统筹安排建设等容量超低排放燃煤机组。重点区域严格控制燃煤机组新增装机规模，新增用电量主要依靠区域内非化石能源发电和外送电满足。限时完成重点输电通道建设，在保障电力系统安全稳定运行的前提下，到 2020 年，京津冀、长三角地区接受外送电量比例比 2017 年显著提高。

（3）开展燃煤锅炉综合整治，加大燃煤小锅炉淘汰力度。县级及以上城市建成区基本淘汰蒸发量 10t/h 及以下燃煤锅炉及茶水炉、经营性炉灶、储粮烘干设备等燃煤设施，原则上不再新建蒸发量 35t/h 以下的燃煤锅炉，其他地区原则上不再新建蒸发量 10t/h 以下的燃煤锅炉。环境空气质量未达标城市应进一步加大淘汰力度。重点区域基本淘汰蒸发量 35t/h 以下燃煤锅炉，蒸发量 65t/h 及以上燃煤锅炉全部完成节能和超低排放改造；燃气锅炉基本完成低氮改造；城市建成区生物质锅炉实施超低排放改造。

加大对纯凝机组和热电联产机组技术改造力度，加快供热管网建设，充分释放和提高供热能力，淘汰管网覆盖范围内的燃煤锅炉和散煤。在不具备热电联产集中供热条件的地区，现有多台燃煤小锅炉的，可按照等容量替代原则建设大容量燃煤锅炉。2020 年底前，重点区域 30 万 kW 及以上热电联产电厂供热半径 15km 范围内的燃煤锅炉和落后燃煤小热电全部关停整合。

（4）提高能源利用效率，继续实施能源消耗总量和强度双控行动。健全节能标准体系，大力开发、推广节能高效技术和产品，实现重点用能行业、设备节能标准全覆盖。

（5）加快发展清洁能源和新能源，到 2020 年，非化石能源占能源消费总量比例达到 15%。有序发展水电，安全高效发展核电，优化风能、太阳能开发布局，因地制宜发展生物质能、地热能等。在具备资源条件的地方，鼓励发展县域生物质热电联产、生物质成型燃料锅炉及生物天然气。加大可再生能源消纳力度，基本解决弃水、弃风、弃光问题。

（七）《火电灵活性改造试点项目的通知》

为加快能源技术创新，挖掘燃煤机组调峰潜力，提升我国火电运行灵活性，全面提高系统调峰和新能源消纳能力，综合考虑项目业主、所在地区、机组类型、机组容量等因素，确定丹东电厂等 16 个项目为提升火电灵活性改造试点项目，详见表 2-2。

表 2-2　　　　　　　　　火电灵活性改造试点项目

编号	省份	所属公司	电厂名称	装机容量（万 kW）	投产年份	类型	参数	冷却方式
1	辽宁	华能集团	丹东电厂1、2号机组	2×35	1998	抽凝	亚临界	湿冷
2	辽宁	华电集团	丹东金山热电厂1、2号机组	2×30	2012	抽凝	亚临界	湿冷
3	辽宁	国家能源集团	大连庄河发电厂1、2号机组	2×60	2007	纯凝	超临界	湿冷
4	辽宁	国家电投	本溪发电公司1、2号机组新建工程	2×35	2017	抽凝	超临界	湿冷
5	辽宁	国家电投	东方发电公司1号机	1×35	2005	抽凝	亚临界	湿冷
6	辽宁	国家电投	燕山湖发电公司2号机组	1×60	2011	抽凝	超临界	空冷
7	辽宁	铁法煤业	调兵山煤矸石发电有限责任公司	2×30	2009/2010	抽凝	亚临界	空冷
8	吉林	国家能源集团	双辽发电厂1、2、3、4、5号机组	2×33（1、2号）2×34（3、4号）1×66（5号）	1994/1995/2000/2000/2015	1、4号抽凝，2、3、5号纯凝	1、2、3、4号亚临界，5号超临界	湿冷
9	吉林	国家电投	白城发电厂1、2号机组	2×60	2010	抽凝	超临界	空冷
10	黑龙江	大唐集团	哈尔滨第一热电厂1、2号机组	2×30	2010	抽凝	亚临界	湿冷
11	甘肃	国家开发投资集团	靖远第二发电有限公司7、8号机组	2×33	2006/2007	纯凝	亚临界	湿冷
12	内蒙古	华能集团	华能北方临河热电厂1、2号机组	2×30	2006/2007	抽凝	亚临界	湿冷
13	内蒙古	华电集团	包头东华热电有限公司1、2号机组	2×30	2005	抽凝	亚临界	湿冷

续表

编号	省份	所属公司	电厂名称	装机容量（万 kW）	投产年份	类型	参数	冷却方式
14	内蒙古	国家能源集团	国华内蒙古准格尔电厂	4×33	2002/2007	抽凝	亚临界	湿冷
15	广西	国家开发投资集团	北海电厂1、2号机组	2×32	2004/2005	抽凝	亚临界	湿冷
16	河北	华电集团	石家庄裕华热电厂1、2号机组	2×30	2009	抽凝	亚临界	湿冷

注　目前上述项目均已改造完毕，运行效果良好。

（八）《中华人民共和国节约能源法》

为推动全社会节约能源，提高能源利用效率，保护和改善环境，促进经济社会全面协调可持续发展，制定《中华人民共和国节约能源法》。该法所称节能，是指加强用能管理，采取技术上可行、经济上合理以及环境和社会可以承受的措施，从能源生产到消费的各个环节，降低消耗、减少损失和污染物排放、制止浪费，有效、合理地利用能源。

国家实行有利于节能和环境保护的产业政策，限制发展高耗能、高污染行业，发展节能环保型产业。

国务院和省、自治区、直辖市人民政府应当加强节能工作，合理调整产业结构、企业结构、产品结构和能源消费结构，推动企业降低单位产值能耗和单位产品能耗，淘汰落后的生产能力，改进能源的开发、加工、转换、输送、储存和供应，提高能源利用效率。

国家鼓励、支持开发和利用新能源、可再生能源。

1. 工业节能方面

国务院和省、自治区、直辖市人民政府推进能源资源优化开发利用和合理配置，推进有利于节能的行业结构调整，优化用能结构和企业布局。

国务院管理节能工作的部门会同国务院有关部门制定电力、钢铁、有色金属、建材、石油加工、化工、煤炭等主要耗能行业的节能技术政策，推动企业节能技术改造。

国家鼓励工业企业采用高效、节能的电动机、锅炉、窑炉、风机、泵类等设备，采用热电联产、余热余压利用、洁净煤以及先进的用能监测和控制等技术。

电网企业应当按照国务院有关部门制定的节能发电调度管理的规定，安排

45

清洁、高效和符合规定的热电联产、利用余热余压发电的机组以及其他符合资源综合利用规定的发电机组与电网并网运行，上网电价执行国家有关规定。

禁止新建不符合国家规定的燃煤发电机组、燃油发电机组和燃煤热电机组。

2. 节能技术方面

县级以上各级人民政府应当把节能技术研究开发作为政府科技投入的重点领域，支持科研单位和企业开展节能技术应用研究，制定节能标准，开发节能共性和关键技术，促进节能技术创新与成果转化。

县级以上各级人民政府应当按照因地制宜、多能互补、综合利用、讲求效益的原则，加强农业和农村节能工作，增加对农业和农村节能技术、节能产品推广应用的资金投入。

国家鼓励、支持在农村大力发展沼气，推广生物质能、太阳能和风能等可再生能源利用技术，按照科学规划、有序开发的原则发展小型水力发电，推广节能型的农村住宅和炉灶等，鼓励利用非耕地种植能源植物，大力发展薪炭林等能源林。

3. 激励措施方面

国家运用财税、价格等政策，支持推广电力需求侧管理、合同能源管理、节能自愿协议等节能办法。

国家实行峰谷分时电价、季节性电价、可中断负荷电价制度，鼓励电力用户合理调整用电负荷；对钢铁、有色金属、建材、化工和其他主要耗能行业的企业，分淘汰、限制、允许和鼓励类实行差别电价政策。

4. 法律责任方面

电网企业未按照本法规定安排符合规定的热电联产和利用余热余压发电的机组与电网并网运行，或未执行国家有关上网电价规定的，由国家电力监管机构责令改正；造成发电企业经济损失的，依法承担赔偿责任。

第三节 地方政策环境分析

一、 地方政策概况

（一）清洁供暖方面

2017 年以来，在国家多部门做好总体设计的基础上，包括京津冀地区及东北、西北等地区在内的多省市都陆续出台了从自身实际出发的清洁供暖实施方案。各地根据当地供热需求特点、资源禀赋状况，以及经济发展水平，依据"宜电则电、宜气则气、宜煤则煤、宜热则热"的原则，提出了当地清洁供暖的规划目标，并以取得阶段性成效。

在《北方地区冬季清洁取暖规划（2017—2021年）》发布前，大部分北方地区就编制了相关的"十三五"规划，天津、河北、内蒙古、北京、山西、吉林、黑龙江、河南、甘肃、辽宁、山东、青海等地所编制的相关规划均针对清洁供暖提出了各自的要求。在以上省市的相关规划中，持续推进热电联产在供热中的使用以及燃煤替代是多数省市的工作重点。在《北方地区冬季清洁取暖规划（2017—2021年）》出台前后，全国主要省份进一步结合自身特点，均相继出台了针对清洁供暖的工作方案与计划。北方地区各省及直辖市近期（2017—2019年）针对清洁供暖的主要相关政策如下。

1. 东北地区清洁供暖政策

（1）辽宁省。

2017年6月发布《辽宁省大气污染防治条例》，鼓励推广使用太阳能、风能、电能、燃气、沼气、地热能等清洁能源；加强农作物秸秆、沼气等生物质能综合利用，推进农村清洁能源的替代和开发利用。

2017年7月发布《关于印发电化辽宁、气化辽宁和煤电企业转型转产工作方案的通知》，提出到2020年，累计新增电能替代电量210亿kWh，其中重点用于清洁供暖；到2020年，力争新增热泵供暖面积1500万m²，并对电能替代项目进行财务补贴。

2019年7月发布《关于2019年第二次降低一般工商业电价、调整部分发电企业上网电价及简化销售电价分类结构等有关事项的通知》，对利用地下水源、空气源热泵等技术的供暖制冷企业在用电成本方面给予优惠。

（2）吉林省。

2017年6月发布《关于推进电能清洁供暖实施意见的通知》，要求省级财政安排电能清洁供暖专项补助资金，对电能清洁供暖项目进行补助。

2018年2月发布《关于进一步明确吉林省清洁供暖价格政策有关问题的通知》，提出对蓄热式（采用电锅炉）电取暖电价采取分时段、分阶梯等方式补助的优惠政策。

2019年2月发布《关于进一步明确蓄热式电锅炉企业执行电取暖用电价

格政策范围的通知》，对满足要求的采用蓄热式电锅炉供暖的企业享受电供暖用电价格优惠政策。

2019 年 11 月发布《吉林省电能清洁取暖奖补资金管理办法》，按"先实施多奖补的原则"和财政奖补比例逐年递减的"退坡"制度，2019 年财政奖补资金额按电能清洁取暖项目设备完成投资额的 30% 计算给予奖补，以后奖补比例逐年递减 5%。

2019 年 12 月发布《关于开展 2019 年风力于电能清洁供暖项目交易的通知》，规定开展电能清洁供暖参与市场交易，采用双边协商模式，省内成交电量 1.5 亿 kWh，成交均价 310 元/MWh。

（3）黑龙江省。

2018 年 4 月发布《关于电网企业采购清洁供暖用电有关问题的通知》，规定按市场化竞价采购机制采购市场最低价电量，并予以优先购电保障，用于"煤改电"等用户清洁供暖用电。鼓励省级电网企业或售电公司与风电、光伏等可再生能源发电企业优先开展市场化交易。

2018 年 9 月发布《关于创新和完善促进绿色发展价格机制的实施意见》，提出积极研究有利于储能发展的价格机制，继续实施并不断完善清洁供暖电价政策，促进"煤改电"等清洁供暖发展。

2019 年 6 月发布《关于加强黑龙江省地热能供暖管理的指导意见》，要求加大地热能开发及热泵系统应用的支持力度，因地制宜出台相关支持政策。对地热能开发企业各种行政事业性收费，在政策规定的范围内按最低标准收取，落实执行好地热能供暖项目应该享受的峰谷分时电价等优惠政策，积极为地热能供暖投资主体创造良好的营商环境。

2. 华北地区清洁供暖政策

（1）北京市。

2017 年 5 月发布《关于〈北京市城镇居民"煤改电""煤改气"相关政策的意见〉相关事项补充规定的函》，要求对使用空气源热泵、非整社区安装地源热泵取暖的，市财政按照取暖面积 100 元/m² 的标准进行补贴。采用空气源热泵、地源热泵等集中供暖的项目，对其配套蓄热设施投资给予 50% 的资金支持。

2017 年 6 月发布《北京市"十三五"时期能源发展规划》，要求出台热泵补贴等鼓励政策，可再生能源利用由试点示范向规模化应用转变。鼓励西集等地热资源丰富地区实施"煤改热泵"替代。结合资源禀赋条件，通过"煤改热泵"等多种方式改造山区燃煤锅炉。加快实施延庆区"煤改绿色电力"替代燃煤锅炉。

2017年8月发布《北京市"十三五"时期能源发展规划主要目标和任务分工方案的通知》，要求全市清洁供热比例达到95%以上，余热和可再生能源供热面积达到7000万 m²，全市新增地热和热泵系统供热面积2000万 m²。鼓励社会资本投资能源设施，大力推广（PPP）模式，完善供热制度特许经营制度。鼓励大型专业供热企业通过参股、控股、和兼并等方式，推进供热资源整合。

2018年7月发布《北京市中心热网热源余热利用工作方案（2018—2021年）》，提出到2021年末，建成京能高安屯烟气余热等一批余热回收项目，力争新增余热回收能力约1040MW，其中燃气热电厂余热回收能力850MW，调峰热源厂余热回收能力190MW。

2019年1月发布《关于进一步加快热泵系统应用推动清洁供暖的实施意见》，规定以浅层地源、余热、再生水（污水）源等热泵系统为重点，加大资金支持力度，全面推广热泵系统应用。项目补助最高达50%，并简化审批流程，实行峰谷电价。

2019年2月发布《北京市污染防治攻坚战2019年行动计划》，要求以电为主推进村庄煤改清洁能源工作，研究科学有效的山区"煤改清洁能源"技术路线，健全清洁取暖设备的运维服务机制，综合施策、巩固全市平原地区"无煤化"成果。

（2）天津市。

2018年8月发布《天津市打好污染防治攻坚战八个作战计划的通知》，要求因地制宜推动生物质利用，统筹规划，有序开发地热资源，到2020年，非化石能源比例达到4%以上；鼓励工业炉窑使用电、天然气等清洁能源或周边电厂供热。

2019年3月发布《加快产供储销体系建设促进全市天然气协调稳定发展实施方案的通知》，规定按照"宜电则电、宜气则气、宜煤则煤、宜油则油"的原则，充分利用各种清洁能源取暖改造。

（3）河北省。

2017年6月发布《关于清洁供暖有关价格政策的通知》，规定完善峰谷和阶梯电价政策，明确清洁供暖设施用电支持政策，大力推进市场化交易机制；完善天然气价格政策。

2017年9月发布《河北省"十三五"能源发展规划的通知》，强调农村清洁取暖率达到70%；加快推广蓄热式和直热式工业电锅炉，有条件的区域推广蓄热式电锅炉、热泵和电蓄冷技术，鼓励建设空气源、地源、水源热泵供热（制冷）系统。紧密结合清洁取暖，鼓励有条件的区域实施电代煤，推广高效电暖、热泵、电辅助太阳能热水器等适用技术，示范推广蓄热电锅炉等新型供暖工程。"十三五"期间，地热供暖面积新增1.3亿 m²。

2019年6月发布《关于下达2019年中央大气污染防治资金（用于北方地区冬季清洁取暖试点城市补助）预算的通知》，规定2019年中央财政北方地区冬季清洁取暖试点城市补助资金预算分配，合计39.2亿元。

（4）山西省。

2019年1月发布《关于加快推进清洁取暖有关工作的通知》，要求研究地热能供热技术路线特别是中深层地热能应用。积极推广工业余热、空气源热泵等技术的应用，总结可再生能源建筑应用项目实施经验。

2019年5月发布《关于印发山西省完善促进消费体制机制实施方案（2019—2022年）的通知》，要求积极推广节能电供暖设备。实施清洁供暖用电市场化交易，降低清洁供暖用电成本。推广运用冷热电三联供、电储能等技术。

2019年6月发布《关于印发山西省打赢蓝天保卫战2019年行动计划的通知》，要求以热电联产和集中供热为主，煤改电、煤改气等清洁能源为辅。2019年，推动清洁取暖和散煤替代由城市建成区向农村扩展，巩固提升设区市建成区清洁取暖率，县市建成区清洁取暖覆盖率达到70%以上，农村地区力争达到40%以上。

（5）内蒙古自治区。

2017年6月发布《关于印发内蒙古自治区能源发展"十三五"规划的通知》，要求实施电能替代工程。重点在居民供暖等领域，以分布式应用为主，大力推广热泵、电供暖、电锅炉（窑炉）、电驱动皮带传输、电动汽车、油机改电等电能替代。支持电能替代用户与各类发电企业开展电力直接交易，降低电能替代用电成本。

2018年9月发布《内蒙古自治区冬季清洁取暖实施方案》，规定2021年清洁取暖率达到 80% 以上。农村地区优先利用地热、生物质、太阳能等多种清洁能源供暖，有条件的发展天然气或电供暖。加快推进清洁燃煤集中供暖；有序发展天然气供暖；发展可再生能源供暖；积极发展电供暖；完善用电取暖价格机制；继续做好工业余热回收供暖。大力发展热泵、蓄热及中低温余热利用技术，进一步提升余热利用效率和范围。

2018 年 12 月发布《内蒙古自治区大气污染防治条例》，规定推进使用风能、太阳能、生物质能、天然气、地热等清洁能源替代分散燃煤供热。在集中供热管网未覆盖的区域，推广使用新能源、清洁能源供热，或使用高效节能环保型锅炉和对原有锅炉进行技术升级改造。各级人民政府应当采取措施，推进城乡结合部、农村牧区清洁取暖工作，将农村牧区炊事、养殖、大棚用能与清洁取暖相结合，充分利用生物质、沼气、太阳能、罐装天然气、电等多种清洁能源供暖。加大煤改气、煤改电和生物质能源替代等项目建设的财政补贴力度。

3. 西北地区清洁供暖政策

（1）陕西省。

2019 年 4 月发布《陕西省人民政府办公厅关于印发四大保卫战 2019 年工作方案的通知》，要求各地要加大对蓝天保卫战的财政支持力度。完善省级铁腕治霾奖补办法，加快推进冬季清洁取暖工作。打好清洁能源替代硬仗：提高清洁取暖率；积极发展地热能。

2019 年 4 月发布《陕西省关中地区散煤治理行动方案（2019—2020年)》，要求加大地热能等可再生能源供暖力度，加大资金投入，建立健全清洁能源替代建设和"运行"双补贴机制。

2019 年 4 月发布《陕西省蓝天保卫战 2019 年工作方案》，规定其中"煤炭管控"和"清洁能源替代"为两场硬仗，两场硬仗相辅相成，要同时打胜，应该坚持从实际出发，宜电则电、宜气则气、宜热则热、宜煤则煤，深入推进散煤治理。

（2）甘肃省。

2017 年 11 月发布《关于明确清洁能源供暖价格支持政策有关问题的通知》，规定对电供暖、电极式蓄热储能集中供热等清洁供暖方式，按照市场化机制直购电模式同电改政策相结合，给予供暖项目合理合法政策支持，在执行大工业峰谷分时电价同时，通过市场化交易由双方协商确定交易电价。

2018 年 5 月发布《甘肃省冬季清洁取暖总体方案（2017—2021 年）的通知》，规定全省确保完成气代煤、电代煤 150 万户以上，争取达到 200 万户；力争新增生物质、太阳能、风电等可再生能源供暖 1500 万 m^2，全省总面积争取达到 3000 万 m^2。

2018 年 6 月发布《甘肃省清洁能源产业发展专项行动计划的通知》，要求提高清洁能源消费比例。不断扩大清洁能源在工业、交通、供暖等领域应用，持续推进城乡用能方式转变。

2018 年 8 月发布《甘肃省冬季清洁取暖城镇供热系统优化和建筑能效提升实施方案（2017—2021 年）》，规定优先发展再生水源（污水、工业废水等）等取暖，积极发展地源（土壤源）取暖，适度发展地下水源取暖，在兰州、天水等地开展无干扰地岩热等技术试点，推广太阳能与常规能源互补的热水和供暖的复合应用，条件适宜地区推广使用空气源热泵取暖。

2019 年 4 月发布《关于印发 2019 年为民办实事实施方案的通知》，强调注重环保，各地对现有燃煤锅炉进行清洁改造，新建供暖不得采用不符合环保要求的供暖方式。

（3）青海省。

2018 年 3 月发布《关于推进冬季城镇清洁供暖的实施意见》，规定加大地热能等可再生能源供暖力度，加大资金投入，建立健全清洁能源替代建设和"运行"双补贴机制。

2018 年 12 月发布《青海省建设国家清洁能源示范省工作方案（2018—2020 年)》，要求推广应用太阳能热水、地源热泵、水源热泵等新能源技术；确保高品质清洁供暖，宜气则气，宜电则电，宜热则热；依托西宁、共和盆地资源建设若干地热能示范项目；依托分散式光伏、风电项目实施小型多能互补清洁供暖项目。

（4）宁夏回族自治区。

2019 年 3 月发布《关于组织申报 2019 年自治区财政支持可再生能源应用试点示范项目专项资金的通知》，要求可再生能源应用示范技术两项（不含）以上（太阳能供暖技术为必选内容）；2019 年自治区财政支持可再生能源应用示范推广项目实行定额补助，县（市、区）不超过 400 万元（上限）。

2019 年 4 月发布《关于通报全区 2018 年清洁取暖基本情况暨下达 2019 年清洁取暖工作任务计划的通知》，要求对各市 2019 年下达清洁供暖详细任务，其中涉及热泵、电锅炉、太阳能、生物质等多种清洁供暖方式及要求。

（5）新疆维吾尔自治区。

2019 年 1 月发布《自治区清洁取暖实施方案（2018—2021 年）》，到 2021 年底，全疆清洁取暖面积将达到 3.26 亿 m^2，合力推进自治区清洁取暖工作。

4. 华东、华中地区清洁供暖政策

（1）山东省。

2018 年 8 月发布《山东省冬季清洁取暖规划（2018—2022 年）》，提出到 2020 年，全省平均清洁取暖率达到 70％以上，其中，常住人口 20 万以上的城市基本实现清洁取暖全覆盖，农村地区平均清洁取暖率达到 55％左右；到 2020 年，燃煤取暖面积占总取暖面积 70％左右，工业余热、天然气、电能以及生物质等可再生能源取暖面积占比达到 30％左右。

（2）河南省。

2018 年 9 月发布《河南省污染防治攻坚战三年行动计划（2018—2020 年）》，提出 2020 年底前，京津冀大气污染传输通道城市、汾渭平原城市建成区集中供暖普及率分别达到 90％和 85％以上，其他城市（周口、信阳市除外）建成区集中供暖普及率达到 75％以上，已发展集中供热的县级城市建成区集中供热普及率达到 50％以上。全省城区、县城和城乡结合部、农村地区清洁取暖率 2020 年分别达到 95％、75％、50％。逐步扩大燃煤锅炉拆除和清洁能源改造范围，2020 年底前，全省基本淘汰蒸发量 35t/h 及以下燃煤锅炉。

（二）大气污染防治，打赢蓝天保卫战方面

为深入贯彻党的十九大精神，全面落实全国生态环境保护大会部署，根据《国务院关于印发打赢蓝天保卫战三年行动计划的通知》，各省市结合实际，纷纷制定了打赢蓝天保卫战行动计划。

1. 华北地区

北京市提出统筹推进能源资源全面节约，加快构建绿色低碳、安全高效、城乡一体、区域协同的现代能源体系。到 2020 年，优质能源比例提高到 95％，基本解决燃煤污染。结合首都特点，依托智能化技术，加强外部电力调入，提高外输电比例。充分开发本地新能源资源。

天津市提出到 2020 年，全市煤炭消费总量控制在 4000 万 t 以内，煤炭占一次能源消费比例控制在 45％以下。严格控制新建燃煤项目，实行耗煤项目减量替代，禁止配套建设自备燃煤电站。大力发展太阳能、风能、生物质和地热能等非化石能源，到 2020 年，非化石能源消费比例力争达到 4% 以上。

河北省严格控制燃煤机组新增装机规模，新增用电量主要依靠区域内非化石能源发电和外送电满足。加快推进外电入冀工程建设，持续提高接受外送电量比例。提升清洁能源比例，积极发展可再生能源。有效利用工业余热和污水热泵等替代燃煤热源供应。

山西省要求 2020 年 10 月底前，县（市）建成区清洁取暖覆盖率达到 100%，农村地区清洁取暖覆盖率力争达到 60% 以上。力争 2020 年天然气占能源消费总量比例达到 10% 左右。按照煤炭集中使用、清洁利用的原则，重点削减非电力用煤，提高电力用煤比例，2020 年全省电煤占煤炭消费比例达到 55% 以上。

内蒙古自治区大力推进能源消费总量和强度"双控"，到 2020 年底，煤炭占能源消费总量比例由 2015 年的 82.9% 降低到 79%，单位地区生产总值能耗较 2015 年下降 14%。提高电力用煤比例，电力用煤占煤炭消费总量比例提高到 55% 左右。加快农村地区电网升级改造。创新电力交易模式，鼓励电蓄热、储能企业与风电、光伏发电企业开展直接交易，健全输配电价体系等方式，进一步降低清洁供暖用电成本，通过完善峰谷分时制度和阶梯价格制度，释放富余风电低价优势，推动电供暖发展。

燃煤锅炉整治方面，天津市、河北省、山西省到 2020 年底前，基本淘汰蒸发量 35t/h 以下燃煤锅炉，蒸发量 65t/h 及以上燃煤燃油锅炉全部实现超低排放，其他锅炉达到大气污染物特别排放限值，禁止新建蒸发量 35t/h 及以下燃煤锅炉。河北省更是要求 2019 年底前，蒸发量 35t/h 以上燃煤锅炉基本完成有色烟羽治理和超低排放改造，保留的燃煤锅炉全面达到排放限值和能效标准。内蒙古自治区全区旗县（市、区）及以上城市建成区基本淘汰蒸发量 10t/h 及以下燃煤锅炉，到 2020 年底，呼和浩特市、包头市、乌海市城市建成区基本完成蒸发量 35t/h 及以下燃煤锅炉淘汰工作。

2. 东北地区

辽宁省提出由城镇到农村分层次全面推进的总体思路，稳步实施清洁燃煤供暖，有序推进天然气供暖，积极推广电供暖，科学发展热泵供暖，探索推进生物质能供暖，拓展工业余热供暖，加快提高清洁取暖比例，2020 年清洁取暖率达到 49%。控制煤炭消费总量，到 2020 年，全省煤炭占能源消费总量比例控制到58.6%以下。

吉林省新建耗煤项目实行煤炭减量替代，到2020年，煤炭占全省一次能源消费总量比例降低到63%以下，全省清洁取暖率达到42%以上；非化石能源消费比例提高到9.5%，天然气消费比例提高到6%。提出有效推进清洁供暖，因地制宜实施多种清洁能源替代，淘汰高排放供暖项目，从电价等多方面加大经济政策支持力度。

黑龙江省抓好天然气产供储销体系建设。力争2020年天然气占能源消费总量比例达到8%。鼓励推进蓄热式电供暖，对"煤改电"配套电网工程建设给予支持；发展风电，积极推进生物质发电建设，强化地热能勘探开发和利用。

辽宁省到2020年，除依据城市供热专项规划确需保留的供暖锅炉以外，城市建成区蒸发量20t/h（或14MW）及以下燃煤锅炉全部予以淘汰。吉林省、黑龙江省则要求县级及以上城市建成区原则上不再新建蒸发量35t/h以下燃煤锅炉，其他地区原则上不再新建蒸发量10t/h以下的燃煤锅炉，2020年底前基本淘汰蒸发量10t/h及以下燃煤锅炉等燃煤设施。2020年底前，哈尔滨市城市建成区基本淘汰蒸发量35t/h以下燃煤锅炉，具备条件的蒸发量65t/h及以上燃煤锅炉全部实现节能和超低排放，燃气锅炉基本完成低氮改造。

3. 西北地区

陕西省加大对纯凝机组和热电联产机组技术改造力度，加快供热管网建设，充分释放和提高供热能力，淘汰管网覆盖范围内的燃煤锅炉和散煤。2019年底前，关中地区现有10万kW及以上火电机组全部实行热电联产改造，释放全部供热能力，对热电联产项目发电计划按照"以热定电"原则确定。有序发展水电，优化风能、太阳能开发布局，因地制宜发展生物质能、地热能等。

甘肃省逐步提高非化石能源消费比例，到2020年，非化石能源占能源消费总量比例超过20%。有序发展水电，优化风能、太阳能开发布局，鼓励推广燃煤耦合生物质发电，因地制宜发展生物质能、地热能等。

宁夏回族自治区加快发展清洁能源。切实降低燃煤消费，提高非化石能源消费比例，到2020年，力争全区非化石能源消费总量占一次能源消费比例达到10%左右，电量占全社会用电量的比例提高到20%。优化风能、太阳能开发，到 2020 年，全区风电装机规模达到 1100 万 kW 以上，争取光伏发电规模达到 1000 万 kW 以上。鼓励发展生物质发电，推进垃圾发电、生物质直燃发电、生物质沼气发电等多种形式的综合应用，到 2020 年，力争生物质发电装机容量达到 20 万 kW。实施煤矿瓦斯综合利用，加快地热能资源开发和利用。

青海省到 2020 年，全省完成国家下达的煤炭占能源消费总量比例指标，西宁海东两市煤炭消费总量比 2015 年下降 5%。重点区域再建耗煤项目要实行煤炭减量替代，不再规划新建除热电联产、垃圾焚烧发电以外的火电项目。按照煤炭集中使用、清洁利用的原则，重点削减非电力用煤，提高电力用煤比例，2020 年全省电力用煤占煤炭消费总量比例达到 38% 以上。加快发展清洁能源和新能源，到 2020 年，全省新能源电力装机容量占全省电力总装机容量的比例达到 30% 以上，非化石能源占能源消费比例达到 5%~8%。

燃煤锅炉整治方面，陕西省不再新建蒸发量 35t/h 以下的燃煤锅炉，蒸发量 65t/h 及以上燃煤锅炉全部完成节能和超低排放改造。2019 年底前，关中地区所有蒸发量 35t/h 以下燃煤锅炉（蒸发量 20t/h 及以上已完成超低排放改造的除外）全部拆除或实行清洁能源改造。甘肃省、宁夏回族自治区、新疆维吾尔族自治区及青海省县级及以上城市建成区基本淘汰蒸发量 10t/h 及以下燃煤锅炉等燃煤设施，原则上不再新建蒸发量 35t/h 以下的燃煤锅炉，其他地区原则上不再新建蒸发量 10t/h 以下燃煤锅炉。宁夏回族自治区到 2020 年，全区各地级市城市建成区基本淘汰蒸发量 35t/h 以下燃煤锅炉。

4. 华东地区

山东省持续实施煤炭消费总量控制。到 2020 年，全省煤炭消费总量比 2015 年下降 10%（由 2015 年的 40927 万 t 压减到 36834 万 t 以内）。大力淘汰关停环保、能耗、安全等不达标的 30 万 kW 以下燃煤机组。因地制宜规模化开发利用风能、太阳能、核电、生物质能、水电等新能源和可再生能源资源，到 2020 年，全省风电、太阳能发电、生物质发电、抽水蓄能发电、核电等新能源和可再生能源发电装机容量达到 3338 万 kW 左右。

燃煤锅炉综合整治方面，山东省全面淘汰蒸发量 10t/h 及以下燃煤锅炉，福建省县级及以上城市建成区基本淘汰蒸发量 10t/h 及以下燃煤锅炉，不再新建蒸发量 35t/h 以下的燃煤锅炉。山东省 7 个传输通道城市基本淘汰蒸发量

35t/h 以下燃煤锅炉；燃气锅炉基本完成低氮改造；城市建成区生物质锅炉实施超低排放改造；蒸发量 65t/h 及以上燃煤锅炉在完成超低排放改造的基础上全部完成节能改造。安徽省、江苏省基本淘汰蒸发量 35t/h 以下燃煤锅炉，不再新建蒸发量 35t/h 以下的燃煤锅炉；蒸发量 35t/h 及以上燃煤锅炉（燃煤电厂锅炉除外）全部达到特别排放限值要求；蒸发量 65t/h 及以上燃煤锅炉全部完成节能和超低排放改造；燃气锅炉基本完成低氮改造；城市建成区生物质锅炉实施超低排放改造。

（三）各地区机组灵活性调峰方面

在国家一系列辅助服务政策引导下，各区域电网陆续修改两个细则的条款，提高技术指标，加大两个细则考核和补偿力度，开展辅助服务市场试点建设。截至目前，国家能源局已批复东北、福建、山东、山西、新疆、宁夏、广东、甘肃等地开展辅助服务市场试点建设（见表 2-3），我国的电力辅助服务市场已处于起步阶段。

表 2-3 电力辅助服务市场试点建设情况

已开展电力辅助服务市场省市	黑龙江、吉林、辽宁、内蒙古、新疆、宁夏、甘肃、北京、山西、山东、江苏、上海、浙江、福建、重庆、广东、陕西、贵州、安徽、青海
计划开展电力辅助服务市场省市	河北、河南、湖北、湖南、江西、四川、广西、海南、云南
未开展电力辅助服务市场省市	西藏

由于区域性电网结构的差异，不同地区火电机组灵活性辅助服务政策差异较大。因此，需要因地制宜的根据各区域电力辅助服务补偿（市场）机制，确保机组灵活性改造对目前情况和电力现货市场具备较强适用性。

1. 华北区域

华北区域主要涵盖河北南网、京津唐、蒙西、山东、山西等区域，其适用地方政策文件主要包括《华北区域发电厂并网运行管理实施细则》（华北监能市场〔2018〕238 号）、《京津唐电网调频辅助服务市场运营规则（试行）征求意见稿》（华北监能市场〔2017〕18 号）、《蒙西电网开展发电厂辅助服务及并网运行管理实施细则试运行的通知》（华北监能市场〔2015〕264 号）、《关于修订山东电力辅助服务市场运营规则（试行）》（鲁监能市场〔2018〕50

号）、《山西电力风火深度调峰市场操作细则》（晋监能市场〔2017〕146 号）、《山西电力调频辅助服务市场运营细则》（晋监能市场〔2017〕143 号）。

京津唐电网电力辅助市场服务重点关注调频辅助服务，为确保电网调频辅助服务市场化交易的有序开展，以火电机组为单位（燃气机组以整套为单位）按周申报可提供的调频服务范围及价格，调频服务范围为机组实际出力上、下限，申报价格单位为元/MW，申报价格的最小单位是 0.1 元/MW，申报价格范围暂定为 0~12 元/MW。调频服务费用在包括火电（燃煤、燃气）、水电（含抽水蓄能）、新能源（风电、光伏）等京津唐电网所有发电企业之间分摊。

内蒙古电网在并网发电厂辅助服务管理实施细则（试行）部分条款修订内容中了加大调峰补偿，有偿调峰按照补偿电量＝0.7×少发电量执行，补偿电量按照标杆电价（0.2829 元/kWh）结算费用，其 AGC 服务贡献补偿标准按照日补偿电量＝日调节深度×性能指标×0.02h 进行结算。

山东电网电力辅助市场服务主要包括有偿调峰和自动发电控制（AGC）。其中，机组有偿调峰起始基准为机组申报最大可调出力的 70％、跨省区联络线有偿调峰起始基准为高峰电力的 70％，每减少 10％为一档。采用"阶梯式"报价方式和价格机制，发电企业在不同时期分档浮动报价（由第一档至深度调峰最小维持出力档必须连续递增报价，深度调峰最小维持出力档以下可单独进行停机调峰报价）。设置有偿调峰出清价最高上限，降出力调峰暂按150 元/MWh 执行，停机调峰暂按 270 元/MWh 执行。电力调度机构负责根据电网运行情况确定次日电网 AGC 辅助服务需求容量，AGC 辅助服务交易根据日前市场出清价格结算，市场出清价格是指当日实际调用到的最后一台AGC 机组的报价。

山西省电力辅助服务市场重点在于调频和调峰辅助服务。调峰辅助服务分为基本调峰和有偿调峰辅助服务。火电机组在非供热期的基本调峰能力应达到额定容量的 50％，实时深度调峰交易根据辅助服务交易系统设置频次进行出清。每个单位统计周期内，由电力调度机构计算火电机组的深度调峰电量（即火电机组因提供深度调峰辅助服务所少发的电量）、火电边际价格（即实际调用到的最后一台深度调峰机组的报价）、购买方的增发电量以及买方边际价格（即实际增发到的最后购买方的报价）。单位统计周期内市场出清价格为火电边际价格与买方边际价格的平均值。电力调频辅助服务市场采用集中竞价、边际出清、统一价格的方式组织。市场运营机构提前发布调频辅助服务市场需求，接受供应商申报。申报截止后，电力调度机构、电力交易机构依据调频辅助服务供应商的报价数据及其历史平均调频性能指标，调整形成供应商的排序价格，由低到高依次排序，在满足市场需求的基础上形成统一的市场出清边际价格。事后，电力调度机构、电力交易机构结合各供应商的实际调频性能与贡献，确定其调频辅助服务收益与分摊费用。

2. 东北区域

东北区域主要涵盖黑龙江、吉林、辽宁及蒙东地区。其适用地方政策文件主要包括《东北区域并网发电厂辅助服务管理办法实施细则》（东北监能市场）及《东北电力辅助服务市场运营规则（试行）》（东北监能市场〔2016〕252号）。

东北电网电力辅助服务市场主要为有偿调峰服务。实时深度调峰交易采用"阶梯式"报价方式和价格机制，发电企业在不同时期分两档浮动报价，具体分档及报价上、下限参见表2-4。

表2-4　　　　　　　　东北区域电力辅助服务补偿机制

时期	报价档位	火电厂类型	火电厂调峰率	报价下限 （元/kWh）	报价上限 （元/kWh）
非供热期	第一档	纯凝火电机组	40%～50%	0	0.4
		热电机组	40%～48%		
	第二档	全部火电机组	≤40%	0.4	1
供热期	第一档	纯凝火电机组	40%～52%	0	0.4
		热电机组	40%～54%		
	第二档	全部火电机组	≤40%	0.4	1

实时深度调峰交易在日内调用时，由调度机构按照电网运行实际需要根据日前竞价结果由低到高依次调用。实时深度调峰交易按照各档有偿调峰电量及对应市场出清价格进行结算。其中，有偿调峰电量是指火电厂在各有偿调峰分档区间内的未发电量，档内市场出清价格是指单位统计周期内实际调用到的最后一台调峰机组的报价。

火电厂实时深度调峰支付费用＝〔火电厂修正后发电量/（省区内承担费用的所有火电厂总修正后发电量＋省区内承担费用的所有风电场总修正后发电

量＋省区内承担费用的核电机组发电量）]×实时深度调峰总费用。

3. 西北区域

西北区域主要涵盖甘肃、宁夏、青海、陕西、新疆等地区，其适用地方政策文件主要包括《西北区域并网发电厂辅助服务管理实施细则》（西北监能市场〔2018〕66 号）、《甘肃电力调峰辅助服务场运营规则》、《宁夏电力辅助服务市场运营规则（试行）》（西北监能市场〔2018〕14 号）、《新疆电力辅助服务市场运营规则（试行）》（新监能市场〔2017〕143 号）。

甘肃电力辅助服务市场实时深度调峰交易将火电机组（含供热机组）有偿调峰基准设定为其额定容量的 50%。当火电机组平均负荷率小于有偿调峰基准时，便可通过实时深度调峰交易等方式享受调峰补偿。采用"阶梯式"报价方式，发电企业可在不同时期分两档浮动报价。第一档调峰 40%～50%，报价上限 0.4 元/kWh，第二档统一为 40%以下，报价下限 0.4 元/kWh 报价上限 1 元/kWh。实时深度调峰交易按照各档有偿调峰电量及对应市场出清价格进行结算。其中，有偿调峰电量是指火电厂在各有偿调峰分档区间内平均负荷率低于有偿调峰基准形成的未发电量，市场出清价格是指单位统计周期内同一档内实际调用到的最后一台调峰机组的报价。

宁夏电力辅助服务市场实时深度调峰交易将火电机组（含供热机组）有偿调峰基准设定为其额定容量的 50%。当火电机组平均负荷率小于有偿调峰基准时，便可通过实时深度调峰交易等方式享受调峰补偿。采用"阶梯式"报价方式，发电企业可在不同时期分两档浮动报价。第一档调峰 40%～50%，报价上限 0.38 元/kWh；第二档统一为 40%以下，报价下限 0.38 元/kWh，报价上限 0.95 元/kWh。实时深度调峰交易按照各档有偿调峰电量及对应市场出清价格进行结算。其中，有偿调峰电量是指火电厂在各有偿调峰分档区间内平均负荷率低于有偿调峰基准形成的未发电量，市场出清价格是指单位统计周期内同一档内实际调用到的最后一台调峰机组的报价。全网调用深度调峰时，高于 50%负荷率的电量要参与电量考核分摊，分摊分为三档：50%～70%负荷率为第一档，修正系数为 1；70%～80%负荷率为第二档，修正系数为 1.5；负荷率大于 80%以上为第三档，修正系数为 2。

新疆电力辅助服务市场采用"阶梯式"报价方式和价格机制，发电企业在不同时期分两档浮动报价，具体分档及报价上、下限见表 2-5。

表 2-5　　　　　　　　　　　新疆电力辅助服务补偿机制

时期	报价档位	火电厂类型	火电厂调峰率	报价下限（元/kWh）	报价上限（元/kWh）
非供热期	第一档	纯凝火电机组	40%～50%	0	0.22
		热电机组	40%～45%		
	第二档	全部火电机组	≤40%	0.22	0.5
供热期	第一档	纯凝火电机组	40%～45%	0	0.22
		热电机组	40%～50%		
	第二档	全部火电机组	≤40%	0.22	0.5

在供热期如火电厂运行机组台数超过核定的最小运行方式开机台数时，火电厂获得的调峰补偿费用减半，按补偿费用的 50% 折算后结算。电力调度机构根据电网运行需要在次日编制计划时、或日内根据日前竞价结果由低到高依次调用（竞价相同时按等比例调用）。实时深度调峰交易按照各档有偿调峰电量及对应市场出清价格进行结算。其中，有偿调峰电量为火电厂在各有偿调峰分档区间内平均负荷率低于有偿调峰基准形成的未发电量，档内市场出清价格为单位统计周期内同一档内实际调用到的最后一台调峰机组的报价。

除此以外，西北地区也为火电企业的停机备用也做出了调停补偿的规定，通过停运火电机组为新能源消纳提供调峰容量。其中火电应急启停交易根据各级别机组市场出清价格按台次算。火电企业按照机组额定容量对应的应急启停调峰服务报价区间浮动报价，300MW 机组报价上限 110 万元/次，600MW 机组报价上限 200 万元/次，1000MW 机组报价上限 300 万元/次。

4. 华中区域

华中区域主要涵盖河南、湖北、湖南、江西、四川、重庆等地区。其适用地方政策文件主要包括《华中区域并网发电厂辅助服务管理办法实施细则》、《四川自动发电控制辅助服务市场交易细则（试行）》（川监能市场〔2019〕53 号）、《重庆电网电力辅助服务（调峰）交易规则》（渝经信发〔2018〕57 号）。

河南、湖北、湖南、江西执行《华中区域并网发电厂辅助服务管理办法实施细则》及配套分摊办法。华中分中心、升级调控中心组织直调发电厂分段申报调峰电价曲线及发电能力范围，发电厂申报价格为减发电力价格，采用发电负荷率分档报价，由第一档到第五档按照非递增原则逐段申报。

二、 地方重点政策解读

（一）《北京市中心热网热源余热利用工作方案》

为确保城六区，特别是核心区供热安全，充分挖掘北京市热电厂及调峰热源厂余热资源，多措并举提升中心热网供热保障能力，特制定该方案。

该方案指导思想为深入贯彻党的十九大精神，全面落实《北京城市总体规划（2016—2035年)》，按照国家发展改革委等部门印发的《北方地区冬季清洁取暖规划》有关要求，以加快构建清洁、智能、高效的现代能源体系为目标，坚持安全保障、系统优化、效率优先，立足存量挖掘，充分利用燃气热电厂和调峰热源厂现有余热潜力，加快推进本市余热利用发展，有效提升中心热网供热保障能力，不断推动能源高质量发展。

该方案指出热网热源余热利用工作应因地制宜，分批实施。综合考虑热网热源需求、技术及配套改造条件、工作推进难度等各方面因素，按先易后难的原则，分类推进燃气电厂和调峰热源厂的余热资源利用工程，制定推进计划，分批次分年度实施。工作目标为到2021年末，建成京能高安屯烟气余热等一批余热回收项目，力争新增余热回收能力约1040MW，其中燃气热电厂余热回收能力850MW，调峰热源厂余热回收能力190MW，基本实现中心热网热源余热回收全覆盖，有效缓解中心热网供热能力不足的问题，热电厂余热利用达到国际先进水平。

1. 全力推进热电厂余热利用项目

2021年底前，中心热网热电厂余热回收能力力争新增约850MW。

2. 加快实施调峰热源厂余热回收利用项目

中心热网内现状调峰热源厂加快余热回收系统改造，在建调峰热源厂同步实施余热回收系统建设。至2021年底前，建成一批调峰热源厂余热回收利用项目，力争新增余热回收能力约190MW。

（1）2018年工作任务。任务一：启动双榆树、西马、北辰一期及二期、花家地、宝能一期及二期、左家庄二期、鲁谷和北重等调峰热源厂烟气余热利用项目的前期工作。任务二：开展北小营一期及二期、松榆里、左家庄一期等调峰热源厂烟气余热利用可行性论证。

（2）2019年工作任务。完成双榆树、西马、北辰一期及二期、花家地、宝能一期及二期等调峰热源厂烟气余热利用项目的建设，供暖季前投入运行，力争新增中心热网余热回收能力约 136MW。

（3）2020 年工作任务。完成左家庄二期、鲁谷和北重等调峰热源厂烟气余热利用项目的建设，供暖季前投入运行，力争实现中心热网余热回收能力约 52MW。

3. 大力推广余热资源回收利用

全市范围内，新建的燃气锅炉需同步建设余热热泵供暖工程，支持具备改造条件的既有燃气热电厂和锅炉房加装余热热泵回收装置，支持各类余热热泵回收利用。

4. 积极稳妥推进余热回收与热电解耦、储能等技术综合利用

统筹规划、有序推动热泵、热电解耦和储能等技术的综合利用，在有条件的区域试点推行示范项目，进一步挖掘余热潜力，增加中心热网的保障能力。加快建设高效率的余热采集、管网输送、终端利用供热系统，实现余热资源利用最大化。

为确保以上任务完成，北京市将加大资金投入。支持全市范围内建设的余热利用项目，鼓励余热利用项目与水蓄热实施相结合，市政府固定资产投资对热源和一次管网给予 30% 的资金补助，同步配套建设的水蓄热项目享受同比例的资金支持。具体包括现有燃气热电厂、燃气锅炉房加装余热利用系统，新建调峰热源厂同步建设的余热利用项目及工业、数据中心等其他各类余热利用项目。此外，还将通过加快审批流程、明确价格政策及加强运行调度等措施确保各类余热利用项目顺利进行。

（二）《山东省打赢蓝天保卫战作战方案暨 2013—2020 年大气污染防治规划三期行动计划（2018—2020 年）》

为落实国务院《打赢蓝天保卫战三年行动计划》《山东省加强污染源头防治推进"四减四增"三年行动方案（2018—2020 年）》和《山东省 2013—2020 年大气污染防治规划》，山东省政府出台了该作战方案。

该作战方案提出，按照省委、省政府打赢蓝天保卫战部署和山东生态环境保护"13691"系统谋划，以"7 个传输通道城市"为重点，大力调整优化产业结构、能源结构、运输结构、国土空间开发布局，通过"坚持主要目标与重点任务双控，坚持环境质量与排放总量双控，坚持固定源与移动源双控，坚持源头防治与末端治理双控，坚持有组织和无组织排放双控"的 5 个双控，实现"明显降低 PM$_{2.5}$ 浓度，明显减少重污染天数，明显改善环境空气质量，

明显增强人民的蓝天幸福感"的总体目标。并提出了"到2020年，全省二氧化硫、氮氧化物排放总量分别比2015年下降27％以上；PM$_{2.5}$年均浓度力争比2015年改善35％；空气质量优良率不低于62％；重度及以上污染天数比率比2015年减少50％以上"的具体目标指标。

在重点任务的设置上，该作战方案提出了优化结构与布局、强化污染综合防治、健全大气环境管理体系三个方面的重点任务。

1. 在优化产业结构与布局方面

通过着力调整产业结构、持续实施"散乱污"企业整治、严格控制"两高"行业新增产能、大力培育绿色环保产业，不断优化产业结构与布局；通过持续实施煤炭消费总量控制、加快淘汰落后的燃煤机组、强力推进燃煤锅炉综合整治、大力推动清洁能源供暖、全面提高能源使用效率、加快发展清洁能源，实现优化能源消费结构与布局；通过大幅减少公路货物运输量、大力发展多式联运、实施运输绿色化改造、加强运输网络建设，实现优化运输结构与布局；通过落实大气分区分类管理、构建城市通风廊道、推进"多规合一"、退工还林还草，实现国土空间布局优化调整。

2. 在强化污染综合防治方面

通过落实排污许可证发放制度、加强对企业持证排污情况的监管力度，全面实施排污许可管理；通过持续推进工业污染源提标改造、加强挥发性有机物（VOCs）专项整治、加强工业炉窑专项整治、加强有毒有害气体治理、建立健全监测监控体系，实现工业污染源全面达标排放；通过加强新车生产源头管控、加快改造淘汰老旧车辆、强化在用车执法检查、加强机动车排放检验管理、推进"天地车人"一体化监控体系建设和应用、提升油品和车用尿素质量、全面加强非道路移动机械污染管控、不断强化船舶、港口等污染控制，提高移动源污染防治水平；严格城市面源污染防控、提升施工扬尘防治水平、强化道路扬尘污染治理、加强矿山扬尘综合管控、强化秸秆和氨排放控制，加强面源污染综合防治。

3. 在健全大气环境管理体系方面

通过完善网格化监管体系、加强污染源执法监管、实施大气污染源精细化管理、有效应对重污染天气、加强重污染天气应急联防联控，实现健全大气环境管理体系。为保障各项任务的推进，该作战方案提出了加强组织领导，落实六大责任；健全法规标准，完善经济政策；强化科技支撑，推进专业治污；推进信息公开，倡导群防群治；加强全面评估，严格追责问责 5 个方面的保障措施。

其中，在能源消费方面，该作战方案提出到 2020 年，全省煤炭消费总量比 2015 年下降 10%。加快淘汰落后的燃煤机组。优先淘汰 30 万 kW 以下的运行满 20 年的纯凝机组、运行满 25 年的抽凝机组和 2018 年底前仍达不到超低排放标准的燃煤机组。强力推进燃煤锅炉综合整治。全面淘汰蒸发量 10t/h 及以下燃煤锅炉。蒸发量 65t/h 及以上燃煤锅炉在完成超低排放改造的基础上全部完成节能改造。加大对纯凝机组和热电联产机组技术改造力度。大力推动清洁能源供暖。坚持从实际出发，宜电则电、宜气则气、宜煤则煤、宜热则热，确保群众安全取暖过冬。加快农村"煤改电"电网升级改造，鼓励推进蓄热式等电供暖。

（三）《山西省冬季清洁取暖实施方案》

山西省取暖使用能源以燃煤为主，燃煤取暖面积约占总取暖面积的 88%，天然气、电、地热能、生物质能、太阳能、工业余热等合计约占 12%。因而推进清洁取暖，是能源生产和消费革命、农村生活方式革命的重要内容，也是事关"蓝天保卫战"成败与群众冷暖的民生工程。

该实施方案提出：未来三年，山西省城乡建筑取暖总面积约 15.7 亿 m²，清洁取暖率达到 75%，替代燃烧煤 600 万 t，清洁燃煤集中供暖面积达到 8.6 亿 m²，占比 73%，电供暖和天然气供暖面积达到 2.44 亿 m²，占比 20.7%。2021 年基本形成以清洁燃煤集中供热、工业余热为基础热源，以天然气低氮燃烧区域锅炉房为调峰，以天然气分布式锅炉、壁挂炉、生物质、电能、地热、太阳能、洁净型煤等为补充的供热方式。力争用五年左右时间，基本实现雾霾严重城市化地区的供暖清洁化，形成公平开放、多元经营、服务水平较高的清洁供暖市场。

重点任务有：

1. **提高清洁燃煤集中供热能力**

充分利用存量机组供热能力，扩大热电厂供热范围，稳步推进中长距离供热，打破行政区域限制，发展跨区域供热，规划以大中型热电厂为供热能源中心的供热服务圈，覆盖区域内的大中城市、中小城镇。提高热电联产供热比例，大型燃煤锅炉适合作为集中供热的调峰热源，与热电联产机组联合运行，在大热网覆盖不到、供热面积有限的区域也可作为基础热源。

有序推进新建热电联产机组。各市县可根据需要，在县城和工业热负荷集中的工业园区开发区，建设规模适宜的背压机组，在满足城镇和园区供热的同时，向城区周边、城乡结合部和农村区域延伸。

联合运行提高供热可靠性。对存在多个热源的城市大型供热系统，要加快供热管网的互联互通，实现并网、联网运行，不断提高热源保障能力，确保供热安全稳定运行热电联产机组与调峰锅炉联网运行，热电联产机组为基础热源，锅炉为调峰热源。

2. 加快做好工业余热回收供暖

以钢铁、焦化、水泥、化工、石化等具有余热资源的企业为重点，大力实施低品位工业余热供暖工程，满足一定区域内的取暖需求，鼓励支持对周边村镇集中供热。因地制宜，选择具有示范作用、辐射效应的园区和城市，统筹整合焦化、钢铁、水泥等高耗能企业的余热余能资源和区域用能需求，实现能源梯级利用。大力发展热泵、蓄热及中低温余热利用技术，进一步提升余热利用效率和范围。

3. 稳步推进冬季取暖"煤改气"工程

在气源充足、经济承受能力较强的地区适度发展天然气热电联产，对于环保不达标、改造难度大的既有燃煤热电联产机组，实施燃气热电联产替代升级（热电比不低于 60%）。在具有稳定冷热电需求的政府机关、医院等公用建筑，大力发展天然气分布式能源。加快现有燃煤锅炉天然气置换力度，鼓励在集中供热区域用作调峰和应急热源，与热电联产机组联合运行。鼓励有条件的地区将环保难以达到超低排放的燃煤调峰锅炉改为燃气调峰锅炉。

做好城市城乡结合部农村地区天然气供暖。在城乡结合部，结合限煤区的划定，通过城区天然气管网延伸以及 LNG（液化天然气）、CNG（压缩天然气）点对点气化装置，安装燃气锅炉房燃气壁挂炉等方式推广天然气供暖。在农村地区推广燃气壁挂炉作为集中供热的补充。在具备管道天然气、LNG、CNG 供气条件的地区率先实施天然气"村村通"工程。

4. 有序推进冬季取暖"煤改电"工程

鼓励各地开展差别化探索，同等条件下优先选择成本最低、效益最好多种技术设备和能源互补融合系统集成的综合供暖解决方案，打造"经济效益好、推广效果佳"的清洁取暖"煤改电"典型示范项目。鼓励可再生能源发电规模较大地区实施电供暖，在可再生能源资源丰富地区，充分利用存量机组发电能力，重点利用低谷时期富余风电，推广电供暖；要鼓励企业投资建设运管具备着热功能的电供暖项目，降低电供暖成本，支持北部三市风电供暖工程试点。

5. 加大可再生能源利用比例

（1）地热供暖。积极推进水热型（中深层）地热供暖。按照"取热不取水"的原则，以集中式与分散式相结合的方式推进中深层地热供暖，实现中深层地热能利用。同时，大力开发浅层地热能供暖。

（2）生物质能清洁供暖。加快推进生物质能区域供暖。大力发展县城农林生物质热电联产，新建农林生物质发电项目实行热电联产，落实当地县域供热负荷。加快推进生物质能分散式供暖，因地制宜推广农村户用成型燃料炉具。

（3）太阳能供暖。推进太阳能供暖与其他常规能源结合，实现热水、供暖复合系统的应用。要进一步推动太阳能热水应用，支持农村和小城镇居民安装使用太阳能热水器，在农村推行太阳能公共浴室工程。

6. 全面提升热网系统效率

加快热电联产热源和其他热源项目配套的供热管网建设，补足供热管网短板，实现热源与管网衔接配套。加大供热管网优化改造力度。加快供热系统升级。积极推广热源侧运行优化、热网自动控制系统、管网水力平衡改造等节能技术榜施。利用先进的信息通信技术和互联网平合的优势，实现与传统供热行业的融合，提升供热的现代化水平。

（四）《东北电力辅助服务市场运营规则》

2019年6月，国家能源局东北监管局印发了《东北电力辅助服务市场运营规则》，用于建立辅助服务分担共享新机制，发挥市场在资源配置中的决定性作用，保障东北地区电力系统安全、稳定、经济运行，促进风电、核电等清洁能源消纳。该规则对于实时深度调峰交易、可中断负荷调峰交易、电储能调峰交易、火电停机备用交易、火电应急启停调峰交易、跨省调峰交易等的交易方式、价格机制、费用结算等做出了规定。

该运营规则增设了旋转备用交易品种，实现辅助服务市场"压低谷、顶尖峰"全覆盖。旋转备用是指为了保证可靠供电，发电机组在尖峰时段通过预留旋转备用容量所提供的服务。为激励和引导火电厂主动提升顶尖峰能力，新规则设计了尖峰旋转备用市场日前竞价机制，火电厂日前报最大发电能力及备用售价，每15min为一个统计周期。东北旋转备用交易以发电厂顶尖峰能力作为交易标的物，机制上有三个创新点：实行东北全网统一平台交易，完全打破了辅助服务的省间壁垒；明确"能上能下"的机组才能获得全部辅助服务收益，向火电机组能力提出了完整的灵活性标准；机组发电能力考核采用系统随机自动抽查方式，减少了调度机构人工操作量，也最大限度避免人为因素干扰。该方式能缓解尖峰时段火电发电受阻问题，以保障东北电力稳定供应，提升东北电力系统运行灵活性，进一步推动东北能源供给革命和体制革命。

该运营规则对原有深度调峰补偿机制进行了完善：①将非供热期实时深度调峰费用减半处理，同时将供热期风电、核电电量按照两倍计算分摊费用，体现出东北供热期调峰资稀缺程度，使新能源受益与分摊的费用更加对等；②正式将光伏纳入电力辅助服务市场范畴；③对市场主体承担的省内与跨省调峰费用之和设置了上限，对没有调节能力或者调节能力较弱的市场主体起到"底线"保护作用；④对深度调峰辅助服务的调用原则和执行流程进行了细化、优化。

国家和地方供热政策详见附录A、附录B。

第三章

工 业 供 热 技 术

第一节　工业供热概况

随着我国经济的不断发展和工业化程度的不断提高，市场对于热蒸汽需求量不断攀升，从目前发展势头来看，我国未来的热电联产集中供热仍存在巨大的市场发展潜力，热力消费量快速增长的主要来源是工业部门和建筑供热部门。

工业企业是发电厂最大的热用户，工业生产（包括化工、造纸、制药、纺织和有色金属冶炼等）过程需要以热能为基本的能源。总体上看，工业部门仍是热力消费的主导领域，占全国热力消费总量的比例超过70%。由于国家大气环保排放指标要求日益严格，工业供热用户自备电站的效率低、环保排放难以达标，逐渐被各地方政府限期关停。发电厂电负荷率呈下降趋势，火电机组处于低收入、高成本的经营模式，迫切需要热负荷增加机组经济效益。新兴工业园区对高温蒸汽的需求使工业供热成为火电企业增加收入的重要手段，对国家和企业都是共赢的工业技术发展方向。

目前，已有许多学者对工业供热技术的安全性和经济性进行了分析研究。总体来说，机组进行供热可以取得显著的节能效益。在生产相同数量和质量的电和热的前提下，热电联产比单纯发电加单纯集中供热的能耗之和要小，而这两者间的总能耗差值就是热电联产的节能收益。由于工业用汽的需求量很大，火电厂采用工业供汽与电力供应相结合的生产方式，能够使发电厂全年都保持在高负荷运行状态，极大地提高发电厂的经济效益。

第二节 工业供热技术路线

根据工业热用户对蒸汽参数的需求，工业供热有很多方式，用于满足热用户的工艺要求。工业供热技术按照热源来自汽轮机侧和锅炉侧分为两大类，汽轮机侧主要是与汽轮机本体和有关管道系统相关的工业供热技术，包括旋转隔板抽汽、座缸阀抽汽、背压工业供热技术；锅炉侧主要是与锅炉本体和有关管道系统相关的工业供热技术，包括打孔抽汽、参数匹配优化、燃气机组余热锅炉供热技术。

一、旋转隔板抽汽供热技术

（一）技术原理

旋转隔板抽汽供热技术是在抽汽口后（顺汽流方向）增设一个旋转隔板，通过转动旋转隔板的转动环来调整抽汽压力和流量，从而满足供热需求。旋转隔板一般由喷嘴、隔板体、转动环、平衡环四部分组成。

喷嘴安装在隔板体上，转动环也定位于隔板体上，随着转动环转动改变隔板的通流面积，转动环置于隔板体和平衡环之间，可在一定范围内转动，在转动环和隔板体上分别有相对应的窗口，当转动环转动到与隔板体上的窗口完全重合时，到达全开位置，当转动环转动到和隔板体上的窗口完全错开时，到达全关位置。正常工作时，旋转隔板处于全开和全关位置之间，以确保合格品质的工业抽汽。平衡环固定在隔板体上，起到减小转动环与隔板体之间摩擦力的作用。工作时，平衡环与转动环之间有一节流口，经节流孔道通向喷嘴前的汽道中，当转动环关小时，节流口的节流作用使平衡环汽室处于较低压力，转动环进汽侧的一部分面积处于低压状态，总体减小转动环的前后压差，即减小转动环与隔板体之间的摩擦阻力。旋转隔板的典型结构见图 3-1。

工作压力和工作温度对旋转隔板的安全性影响较大。当抽汽压力和温度较高时，为提高旋转隔板的防变形能力，并防止旋转隔板卡涩的产生，选用合金铸钢，局部采用喷涂耐高温自润滑涂层技术，此外，隔板体还需有足够的厚度以提高旋转隔板的刚度。同时，当机组采用调整抽汽模式时，最大供热供暖抽汽工况为最危险工况，低压缸末级需采用整圈自锁阻尼型的长叶片

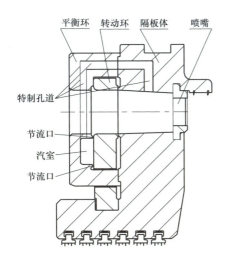

图 3-1　旋转隔板（有平衡环）的典型结构

进行加强，还需校核中压外缸强度，以保证机组运行安全可靠。

高参数机组旋转隔板的执行机构一般采用力偶式、双驱动式，即在旋转隔板左右两侧均设置一组执行机构。这种方式的优点为：两组执行机构能对旋转隔板提供更大的执行力；对旋转隔板的作用力是一对力偶，使旋转隔板的工作更趋平稳；相对单侧设置执行机构来说，双侧设置机构使其重心接近汽缸中心，提高了汽缸稳定性。

旋转隔板的执行机构一般采用油动式，油动机借助托架固定在汽缸上，对于汽缸本体来说，油动机的驱动力是一个内力，不会对汽缸稳定性产生影响。旋转隔板调节杠杆结构见图 3-2。

当机组负荷变化时，抽汽口的介质参数也会发生改变。额定负荷下，抽汽口的蒸汽参数满足热用户要求；当机组负荷下降时，隔板开度关小，形成"憋压"效果，保证抽汽口处的蒸汽参数仍处于较高位置。旋转隔板抽汽方式流程见图 3-3，具体运行方式如下：

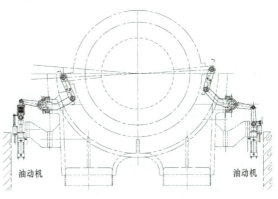

图 3-2　旋转隔板调节杠杆结构

71

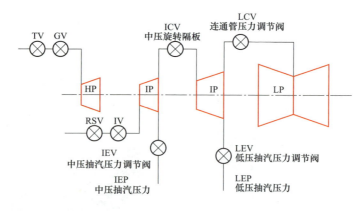

图 3-3　旋转隔板抽汽方式流程

当机组在纯凝工况运行时，中压旋转隔板（ICV）和连通管压力调节阀（LCV）全开，中压抽汽压力调节阀（IEV）和低压抽汽压力调节阀全关（LEV），由高压调节阀（GV）和中压调节阀（IV）控制机组负荷。

当中压抽汽投入时，首先打开 IEV，控制中压抽汽压力到需要的压力值。如 IEV 全开后压力仍低于设定压力，则关闭 ICV。当需要的中压抽汽量增加时，中压抽汽压力下降，使 IEV 开度增大或 ICV 阀关小。为保证热负荷与电负荷的相对稳定，采用解耦控制，即中压抽汽压力指令的增加量同时送到 GV 及 IV，使 GV 及 IV 的开度相应增大，以避免由于中压抽汽量增加引起负荷的减小。同理，当要求负荷变化使 GV 及 IV 开度变化时，相应的开度变化指令送到 ICV 和 IEV，使它们的开度发生相应变化，从而使中压抽汽压力维持基本不变。

如果投入低压抽汽，则通过调节 LEV 和 LCV 的开度控制低压抽汽压力，并通过解耦控制减少热负荷与电负荷之间的相互影响。

如同时投入中压抽汽和低压抽汽，解耦控制需考虑到两个压力及功率间的牵连。当中压抽汽量增加，引起 IEV 开大或 ICV 关小时，GV 及 IV 也相应开大，LEV 开大或 LCV 关小，反之亦然。同样，当低压抽汽量增加，引起 LEV 开大或 LCV 关小时，GV 及 IV 也相应开大，IEV 开大或 ICV 关小，反之亦然。

（二）适用范围及优缺点

1. 适用范围

适用于供热压力 0.8～2.0MPa 的工业抽汽。旋转隔板需占用两级通流级，当用于机组改造时，转子、通流部分、汽缸的内外缸均需更换，成本过高，故多用于新建机组。

2. 优缺点

（1）优点。经济性较好，抽汽能力强，设计旋转隔板抽汽调节方式时，旋转隔板安装在汽缸内，可缩短机组跨距，简化机组整体布置，降低工程投资。

（2）缺点。旋转隔板在运行中容易出现卡涩等故障，同时受限于技术水平，不能满足 3MPa 以上抽汽压力的应用要求，在抽汽量较大或负荷较低时，旋转隔板调节会产生较大的节流损失，从而导致抽汽工况下中压缸效率降低。

（三）工程案例及技术指标

1. 项目概况

华能济宁电厂 2×300MW 级热电联产机组为亚临界、单轴、一次中间再热、三缸两排汽、双抽、凝汽式汽轮机，特点是采用数字电液调节系统，操作简便，运行安全可靠。高中压采用分缸结构，低压缸采用双流反向三层缸结构。两级抽汽参数：工业抽汽压力为 0.981MPa，额定抽汽量为 100t/h，在中压缸采用旋转隔板调整模式；供暖抽汽压力为 0.5MPa，额定抽汽量为 260t/h，在中压缸排汽采用双阀调节模式。

2. 技术方案

该工程采用西屋先进技术，冲动式机组采用反动式设计理念，加大轴向间隙，采用无中心孔转子、高窄法兰，增加平衡活塞，动静叶之间采用轴向汽封，取消启动中的法兰螺栓加热装置，最大限度提高高、中压缸的效率，有利于安装旋转隔板，以适应高参数的调整抽汽。

该双抽汽轮机的调节方式有旋转隔板配汽方式和双阀调节配汽方式两种，本节主要介绍旋转隔板抽汽供热技术。采用旋转隔板配汽方式具有如下特点：

（1）汽缸要增加 500mm 的轴向空间；

（2）为保证正常旋转，板体及旋转块分别采用铸铁及钢；

（3）轴向间隙为 0.3～0.5mm，若间隙大则漏汽太大，若间隙小容易造成热态卡涩；

（4）隔板窗口的面积应至少为喷嘴的两倍以上，否则损失太大。

由于在中压缸进行抽汽是通过减少低压缸进汽量来实现的，为维持正常运行，低压缸进汽量不能低于最小流量，所以要求选择的蝶阀有通过最小流量的限位，即要满足蝶阀全关时的最小开度（即低压缸最小流量）。

当热网压力下降，而抽汽调压系统又无法维持时，可能造成抽汽口压力大幅度下降，导致中压缸末级叶片及抽汽口前的隔板前后压差增大，甚至威胁到隔板强度的安全。选取抽汽压力最低为 0.379MPa，如果用户需要的抽汽压力比该值低，可以通过抽汽管道的调节阀调节，抽汽压力保护在冷凝工况运行时不投，选取抽汽压力高时报警。

工业抽汽压力限制：选取抽汽压力高时报警；超过 1.5MPa 安全门动作。

蝶阀旁通安全门的限制：为防止蝶阀的卡涩而抽汽压力过高（即蝶阀打不开），需在蝶阀前后的连通管上设置旁通安全门，当蝶阀前蒸汽压力过高时安全门自动打开将蒸汽排入低压缸。旋转隔板抽汽热平衡见图 3-4。

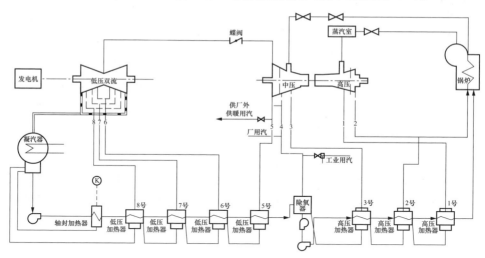

图 3-4　旋转隔板抽汽热平衡

3. 技术指标

该工程年均发电标准煤耗率 283.8g/kWh，供热标准煤耗率 39.85kg/GJ，全厂热效率 50.31%。当年工程静态总投资约 23.4 亿元（较纯凝机组基础上增加约 500 万元），投资回收期约 10.4 年（由于工业抽汽增加的费用约 2 年即可回收），企业经济效益良好。

该工程投运后替代和关停供热范围内小锅炉 68 台，总容量约 288.2t/h。这些锅炉容量小，设备陈旧，烟囱高度较低，污染物排放量大，替代后每年可减少二氧化硫排放约 2344t、烟尘约 1883t，极大地改善了济宁市城区空气质量，优化投资环境，改善人民生活质量，具有很好的环境效益。

二、 座缸阀抽汽供热技术

(一) 技术原理

座缸阀抽汽供热技术是在中压缸外缸上部布置有三个或四个调整腔室，腔室之间互相独立，且每个腔室之间均有一个油动机，布置于阀盖上部的法兰面上，各设置一个调节阀单独控制。座缸阀外形见图 3-5。

额定工况下工作时，座缸阀全开可满足热用户要求。蒸汽首先进入阀前腔室，通过阀前腔室下部抽汽口抽出一部分到达热用户，其余蒸汽向后继续做功。阀前腔室与阀体相连，抽汽口压力等同座缸阀前压力。当机组负荷变小时，抽汽口处介质参数降低，无法满足热用户要求，可通过关小各座缸阀开度来保证阀前压力达到规定数值。

图 3-5　座缸阀外形

因座缸阀布置于中压缸，温度较高，所以在结构设计中需要保证阀门的可靠性。一般座缸阀设计为非严密、无预启结构，调节性能好，节流损失小，从蝶阀和阀套间隙漏入蝶阀上部的蒸汽通过平衡孔直接漏入阀后，平衡腔室仅保持微正压，达到卸载效果。

(二) 适用范围及优缺点

1. 适用范围

座缸阀调节抽汽供热技术通常适合高压力工业抽汽场合，目前广泛应用于 2.0～7.0MPa 等级可调工业抽汽中。对于再热机组，5.0MPa 及以上工业抽汽可通过中压联合汽阀调节实现，压力调节一般为 2.0～4.0MPa。但是座缸阀的设计受缸体结构的限制，只能采用高、中压缸分缸的汽轮机结构，且座缸阀通常布置于中压缸外缸上部，用于改造时成本较高，一般用于新建机组。

2. 优缺点

（1）优点。技术成熟，抽汽能力强，当设计热负荷与实际热负荷一致时，经济性较高。

（2）缺点。当实际热负荷偏离设计值较多时，节流损失增大，中压缸效率较低，经济性较差，尤其是机组低负荷时更加严重。

（三）工程案例

部分典型座缸阀调节工程案例见表 3-1。

表 3-1　　　　　　　　　部分典型座缸阀调节工程案例

序号	项目名	功率等级	抽汽参数
再热机组			
1	包一热电	125MW	4.1MPa/80～160t/h
2	南京化工园	330MW	2.5MPa/100～150t/h
3	国华惠州	330MW	2.7MPa/128～159t/h
4	国电猇亭	350MW	1.9MPa/300～460t/h
非再热机组			
1	齐鲁石化	30MW	4.7MPa/186.7～230t/h
2	大连第二热电	50MW	4.1MPa/100～120t/h
3	辽阳国成	50MW	4.25MPa/200～300t/h
4	新疆华庆	60MW	4.1MPa/～144t/h

三、 背压工业供热技术

（一）技术原理

背压工业供热技术利用背压机排汽对外提供工业蒸汽，以满足工业热用户的需求。背压供热系统见图 3-6。背压机排汽量随热负荷（用户需要汽量）变化而变化，发电量由热负荷决定，即以热定电。因此，背压机运行主要受热负荷影响，当热负荷调整时，背压机运行工况需要相应调整。

供热背压机组可为新建机组，也可由凝汽式机组改造而来，机组容量通常较小。供热背压机若为新建机组，则按照落实的热负荷设计锅炉汽轮机等设备和相关系统，若由凝汽式汽轮机改造而来，其主要改造内容有：

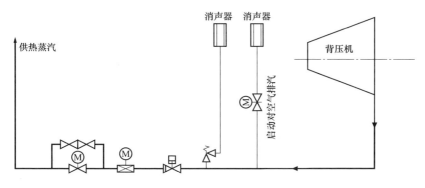

图 3-6　背压供热系统

（1）通流部分调整。背压机需要以一定的压力向用户供热，供汽压力通常远远高于凝汽式汽轮机运行时的排汽背压，为了保证背压机各级都能在最佳焓降附近运行，必须拆去末几级叶片，拆除叶片级数由汽轮机厂根据排汽压力进行核算。叶片拆除后，应在拆除叶片处增加假叶根和导流环，保持轴系平衡、流道光滑。

（2）凝汽器及相关辅机（如真空泵）停用。若凝汽器不用作除盐水补水缓冲水箱，凝汽器相关系统可拆除。

（3）加热器切除。凝汽式汽轮机改成背压机之后，背压排汽口之后的回热系统没有抽汽汽源，加热器也随之切除，切除的加热器一般是低压加热器，高压加热器较少受影响。轴封加热器需改由除盐水补水或循环水冷却。

（4）凝结水系统需调整。凝汽器切除后，凝结水泵亦切除。

（5）除盐水补充除氧。凝汽器的真空环境具有除氧能力，切除后，除盐水补水进入除氧器，需核对除氧器除氧能力是否满足要求。若除氧能力不足，应增加低压除氧器、大气式除氧器或鼓泡除氧器等设备以满足给水含氧量要求。

（二）适用范围及优缺点

1. 适用范围

（1）工业热负荷稳定的机组。

工业热负荷单一且稳定、用热小时较高、发电负荷在 50MW 及以下机组，可考虑采用背压机供热。背压机一般不单独设置，通常与抽凝机组并列运行。除非有足量工业蒸汽需求或出于政策考虑，否则 135MW 及以上大容量机组一般不适合改造成背压机。

如果工业用户需要两种参数蒸汽，且热负荷全年稳定，则宜选用抽背式汽轮机。例如，石化行业通常需要 4.1MPa 和 1.2MPa 两个压力等级的工业蒸汽，此时可选择中间调整抽汽 4.1MPa、背压排汽 1.2MPa 的抽背式汽轮机。

背压机以热定电，宜用于热负荷相对稳定的用户，如石油化工、造纸等行业。如果用户负荷变化大，会导致机组偏离设计工况运行，机组效率明显下降，应通过经济性论证确定机组型号和数量。

（2）受国家、地方政策影响，需改造成背压机的凝汽式机组。

针对国家制定的"蓝天保卫战"政策和降低全社会煤炭消耗总量的要求，国家和地方政府已经陆续出台相关政策，关停老、旧、小机组。为了避免被关停，符合要求的现役机组需要改成背压机。

例如 2019 年 9 月 3 日，淄博市政府下发了《淄博市煤电机组优化升级工作意见》，要求在 2022 年 6 月底前关停辖区内 50MW 以下凝汽式机组，但背压机不在关停之列。

2. 优缺点

（1）优点。背压机不设凝汽器，无冷端损失，热效率高，经济性好，热化发电率在 50%～60%甚至更高，发电煤耗低，能源综合利用效率高；而且背压机通常"轻、小"，造价低，施工周期短。

（2）缺点。背压机完全以热定电，根据用户热负荷来调整发电负荷，热电耦合性强，电负荷调整困难，要求热用户负荷相对稳定。

（三）工程案例及技术指标

1. 项目概况

国家电投山西铝业有限公司氧化铝工程配套建设自备热电厂安装 4 台 240t/h 高温高压循环流化床锅炉，配套 3 台 25MW 汽轮发电机组、1 台抽汽压力 0.883MPa 的抽凝机、2 台排汽压力 0.785MPa 的背压机。抽凝机抽汽、背压机排汽全部供应氧化铝生产线，此外，氧化铝生产线还需要一路高压蒸汽，设计参数 6.6MPa、300℃，工作参数 5.5MPa、300℃，由于没有合适的汽源，电厂设 2 台 260t/h 减温减压器，将 8.83MPa、535℃的主蒸汽直接减温减压后供应氧化铝生产线。

主蒸汽减温减压为熵增过程，过程中系统不可用能增加，白白损失高品质蒸汽的做功能力。为节能增效、提升经济效益，国家电投山西铝业有限公司在一期自备电厂汽机房 3 号机组旁检修跨内新建 1 台 3MW 背压机，代替现有减温减压器向氧化铝生产线供汽。

2. 技术方案

该工程新建一台背压机，背压机进汽参数 8.83MPa、535℃，额定排汽压力 6.6MPa（绝对压力），低工况排汽背压 5.5MPa，机组额定发电功率 3.1MW，代替减温减压器向氧化铝生产线供汽，供热系统示意见图 3-7。

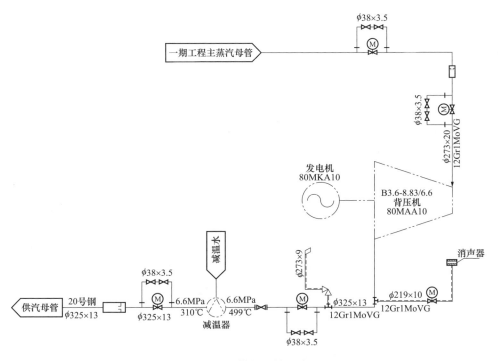

图 3-7 供热系统示意

该工程同时建设一台 3MW 背压机所需的工艺系统、控制系统、电气系统等。

（1）汽轮机主要参数。

类型：高温高压、单轴、背压式；

型号：B3.6-8.83/6.6；

额定功率：3.6MW；

额定主蒸汽流量：223.64t/h；

主汽阀前额定蒸汽压力：8.83MPa（绝对压力）；

主汽阀前额定蒸汽温度：535℃；

额定排汽压力：6.6MPa（绝对压力）；

额定排汽温度：498℃；

低背压工况背压：5.5MPa；

连续运行背压：5～6.6MPa；

连续运行排汽温度：469.5～498.9℃；

额定转速：3000r/min。

（2）主要系统变化。

1）主蒸汽系统：主蒸汽采用单管配置，管道管材选用12Cr1MoVG，新建背压机的主蒸汽母管从一期工程的主蒸汽母管上接出，接入背压机主汽阀。

2）减温水系统：从一期工程高压给水冷母管上引出一路作为减温器的冷却水。

3）辅机冷却水系统：辅机冷却水从二期改造的汽泵循环冷却水母管引接，现有的每台循环水泵出口扬程20m，流量1500t/h，改造工程需要的冷却水流量为315t/h，新设两台循环冷却水升压泵，升压泵扬程20m，辅机冷却水系统向冷油器、发电机空冷器、闭式循环冷却水换热器等新增用户提供循环冷却水。

4）轴封冷却器闭式水系统：从除盐水管接入闭式水水源，新增闭式膨胀水箱、两台板式换热器（一用一备）、两台闭式水泵（一用一备），闭式水作为轴封冷却器冷却水源。

5）轴封系统：背压机采用独立的轴封系统，设有一台轴封冷却器（配两台轴封风机）。轴封漏汽分三路，根据漏汽压力，一路接入原一期工程高压除氧器门杆漏气母管，一路去轴封冷却器，一路接入背压排汽系统。

3. 技术指标

采用高温高压背压式汽轮发电机组代替电厂原有减温减压器向铝厂供热后，背压机组热耗率仅为3870.3kJ/kWh。该工程总投资约1445万元，每年可减少从电网购电量1979万kWh，节约成本约910万元，投资回收期约3.5年，经济效益显著，提高了铝厂的市场竞争力。

四、 打孔抽汽供热技术

（一）技术原理

打孔抽汽供热技术是指在汽轮机本体或主蒸汽、再热冷段、热段管道，或中低压连通管相应的位置打孔抽汽，其供热参数随机组电负荷变化而变化，汽轮机本身没有调节能力，需在外部减温减压后满足热用户的要求。打孔抽汽供热方式的选择应根据供热参数的高低和供热量的大小，合理选择抽汽口的位置，并对比不同抽汽方式对机组经济性和安全性的影响。

1. 再热器出口段打孔抽汽技术

在常规的汽轮机设计中，中压调节阀从不参与供热抽汽调节，仅在较小的开度范围内参与调节。

而当中压调节阀参与调节时，再热管道分出一路抽汽管道供给热用户。在中压调节阀前增加一套阀门组，它们共用一个阀壳，与汽缸采用法兰连接。通过节流汽缸进汽的方式调节抽汽口的介质参数，以满足用户要求。

此调节方式，可降低项目成本，减少节流损失。但在运行中，因中压调节阀需100％全行程参与负荷调整和工业抽汽调整，对阀门及控制系统的调节性能和可靠性要求较高。

再热器出口段打孔抽汽流程示意见图3-8。再热器出口的蒸汽，一部分通过中压调节阀进入中压缸，另一部分通过中压调节阀前的抽汽管道进入抽汽系统。

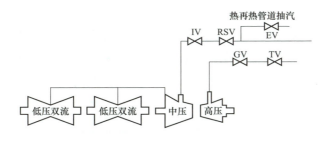

图3-8　再热器出口段打孔抽汽流程示意

TV—高压主汽阀；GV—高压调节阀；RSV—中压主汽阀；IV—中压调节阀；EV—抽汽压力调节阀

改造机组的抽汽压力不宜高于原设计额定高压排汽压力，以免影响相关管道的强度，在改造方案实施过程中，应进行核算，必要时更换相关硬件，同时应对整个转子的轴向推力进行校核。

中压调节阀不参与调节时，需要设置减温减压器来满足工业用户的要求。

2. 再热器入口段打孔抽汽技术

再热器入口段打孔抽汽技术是抽汽口从冷段引出，工业抽汽从机组再热冷段开口接出，经减温减压器后供给工业用户。

因从冷段引出蒸汽，进入锅炉的蒸汽量减少，需对锅炉再热器的安全性进行核验。按照锅炉常规设计，一般再热器喷水需要控制在 5%～8%（再热蒸汽流量）范围内，在保证再热器入口蒸汽过热度的前提下，通过喷水调节可以基本满足再热器的安全性。抽汽过程中，应严密监控再热器出口壁温测点。一般来说，机组各主要蒸汽系统在 50%THA 及以上负荷时，蒸汽参数可满足热用户要求。

（二）适用范围及优缺点

1. 适用范围

（1）适用于 135～600MW 的各类型机组，一般不同压力等级抽汽对应不同打孔抽汽位置，0.3～0.6MPa 等级对应中低压连通管，1.0～2.5MPa 等级对应再热热段或冷段，4.0MPa 等级对应过热器出口。

（2）受汽缸强度、通流强度的限制，抽汽流量和位置有限，不推荐从回热抽汽口抽汽。再热热段、冷段抽汽，其汽流量受锅炉和汽轮机轴向推力限制。从连通管打孔抽汽，在保证汽轮机最小冷却流量的前提下，不受汽轮机结构、流速限制，供热抽汽流量较大。

2. 优缺点

（1）优点。在管道上的打孔抽汽供热方式对技术要求较低，投资也较低，易于实现。

（2）缺点。自身没有调节能力，抽汽参数受负荷影响较大，变负荷时节流损失大，通常需要匹配减温减压器。此外，在汽轮机本体打孔抽汽对缸体要求较高，投资较大；主蒸汽打孔抽汽对相关设备的制造工艺要求较高，投资较高，增加主蒸汽系统焊口数量，危险性也较高，经济性较差，因此在其他抽汽满足要求的前提下，均不考虑这两种抽汽方式。

（三）工程案例及技术指标

1. 华能日照电厂供热改造案例

（1）项目概况。为提高企业经济效益，华能日照电厂从 2×680MW 机组再热蒸汽冷段抽汽对外供汽。

（2）技术方案。再热蒸汽冷段调节阀后压力为 0.8～1.2MPa，温度为 240～318℃。用户所需蒸汽压力为 1.0MPa，温度为 220℃，流量为 59t/h。

经技术方案对比，决定从再热蒸汽冷段抽汽作为外供汽源，2 台 680MW 机组单台负荷在 30% 以上即可满足外供蒸汽的用量需求，但要调整原冷段供辅汽系统运行方式。为保证安全，在机组满负荷时，1 台机组供给所需用汽，另外 1 台机组备用。在机组低负荷时，每台机组各供给 50% 的所需用汽。同时对外供蒸汽管道的冷凝水进行回收，冷凝水回水压力为 0.3MPa，温度为 60～80℃，流量为 30.5t/h。

系统设置自 2×680MW 机组炉前辅助蒸汽联箱联络管道上引一路 DN350 供热管道，选用 1 根 φ377×10 管道，蒸汽流速分别为 36.23m/s（1.2MPa）、46.97m/s（0.8MPa）。抽汽原理见图 3-9。

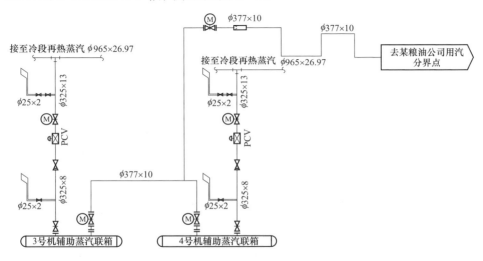

图 3-9 抽汽原理

（3）技术指标。工程动态投资约 369 万元，回收期不到 1 年。改造后，年发电节约标准煤量约 1.12 万 t，年可减少污染物排放量约为烟尘 1.24t、SO_2 4.16t、NO_x 5.96t、CO_2 2.76 万 t，年工业供热节约标准煤量 0.53 万 t，年可减少污染物排放量约为烟尘 0.59t、SO_2 1.99t、NO_x 2.84t、CO_2 1.32 万 t，具有良好的环境效益和社会效益。

2. 某二次再热电厂供热改造案例

（1）项目概况。某电厂百万千瓦二次再热超超临界机组进行工业供汽改造，低参数蒸汽设计参数为表压力 1.6MPa、温度 300℃、蒸汽量 120.8t/h，高参数蒸汽设计参数为表压力 2.8MPa、温度 330℃、蒸汽量 35t/h。

（2）技术方案。

1）供汽汽源选择。该电厂由于参与深度调峰，经常出现单台机组低负荷运行的情况，极端达到 40% 负荷甚至以下，故工业供汽汽源必须考虑低负荷时的可靠性。综合考虑焓降、热损失、安全性，工业供汽的汽源选择如下：

a. 高压工业供汽汽源选择。根据该工程高压工业供汽设计参数要求，满足要求的抽汽口有主蒸汽、再热冷段、再热热段、一段抽汽、二段抽汽。由于一、二段抽汽抽汽量有限，主蒸汽、再热热段抽汽的焓降、热损失较大，且运行过程安全性差，因此考虑从一次再热冷段抽汽。不同工况下高压工业供汽抽汽口运行参数见表 3-2。

表 3-2   高压工业供汽抽汽口运行参数

工况	抽汽口位置	运行压力（表压力，MPa）	运行温度（℃）
THA	一次再热冷段	10.618	426.2
75%THA	一次再热冷段	7.89	430.5
50%THA	一次再热冷段	5.285	435.6
40%THA	一次再热冷段	4.264	437.9

b. 低压工业供汽汽源选择。根据该工程低压工业供汽设计参数要求，满足要求的抽汽口有主蒸汽、再热冷段、再热热段、一段至四段抽汽。由于一、四段抽汽抽汽余量不满足要求，主蒸汽、再热热段抽汽的焓降、热损失较大，且运行过程安全性差，因此考虑一次再热冷段作为主要抽汽汽源，一次再热冷段作为低负荷时的补充汽源。不同工况下低压工业供汽抽汽口运行参数见表 3-3。

表 3-3   不同工况下低压工业供汽抽汽口运行参数

工况	抽汽口位置	运行压力（表压力，MPa）	运行温度（℃）
THA	二次再热冷段	3.384	443.3
75%THA	二次再热冷段	2.542	446.7
50%THA	二次再热冷段	1.724	450.3
40%THA	一次再热冷段	4.264	437.9

锅炉受热面经局部改造后可满足工业抽汽量的需求。

2）供热方案比选。该电厂的工业抽汽适用方案有参数匹配优化、减温减压装置和背压机方案。

a. 参数匹配优化。由于该电厂负荷波动比较大，需要合理选择汽源以匹配各负荷段的供汽需求。引射方案见表 3-4 和表 3-5。

表 3-4　　　　　　　　　　　　　高参数蒸汽引射方案

工况	汽　源　点		运行压力 （表压力，MPa）	运行温度 （℃）	流量 （t/h）	引射 系数
THA	动力蒸汽	一次再热冷段	10.618	426.2	20.3	0.57
	被引射蒸汽	四抽	1.736	535.9	11.6	
	减温水	给水泵中间抽头	2.9	191.2	3.1	
75% THA	动力蒸汽	一次再热冷段	7.89	430.5	10.3	2.1
	被引射蒸汽	二次再热冷段	2.542	446.7	21.5	
	减温水	给水泵中间抽头	2.9	191.2	3.2	
50% THA	动力蒸汽	一次再热冷段	5.285	435.6	25.3	0.25
	被引射蒸汽	二次再热冷段	1.724	450.3	6.3	
	减温水	给水泵中间抽头	2.9	191.2	3.4	
40% THA	动力蒸汽	一次再热冷段	4.264	437.9	28.2	0.12
	被引射蒸汽	二次再热冷段	1.399	451.8	3.4	
	减温水	给水泵中间抽头	2.9	191.2	3.4	

注　引射系数＝被引射蒸汽/动力蒸汽。

表 3-5　　　　　　　　　　　　　低参数蒸汽引射方案

工况	汽　源　点		运行压力 （表压力，MPa）	运行温度 （℃）	流量 （t/h）	引射 系数
THA	动力蒸汽	二次再热冷段	3.384	443.3	93.0	0.17
	被引射蒸汽	六抽	0.709	402.3	15.9	
	减温水	凝结水	1.7	44	11.9	
75% THA	动力蒸汽	二次再热冷段	2.542	446.7	108.6	
	被引射蒸汽	—	—	—	—	—
	减温水	凝结水	1.7	44	12.2	
50% THA	动力蒸汽	二次再热冷段	1.724	450.3	108.4	
	被引射蒸汽	—	—	—	—	—
	减温水	凝结水	1.7	44	12.4	
40% THA	动力蒸汽	一次再热冷段	4.264	437.9	35.3	2.1
	被引射蒸汽	二次再热冷段	1.399	451.8	74.0	
	减温水	凝结水	1.7	44	11.5	

　　引射系数越高，参数匹配优化的效率越高，低参数的被引射蒸汽用量越大，越节约能源。鉴于电厂负荷波动和实际运行情况，全年75%负荷运行时

间最长，确定以 75% 负荷作为效率最高的设计点，兼顾其他工况。

根据参数匹配优化厂家设计经验，引射系数大于 0.2，设置参数匹配优化才有实际意义。因此，机组满负荷时，不推荐设置参数匹配优化，建议直接减温减压供汽。对于 75%～50% 负荷段，汽源的压力已接近供汽参数，不推荐采用参数匹配优化，建议直接减温减压供汽。

40% 负荷的引射比为 2.1，经济效益较好。但是根据电厂运行情况，全年 40% 负荷的运行时间并不长，仅调峰时段低至该负荷段，适用于低参数蒸汽的参数匹配优化造价大约每台 1000 万元，如果仅为 40% 负荷段配置参数匹配优化，经济效益较差。

综上所述，高参数蒸汽可以考虑设置参数匹配优化，低参数蒸汽不推荐设置参数匹配优化。

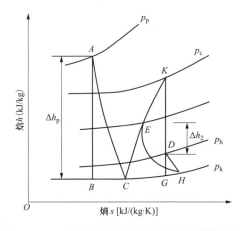

图 3-10　参数匹配优化的热力学过程焓熵图

参数匹配优化的热力学过程焓熵图见图 3-10，p_p 表示驱动蒸汽压力，p_c 表示输出蒸汽压力，p_h 表示吸入蒸汽压力，p_k 表示膨胀后蒸汽压力，A 点表示驱动蒸汽的状态点，B 点表示喷嘴出口理想状态点，C 点表示喷嘴的实际状态点，D 点表示吸入蒸汽的状态点，G 点表示吸入蒸汽理想膨胀状态点，Δh_p 为驱动蒸汽焓降，Δh_2 为吸入蒸汽压缩到 E 点的焓升。在运行时驱动蒸汽通过喷嘴从 A 点膨胀到 C 点，吸入蒸汽从 D 点膨胀到 H 点，2 股汽流通混合室混合升压到 E 点，然后通过扩压段，升压到 p_c，出口状态点为 K。

高参数蒸汽采用参数匹配优化方案，低参数蒸汽采用减温减压器方案。根据该电厂的运行情况，75% 负荷段的运行时间最长，下面以 75% 负荷的数据进行计算，并进行方案比较。

① 高参数蒸汽：

一次再热冷段蒸汽的㶲为

$$E_1 = (h_1 - h_0) - T_0(s_1 - s_0)$$

二次再热冷段蒸汽的㶲为

$$E_2 = (h_2 - h_0) - T_0(s_2 - s_0)$$

外供热负荷㶲为

$$E_3 = (h_3 - h_0) - T_0(s_3 - s_0)$$

式中：h_0 为环境状态下蒸汽焓值，取值 2439.6kJ/kg；h_1 为一次再热冷段蒸汽焓值，为 3225.758kJ/kg；h_2 为二次再热冷段蒸汽焓值，为 3343.424kJ/kg；h_3 为外供蒸汽焓值，为 3074.797kJ/kg；s_0 为环境状态下蒸汽比熵，取值 8.1981kJ/（kg·K）；s_1 为一次再热冷段蒸汽比熵，为 6.4946kJ/（kg·K）；s_2 为二次再热冷段蒸汽比熵，为 7.158kJ/（kg·K）；s_3 为外供蒸汽比熵，为 6.7054kJ/（kg·K）；T_0 为环境温度，为 298K。

单位时间㶲损失为

$$\Delta E = D_1 E_1 + D_2 E_2 - D_3 E_3 = 1621.5314 \text{（MJ/h）}$$

供热损耗：按年供热 7000h 计算，则年损耗约 11350.72GJ，折合标准煤约 387.78t。

②低参数蒸汽：外供 D_3 为 120.8t/h，通过能量及质量平衡估算，则需要抽取二次再热冷段蒸汽量 D_4 为 109.2t/h，减温水 11.6t/h。

同理，单位时间㶲损失为

$$\Delta E = D_4 E_1 - D_3 E_3 = 13258.7128 \text{（MJ/h）}$$

供热损耗：按供热 7000h 计算，则年损耗约 92810.99GJ，折合标准煤约 3170.75t。

b. 减温减压装置。根据供汽汽源的选择方案，减温减压器的供汽方案见表 3-6 和表 3-7。

表 3-6　　　　　　　　　高压工业供汽减温减压方案

工况	抽汽口位置	运行压力（表压力，MPa）	运行温度（℃）	抽汽流量（t/h）	减温水流量（t/h）	总供汽量（t/h）
THA	一次再热冷段	10.618	426.2	33.64	1.36	35
75%THA	一次再热冷段	7.89	430.5	32.81	2.19	35
50%THA	一次再热冷段	5.285	435.6	32.10	2.90	35
40%THA	一次再热冷段	4.264	437.9	31.83	3.17	35

火电厂供热及热电解耦技术

表 3-7   低压工业供汽减温减压方案

工况	抽汽口位置	运行压力 （表压力，MPa）	运行温度 （℃）	抽汽流量 （t/h）	减温水流量 （t/h）	总供汽量 （t/h）
THA	二次再热冷段	3.384	443.3	109.83	10.97	120.8
75%THA	二次再热冷段	2.542	446.7	109.18	11.62	120.8
50%THA	二次再热冷段	1.724	450.3	108.54	12.26	120.8
40%THA	一次再热冷段	4.264	437.9	110.69	10.11	120.8

根据该电厂的运行情况，75%负荷段的运行时间最长，下面以75%负荷的数据进行计算，并进行方案比较。

①高参数蒸汽：外供 D_3 热负荷 35t/h，通过能量及质量平衡估算，则需要抽取一次再热冷段蒸汽量 D_4 为 32.8t/h，减温水 2.2t/h。

同理，单位时间㶲损失为

$$\Delta E = D_4 E_1 - D_3 E_3 = 4635.9171 \ (MJ/h)$$

供热损耗：按供热 7000h 计算，则年损耗约 32451.42GJ，折合标准煤约 1108.65t。

②低参数蒸汽：外供 D_3 为 120.8t/h，通过能量及质量平衡估算，则需要抽取二次再热冷段蒸汽量 D_4 为 109.2t/h，减温水 11.6t/h。

同理，单位时间㶲损失为

$$\Delta E = D_4 E_1 - D_3 E_3 = 13258.7129 \ (MJ/h)$$

供热损耗：按供热 7000h 计算，则年损耗约 92810.99GJ，折合标准煤约 3170.75t。

c. 背压机。设计方案见表 3-8 和表 3-9。

表 3-8   高参数工业供汽背压机方案

工况	最大工况	额定工况
进汽压力（绝对压力，MPa）	10.7	8.0
进汽温度（℃）	437	426
进汽量（t/h）	35	35
排汽压力（绝对压力，MPa）	2.9	2.9
排汽温度（℃）	330.8	342
发电功率（kW）	1820	1600
汽轮机转速（r/min）	11000	11000

表 3‑9　　　　　　　　　　　　低参数工业供汽背压机方案

工　况	最大工况	额定工况
进汽压力（绝对压力，MPa）	4.3	4.0
进汽温度（℃）	443	440
进汽量（t/h）	121	103
排汽压力（绝对压力，MPa）	1.7	1.7
排汽温度（℃）	331.3	338.8
发电功率（kW）	6550	5000
汽轮机转速（r/min）	3000	3000

对于 75％以上负荷段，此时背压机效率较高，可以选择使用背压机供汽；另外，还需要设置减温器以匹配用户需求。由于高参数蒸汽流量较小，且负荷波动大，需要设置高转速的发电机和减速箱。

对于 75％～50％负荷段，进口参数较低，背压机效率较低。对于 50％以下负荷段，背压机能通流能力已不能满足最大供汽需求。因此，在 75％负荷段以下，推荐采用减温减压器方案。

高参数蒸汽配置 1 台 100％蒸汽负荷的背压机，布置在主厂房的运转层。同时需配置减温减压器，作为背压机停机和低负荷段备用。背压机布置在汽机房运转层，需设置基座，并对原有土建结构进行改造。背压机需配套油箱和轴封加热器，布置在中间层。

对于满负荷和 40％负荷段，此时背压机效率较高，可以选择使用背压机供汽；另外，还需要设置减温器以匹配用户需求。对于 75％～50％负荷段，使用背压机效率较低，推荐直接减温减压供汽。

该背压机造价约 900 万元，该电厂满负荷和 40％负荷段运行时间较短，如果仅为这两个负荷段设置背压机，经济性较差。因此，低参数蒸汽推荐采用减温减压器方案。

高参数蒸汽采用背压机（减温减压器备用）方案，低参数蒸汽采用减温减压器方案。根据电厂的运行情况，75％负荷段的运行时间最长，以 75％负荷数据进行方案比较。

高参数蒸汽按年供热 7000h 计算，年厂用电约 1120×10⁴kWh。根据改造前年均发电标准煤耗 255.44g/kWh，年节约标准煤约 2860.9t。

低参数蒸汽外供 D_3 热负荷 120.8t/h，通过能量及质量平衡估算，则需要抽取二次再热冷段蒸汽量 D_4 为 109.2t/h，减温水 11.6t/h。

单位时间㶲损失为

$$\Delta E = D_4 E_1 - D_3 E_3 = 13258.7129 \text{（MJ/h）}$$

供热损耗：按供热 7000h 计算，则年损耗约 92810.99GJ，折合标准煤约 3170.75t。

综上所述，三种方案的综合比较见表 3-10。

表 3-10　　　　　　　工业供汽方案综合比较

项　目	参数匹配优化方案	减温减压器方案	背压机方案
改造内容	高参数蒸汽设置压力匹配器；低参数蒸汽设置减温减压器	设置减温减压器	高参数蒸汽设置背压机系统，减温减压器备用；低参数蒸汽设置减温减压器
热力系统投资	约 4000 万元	约 2500 万元	约 3000 万元
土建加固/改造费用	约 100 万元	约 100 万元	约 300 万元
电气增加投资	—	—	200 万元
系统复杂性	一般	简单	复杂
系统可靠性	较好	较好	一般
供热损耗（折合标准煤）	3558.53t	4279.4t	309.85t
投资回收期	约 4 年	约 3 年	约 4 年

如上所述，综合考虑技术方案、投资等因素，最终采用减温减压器方案。

（3）技术指标。主要经济技术指标见表 3-11。

表 3-11　　　　　　　主要经济技术指标

序号	项　目	单位	供暖期	非供暖期
1	改造后对外供工业蒸汽流量（全厂平均，表压 2.8MPa 时）	t/h	28	28
2	改造后对外供工业蒸汽流量（全厂平均，表压 1.6MPa 时）	t/h	103	103
3	改造前发电标准煤耗（平均）	g/kWh	246.60	261.44
4	供热年均标准煤耗	kg/GJ	37.20	37.20
5	年工业供热量（全厂）	万 GJ	285.40	
6	年供暖供热量（全厂）	万 GJ	272.39	

续表

序号	项　目	单位	供暖期	非供暖期
7	改造前年均供电标准煤耗	g/kWh	268.82	
8	改造后年均供电标准煤耗	g/kWh	265.21	
9	改造前平均热电比	%	17.11	0
10	改造后平均热电比	%	24.44	7.18
11	年发电节约标准煤量（全厂）	万 t	3.78	
12	年工业供热节约标准煤量（全厂）	万 t	1.37	
13	年工业供汽耗标准煤量（全厂）	万 t	10.62	

该工程静态投资约 9700 万元，投资回收期约 3 年，经济效益较好。改造后，年发电节约标准煤量约 3.78 万 t，年可减少污染物排放量约为烟尘 4.15t、SO_2 13.96t、NO_x 20.00t、CO_2 9.28 万 t，年工业供热节约标准煤量 1.37 万 t，年可减少污染物排放量约为烟尘 1.51t、SO_2 7.26t、NO_x 15.07t、CO_2 3.37 万 t，具有良好的环境效益和社会效益。

3. 华电滕州新源热电供热改造案例

（1）项目概况。华电滕州新源热电有限公司作为滕州市区集中供热的主力热源，总装机容量 930MW（2×150MW＋2×315MW），锅炉总容量 3090t/h。其中：一期 2×150MW 机组单机二抽抽汽压力 1.6MPa，温度 300℃，额定抽汽 27t/h，最大抽汽 50t/h，不超过额定抽汽量时压力不低于 0.8MPa；三抽抽汽压力为 0.98MPa，温度为 360℃，额定抽汽 34t/h，最大抽汽 160t/h，压力随机组负荷波动，在机组负荷低时，在 0.55～0.8MPa 范围内，但目前实际运行中最大抽汽流量为 80t/h。一期 2 号机组于 2015 年供暖季进行了高背压循环水供热改造，最大供热能力 228MW。二期 2×315MW 机组单机供热改造后设计抽汽流量 300t/h，抽汽压力为 0.4MPa，温度 267℃。机组已经实施从再热冷段抽汽改造额定蒸汽量为 2×20t/h，压力为 0.95MPa，温度为 280℃。

（2）技术方案。该工程拟对 3、4 号机组再热热段进行打孔抽汽，因蒸汽电厂出口的参数为 1.4MPa、320℃，而 315MW 机组再热热段抽汽参数较高，压力可达 3MPa，温度在 500℃以上，因此需对再热热段抽汽进行减温减压，减温水取自给水泵中间抽头。

315MW 机组单台机组再热热段最大抽汽流量为 200t/h，此条件下需减温水流量约为 38t/h，配置 2×50％ BMCR 的转速调节汽动给水泵，备用泵采用 1×30％ BMCR 的调速电动给水泵，单台给水泵中间抽头额定及最大流量均为 44t/h。经核算，再热热段最大抽汽流量下，给水泵中间抽头流量仍有约 50t/h 流量用于再热器减温，减温水取自给水泵中间抽头对再热器减温水无影响。

具体方案为 2 台机组再热热段抽汽汇入 1 根母管后再进入减温减压器降低参数后对外供汽。运行初期，两台机组 1 备 1 运行，后期两台机组需同时供汽，方案流程示意见图 3－11。

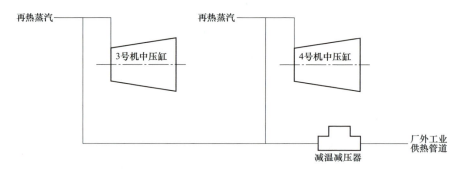

图 3－11　方案流程示意

（3）技术指标和实施效果。进行供汽改造工程后，全年新增工业供汽 151.20 万 t。根据热平衡图，在设计工况下因工业供热项目年节约标准煤量 4.03 万 t，单台机组年平均发电煤耗下降 11.85g/kWh，全厂年热电比增加 24.71％。具体情况见表 3－12。

表 3－12　　　　　　　　工业供热热经济分析

项　目	2018 年		2019 年	
	3 号机组	4 号机组	3 号机组	4 号机组
有效利用小时（h）	1000	1000	5400	6000
机组发电量（万 kWh）	31500	31500	170100	189000
年抽汽量（万 t）	3.67	0	62.47	0
年工业供汽量（万 t）	4.38		74.55	
机组全年节约标准煤量（万 t）	0.14	0	2.14	0
全年节约标准煤量（万 t）	0.14		2.14	

续表

项　目	2018 年		2019 年	
	3 号机组	4 号机组	3 号机组	4 号机组
改造前机组年平均发电煤耗（g/kWh）	284.30	284.30	292.44	292.44
改造后机组年平均发电煤耗下降值（g/kWh）	4.57	0	12.58	0
改造后机组年平均发电煤耗（g/kWh）	279.73	284.30	279.86	292.44
改造前全年热电比	27.59%		27.59%	
改造后全年热电比	28.30%		39.77%	
改造后全年热电比增加	0.71%		12.18%	
机组全年工业供热耗煤量（万 t）	0.52	0	8.86	0
改造后全年工业供热耗煤量（万 t）	0.52		8.86	

该工程采用 2 台机组再热热段抽汽混合后减温减压供热，配套化水处理系统和热控系统改造，投资总费用约 2514 万元，投资回收期约为 7.15 年。

该工程改造完成后，用高效率（91%）的热电联产机组取代低效率（70%）的小锅炉供热，该项目每年供热可节约标准煤 2.36 万 t，相应减少大气污染物（CO_2 约 $6.17×10^4$ t，SO_2 约 195.69t，NO_x 约 174.47t，粉尘 $1.60×10^4$ t）排放，环境效益显著。

五、 参数匹配优化供热技术

（一）技术原理

1. 技术定义

工业供热常采用单一汽源供热的技术方案，当负荷变化时，单一汽源常无法满足用户需求（主要是压力要求），此时可采用多汽源供热，参数匹配优化供热技术是一种多汽源供热技术。

参数匹配优化供热技术，是指选择两个甚至多个供汽汽源，采用适当供汽设备，按照能量梯级利用、节流损失最小原则，随机组负荷变化调整优化供汽方案，使机组在各负荷都能安全、稳定对外供热的技术。

根据供热设备不同，参数匹配优化供热技术分两类：

第一类是通过减温减压器调整供热参数，供汽汽源随机组负荷变化进行切换，使汽源参数略高于供汽参数，减少减温减压带来的熵增损失。

第二类是通过压力匹配器实现不同汽源间压力匹配，必要时配减温器调整供汽温度。压力匹配器高压汽源（驱动蒸汽）和低压汽源（被引射蒸汽）一般保持不变，不随机组负荷调整。

2. 技术背景

工业供汽方案核心内容有两点：①汽源，即从哪里抽汽；②匹配，即如何将汽源参数调整到用户需要的参数。

汽源选择原则如下：满足电网要求是机组运行的前提条件，确定机组负荷变化满足电网要求的规定范围；考虑供热汽源压力满足要求，汽源可能需要2种甚至3种；考虑供热汽源温度，确定是否需要减温措施；汽源抽汽量是否满足热负荷需求；供热蒸汽压力的调节方式，采用内部调节还是外部调节。

在工业抽汽供热项目中，出于汽轮机安全、稳定运行需要，汽轮机调整抽汽一般不超过两级，也就是机组抽汽参数缺乏多样性，常常存在机组蒸汽压力与工业供热压力不匹配情况，原因如下：

（1）用户需要的蒸汽参数不尽相同。化工企业需要的蒸汽压力一般为0.8～1.2MPa和3.5～4.1MPa，蒸汽温度由用户工艺决定。用户需要的蒸汽参数不同，电厂提供的蒸汽参数就需要相应调整。

（2）供热距离和管网技术不尽相同。经验表明，常规供热管道每千米压降和温降分别为0.1MPa和10℃；如果采用先进保温技术、采用补偿器减少自然补偿等措施，压降和温降可分别控制在0.03MPa/km左右和5～7℃/km。供汽距离与管网技术不同均会影响电厂出口端供汽参数。

（3）工业供汽多为改造项目，与机组现有抽汽口参数不匹配。发电厂在设计、建设阶段，工业蒸汽用户可能尚未确定，汽轮机本体未预留工业抽汽口或者预留的抽汽口蒸汽参数、流量与用户需求不匹配，因此一般无法通过汽轮机现有抽汽口直接对外供汽，需要根据机组参数选择合适的汽源与用户相匹配。

（4）滑压运行导致机组不同负荷下抽汽参数不同。为使机组在各种负荷下都保持相对较高的效率，大中型火力发电机组普遍采用"定-滑-定"的运行方式，机组负荷在30％～90％区间时采用滑压运行。目前，国内火力发电机组设备利用小时持续保持在低位水平，机组很难长时间在满负荷或高负荷运行，加之许多地区的火电机组参与电网调峰，机组日出力存在明显的高峰期和低谷期，这些因素都导致机组常年处于滑压运行工况。

机组滑压运行时，除主蒸汽温度与再热热段蒸汽温度相对稳定外，汽轮机其余抽汽和排汽的压力、温度都随机组负荷变化，因此会出现高负荷时抽汽压力满足要求而低负荷时抽汽压力不满足要求的情况，增加了用户与汽源之间匹配的难度。

3. 主要供热设备简介

（1）减温减压器。减温减压器是供热方案中应用最广泛的设备之一，其作用是将高参数蒸汽降低为用户需要的低参数蒸汽，系统简单、运行可靠、技术成熟。减压阀和减温器可集成为一个整体，也可分开独立安装。减温减压器及附属设备见图3-12。

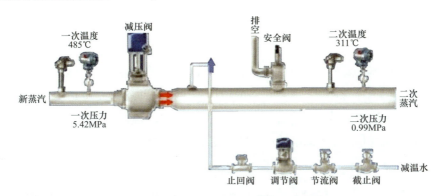

图3-12　减温减压器及附属设备

减温减压器由控制系统、减压系统和喷水减温系统组成，各系统作用如下：

1）控制系统：根据设定出口蒸汽参数，统一协调控制减压系统和减温系统。

2）减压系统：蒸汽减压过程由减压阀或节流孔板节流实现，减压级数由前后蒸汽压差决定。减压阀压力调节通过执行机构完成，执行机构为电动或液动，根据系统要求选择，通常电动执行机构就能满足要求，如果要求快速动作，应选用液动执行机构。

3）喷水减温系统：减温水管道上的调节阀和减压阀等部件调节进入减温器的减温水压力；减温水在减压器内被粉碎成雾状水珠与蒸汽混合迅速完全蒸发，从而达到降低蒸汽温度的作用。

（2）压力匹配器。压力匹配器是依据工程热力学和工程流体力学等相关学科原理，使工质进行势能、热能和动能相互转换的一种设备。压力匹配器可以掺杂部分低品质蒸汽，因此经济性明显好于同参数的减温减压器。压力匹配器内工质主要相互作用过程为高压蒸汽通过喷嘴产生高速甚至接近声速的喷射气流，将低压蒸汽吸入压力匹配器内部，在混合管（混合室）内经过混合之后，蒸汽升压，使低压蒸汽升压达到用户要求压力。压力匹配器原理见图 3-13。

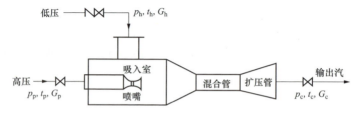

图 3-13　压力匹配器原理

压力匹配器设想最早由苏联科学家在 20 世纪 50 年代提出，直到 20 世纪末和 21 世纪初，国内才开始进行相关设备的设计与生产，并逐渐发展完善。伴随着国家对节能环保的重视，压力匹配器获得了长足发展，现广泛应用于纺织、造纸、石油、热电等行业。压力匹配器设备外形和结构示意见图 3-14 和图 3-15。

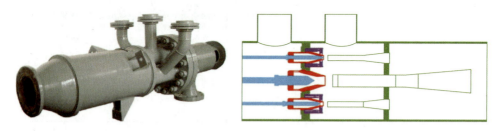

图 3-14　压力匹配器设备外形　　　　图 3-15　压力匹配器结构示意

按照压力匹配器内部有无针型调节器，可分成可调型压力匹配器和不可调型压力匹配器。两种压力匹配器各有特点，可调型压力匹配器由于可以根据负荷调整内部流通面积，效率较高，但存在活动部件，容易出现故障，后期维修工作量大；非可调型压力匹配器对变负荷工况适应性较差，一般在设计工况

80%～100%左右才能保证具有较高的效率，优点是内部无活动部件，不容易出现故障，后期检修工作量小。如果现场空间足够，可根据用户情况设置多个非可调型压力匹配器，根据用汽量不同组合一台或若干台压力匹配器，提高系统效率。因此，压力匹配器选型应根据工程具体情况进行分析比较。

与减温加压器相比，压力匹配器噪声可达 80～90dB，如果蒸汽压力高、压降大，噪声甚至可达到 100dB。采用新型保温材料和"紧身"罩壳（仅将喷嘴部分封闭在罩壳内）可降低噪声，也可以将其置于专门小房间内降低噪声，以减轻噪声对运行人员的影响。

（二）适用范围及优缺点

1. 适用范围

该技术适用于有工业热负荷需求但现有抽汽参数不满足要求的电厂，或现有抽汽参数在负荷变化时不能一直满足用户要求的情况。该技术可在不进行汽轮机本体改造的情况下满足用户需求。

2. 优缺点

（1）优点。改造量相对较小；与常规减温减压器方案相比，可减少高参数蒸汽供汽量，经济性较好。

（2）缺点。多汽源切换涉及两个或两个以上汽源，各汽源之间随供汽量、机组负荷相互切换，对运行要求较高，且应该增加一个专门的检修用关断阀；压力匹配器噪声大，建议配备专门的房间降噪。

（三）工程案例及技术指标

1. 国家电投西宁发电分公司供热案例

（1）项目概况。国家电投西宁发电分公司 2×660MW 机组根据城市发展需要，进行供热改造，向用户提供中压蒸汽 2.9MPa、290℃，最大流量 15t/h（正常流量 8t/h），提供低压蒸汽 1.2MPa、240℃，最大流量 100t/h（正常流量 80t/h）。改造内容包括厂内两台机组抽汽系统改造、锅炉补给水系统扩容与新增。

（2）技术方案。供热改造汽源来自机组再热冷段、再热热段和中压缸排汽。正常运行时，再热冷段蒸汽通过减温减压器后对外供中压蒸汽；中压缸排汽经减温器调整至供汽参数后对外供热；机组负荷下降后，中压缸排汽压力不足，则抽取再热热段蒸汽通过减温减压器调整后对外供低压蒸汽。

中压供热蒸汽汽源的选取：从再热冷段抽汽 14.3t/h，经减温减压后向其中一个热用户提供 2.9MPa、290℃蒸汽，正常流量 8t/h，最大流量

15t/h。1号机组和2号机组互为备用，当一台机组停机检修时，由另一台机组供汽。

低压供热蒸汽汽源的选取：从中压缸排汽抽汽100t/h，由蒸汽流量调节阀升调节流量，由减温器控制供汽温度，向用户提供1.2MPa、240℃的低压蒸汽，正常流量80t/h，最大流量100t/h；机组负荷降低时，中压缸排汽压力不足，抽取再热热段蒸汽通过减温减压器调整至1.2MPa、240℃对用户供汽。1号机组和2号机组互为备用，当一台机组停机检修时，由另一台机组供汽。只有当机组负荷下降、中压缸排汽压力不足时，才切换为再热热段作为供热汽源，避免不必要的节流损失。

（3）投资和实施效果。项目总投资16000万元（含厂外管网工程约7400万），项目投资回收期约8年，项目年节煤量10万t。

工程实施后，为区域小锅炉房拆除提供了先决条件，社会效益显著：

1）由于大机组效率更高，从全社会来看，高效机组集中供热降低了全社会燃煤量，同时减少燃煤和灰渣在装卸、运输、储存过程中对环境的二次污染及对城市交通的影响。

2）减少用水量和废水排放量，并可对废水集中处理及综合使用，节省了大量城市用水和污水处理费用。

3）可节省大量小锅炉房占地，有利于城市合理规划和发展。

4）对企业自身而言，既能有效服务当地园区企业，也能提效增收，拓展市场份额，具有小投入大产出的特点。

2. 国家电投开封分公司供热案例

（1）项目概况。国家电投开封分公司根据开封市企业用汽发展情况和《开封市城市集中供热规划（2011—2020年）》，经方案研究后，向开封黄龙产业园和汪屯精细化工产业园敷设供热管道，满足园区内工业用户的热负荷需求。

该工程建设主要内容为厂内热源和厂外热网敷设。

（2）技术方案。

1）厂内汽源方案。厂内系统改造采用再热冷段蒸汽（高压蒸汽）通过压力匹配器引射中压缸排汽（低压蒸汽）方案，共设置两台80t/h压力匹配器，压力匹配器卧式布置，先调压后减温。

以1、2号机组再热冷段蒸汽作为压力匹配器驱动蒸汽，以1、2号机组中压缸排汽作为引射蒸汽。通过压力匹配器后，经配比以最大供热工况压力1.2MPa、温度280℃的参数对外供汽。

当用汽量小于80t/h时，压力匹配器单台运行；当用汽量为80～160t/h时，单台机组或两台机组对外供汽，两台压力匹配器同时工作。

2）外管网建设。根据用户热负荷需求情况，建设一条国家电投开封分公司供热站至工业园的DN700供热管道。

（3）投资和实施效果。该供热改造项目总费用为19764万元，包含约16km厂外管网费用，动态税后投资回收期约为12年，总投资收益率为12.12%，投资收益良好。

六、 燃气机组余热锅炉供热技术

（一）技术原理

从燃气轮机排出的高温烟气进入余热锅炉，将水加热使之变成蒸汽，蒸汽可以用作工业供汽也可用于蒸汽吸收式制冷，实现冷热电联供，具有设备少、系统简单、投资少、占地少、运行维护方便等优点。为了满足较大的供热需求，并在一定程度上实现供热量与供电量调节，常采用带补燃余热锅炉，适用于中小型燃气轮机热电联产项目。余热锅炉供热工艺流程见图3-16。

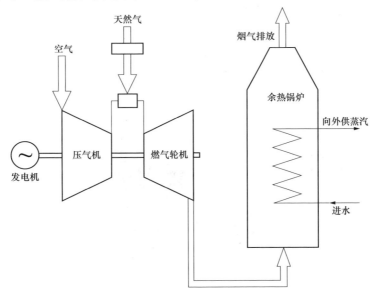

图3-16 余热锅炉供热工艺流程

（二）适用范围及优缺点

1. 适用范围

适用于热负荷较大，而用电负荷较小（一般不大于 10～50MW）的中小型热电联产系统。

2. 优缺点

（1）优点。综合能源利用效率高；靠近用户侧，输配电损小；排放低，环境效益高；供能安全性、可靠性高。

（2）缺点。燃料成本高，运行费用较高。

（三）工程案例及技术指标

1. 项目概况

四川能投新都华润雪花啤酒厂年生产能力 60 万 t，原建设有 3 台 20t/h 燃煤锅炉，燃煤锅炉未配置脱硫脱硝等环保措施，污染严重。为了改善空气质量，降低污染物排放，啤酒厂进行了煤改气改造，根据啤酒厂的用能特点，采用天然气分布式能源系统替代原有的燃煤锅炉。

2. 技术方案

根据"以热定电"的基本原则，通过对项目的负荷分析，最终确定项目装机配置为 1 台 SolarT70 燃气轮机、1 台 25t/h 补燃式余热锅炉、2 台 20t/h 备用/调峰燃气锅炉、1 台 1MW 热水型溴化锂机组，主要为啤酒厂提供工业蒸汽，并利用余热锅炉尾部余热供工艺冷水，作为啤酒厂氨制冷的一次能源，同时满足能源站空调冷暖负荷，发电直供给啤酒厂，余电上网。余热锅炉供热系统方案示意如图 3-17 所示。

图 3-17　余热锅炉供热系统方案示意

3. 技术指标和实施效果

该项目通过燃气发电、余热利用技术，向啤酒厂就近提供冷、热、电等能源产品。项目总投资约 8000 万元，综合能源利用率 82.34％，年节约标准煤 4300t，年减排二氧化碳 1.86 万 t、二氧化硫 160t、氮氧化物 43t、烟尘 29t，项目建成后极大地改善了周边地区的空气质量，环保效益突出。

第三节　工业供热技术方案比选

与居民供暖负荷受季节限制明显不同，工业供热负荷只受工业热用户生产负荷影响，当工业热用户生产稳定时，电厂通常可全年对外供工业蒸汽。通过增加对外工业供汽，一方面，可提高锅炉、汽轮机和其他辅机出力，使各设备在高效区间运行，降低供电标准煤耗；另一方面，拓宽电厂收入来源，降低上网电量减少带来售电收入减少的影响。目前，积极拓宽工业供热市场已经成为发电厂的共识。

本节重点介绍了六种常见的火电厂工业供热技术及其特点，发电厂在进行工业供热技术改造或新建机组选型时，需要结合工业热用户情况、发电厂机组情况和外部管网情况进行方案分析，涉及用户需要的供热介质类型、供汽参数、用户与热源间距离、汽轮机厂现有成熟技术、现有外部管网情况等因素。根据工程实际情况，比较各可行技术方案，在确保供热安全的前提下，从可行方案中选出最优方案。六种工业供热技术具体如下：

（1）旋转隔板抽汽供热技术是在汽轮机本体上设置旋转隔板来调节工业供热压力。优点是适用机组负荷较宽，供热稳定性好，供热流量与设计值接近时，经济性好；缺点是供热流量远低于设计值时，会产生较大的节流损失，经济性变差，并且对旋转隔板本身的可靠性有较高的要求，改造机组需要增设旋转隔板，更换转子，调整通流级数，更换外缸，增设油动机等，成本过高。该技术多用于供热压力 0.8～2.0MPa 新建中小型工业供热汽轮机，如果用于改造工程，因对机组改动很大，适合与通流改造同步进行。

（2）座缸阀抽汽供热技术是工业供热抽汽点在座缸调节阀前，座缸调节阀对抽汽点后的全部蒸汽进行调节。优点是当设计热负荷与实际热负荷一致时，经济性较高；缺点是实际热负荷偏离设计值较多时，经济性差，尤其是机组低负荷时更严重，并且改造时成本较高。该技术多用于供热压力 2.0～7.0MPa 新建中型工业供热汽轮机，不适用于改造工程。

（3）背压工业供热技术是利用机组的高压蒸汽经过背压汽轮机做功后供相应设备驱动或发电，从而利用背压机的排汽作为供热汽源进行供热。优点是不设凝汽器，无冷端损失，效率高，造价低，施工周期短；缺点是根据用户热负荷来调整发电负荷，热电耦合性强，负荷调整困难，要求热用户负荷相对稳定。该技术多用于工业热负荷品质单一且稳定、用热小时较高、发电负荷在 50MW 及以下机组，可考虑选择背压机供热。

（4）打孔抽汽供热技术是指在汽轮机本体或主蒸汽、再热冷段、再热热段管道或连通管相应的位置打孔抽汽，其供热参数随机组电负荷变化而变化，通常自身没有调节能力，需在外部减温减压后满足热用户的要求。打孔抽汽技术抽汽口的位置应根据供热参数的高低和供热量的大小合理选择。优点是在管道上的打孔抽汽供热方式对技术要求较低，投资也较低，易于实现；缺点是自身没有调节能力，抽汽参数受负荷影响较大，变负荷时节流损失大，通常需要匹配减温减压器。

（5）参数匹配优化供热技术是利用高品位蒸汽做动力，使用蒸汽喷射器，抽吸低品位蒸汽，多汽源相互切换或匹配对外供汽，实现蒸汽品质提升，达到满足工业供热需要。优点是对通流部分的安全性影响相对较小，系统简单可靠；缺点是多汽源切换涉及两个或两个以上的汽源，各汽源之间随供汽量、机组负荷相互切换，对运行要求较高，压力匹配器噪声大。该技术在中高压参数（3～9.0MPa 压力范围）压力匹配器应用较为广泛。

（6）燃气机组余热锅炉供热技术是让燃气轮机排出的高温烟气进入余热锅炉，将水加热使之变成蒸汽，蒸汽可以用作工业供汽也可用于蒸汽吸收式制冷剂制冷，实现冷热电联供。优点是综合能源利用效率高，靠近用户侧，输配电损小，排放低，环境效益高，供能安全性、可靠性高；缺点是燃料成本高，运行费用较高。该技术适用于热负荷较大，而用电负荷较小（一般不大于 10～50MW）的中小型燃气轮机热电联产项目。

火电厂工业供热技术对比见表 3-13。

表 3－13

工业供热技术对比

类别	旋转隔板抽汽供热	座缸阀抽汽供热	背压工业供热	打孔抽汽供热	参数匹配优化供热	燃气机组余热锅炉供热
适用场合	新建项目，较大流量，中低压0.8~2.0MPa抽汽场合	新建项目，有较高压力，压力2.0~7.0MPa工业抽汽场合	稳定热负荷的新建或具有供热条件的纯凝机组改造	新建或具有供热条件的纯凝机组改造	热负荷种类多、参数较高的供热改造	新建机组
技术方案	旋转隔板抽汽	座缸阀抽汽	背压机排汽	抽汽+减温减压器	多汽源切换/压力匹配器	燃气轮机+余热锅炉+蒸汽/热水/吸收式制冷机组
优点	技术简单、成熟，造价低，灵活性好	适用机组负荷宽，供热稳定	无冷端损失，经济性好，能源综合利用效率高；背压机通常小巧，造价低，施工周期短	技术简单、成熟，造价低，灵活性好	满足不同负荷；减少高参数蒸汽的用量，经济性较好	综合能源利用效率高；靠近用户侧、输配电损小；环保、安全性、可靠性高
缺点	负荷较低时，会产生较大节流损失，能量损失较大	负荷较低时效率较低，经济性差	以热定电、热电耦合性强，负荷调整困难；要求用户负荷相对稳定	自身没有调节能力，抽汽参数受负荷影响较大，变负荷时节流损失大，通常需要匹配减温减压器	多汽源切换运行要求较高；压力匹配器噪声大	燃料成本高，运行费用较高

续表

类别	旋转隔板抽汽供热	座缸阀抽汽供热	背压工业供热	打孔抽汽供热	参数匹配优化供热	燃气机组余热锅炉供热
典型案例	华能济宁电厂2×300MW级热电联产机组	南京化工园、国华惠州	国家电投山西铝业有限公司一期节能增效工程	华能日照电厂、华电滕州新源热电有限公司	国家电投西宁发电分公司、国家电投开封分公司	四川能投新都华润雪花啤酒厂分布式能源项目
节能效果	发电标准煤耗可降低到280g/kWh左右	发电标准煤耗可降低至280g/kWh左右	发电标准煤耗降低到150~160g/kWh左右，背压越低、煤耗越低	发电标准煤耗可降低到260g/kWh左右	减少高温蒸汽使用，视低压蒸汽掺混比例而定	发电标准煤耗可降低至150g/kWh左右
总投资费用	纯凝机组基础上增加约500万元	纯凝机组基础上增加约800万元	约1500万元（视背压机容量大小）	视具体项目规模而定	总投资和管网规模密切相关，国家电投开封分公司供热改造总投资约1.9亿元（含厂外管网）	视具体项目规模而定
回收期	约2年	2~3年	约3.5年	视具体项目规模而定	约12年（含厂外管网）	视具体项目规模而定

第四章

火电厂清洁供暖技术

第一节　火电厂清洁供暖概况

由于我国以煤为主的资源禀赋特点，长期以来，北方地区冬季取暖以燃煤为主。到 2017 年，北方地区燃煤供热面积占总供热面积的 83％，供暖期对散煤的治理替代是当前清洁供暖的重要任务。

在以燃煤为热源的清洁供暖技术路径中，主要是清洁高效燃煤锅炉和热电联产为主的集中供暖。燃煤热源可以通过不断提升燃烧效率，降低排放强度来实现清洁供暖。吴仲华教授在 20 世纪 80 年代的狭义总能系统中，提出了"温度对口、梯级利用"原则。能量梯级利用原理见图 4-1，高品位的热能首先用于发电；中品位热能可以直接向工业用户供热，也可以驱动热泵回收余热用于供热或制冷；低品位热能可以直接向用户提供供暖或者生活热水，品位更低的余热可考虑回收，以期实现能量多级高效利用。

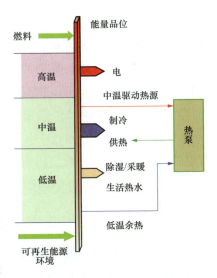

图 4-1　能量梯级利用原理

要合理利用不同品位的能，在热能转化成机械能时，高温高压热源比低温低压热源的品位高，即高温高压热源比低温低压热源转化为机械能的潜力大。对于热电联产的供热机组，进入汽轮机的蒸汽可以分为供热流和凝汽流。

供热流经通流部分前几级做功，发电后被抽出，进入热网加热器对外供热，这股蒸汽既发电又供热，凝汽流仅用于发电。合理利用供热流，一方面选择挖掘机组的最大供热抽汽能力及降低抽汽参数，另一方面对供热流进行充分利用。合理利用供热流的各种余热，遵照能的梯级利用原则，可提高总的能源利用水平。

第二节　火电厂清洁供暖技术路线

火电厂清洁供暖技术主要包括抽汽供热、抽汽能源梯级利用供热、光轴供热、高背压供热、热泵供热、汽轮机背压（含 NCB）供热、联合循环机组烟气余热利用供热等。

一、 抽汽供热技术

（一）技术原理

1. 新建机组抽汽供热技术

新建机组抽汽供热技术是指从汽轮机中压缸排汽抽出蒸汽供给热网首站或热用户的技术。随着国家《煤电行业落后淘汰产能目标任务》《"十三五"节能减排综合工作方案》等相关政策的出台，300MW 等级以下的燃煤机组越来越少，本部分主要介绍 300MW 等级及以上的常规供暖抽汽供热技术。

典型的 300MW 等级供热机组一般为两缸两排汽或三缸两排汽，供热抽汽从中压缸排汽抽出，通过中压缸和低压缸连通管上的供热调节蝶阀对供热抽汽的参数和流量进行调节，系统流程见图 4-2。此外，供热管道上还装设有供热止回阀、快关阀、隔离阀、安全阀等。供暖抽汽的参数一般为 0.4MPa 左右，温度为 230~270℃，额定抽汽量一般为 400~500t/h，最大抽汽量可达 600t/h。

600MW 等级供热机组主要采用超临界、一次中间再热、单轴、三缸四排汽、抽凝式空冷汽轮机组。原理与 300MW 机组类似，抽汽取自中压缸排汽，阀门布置参考图 4-2。压力范围一般为 0.35~0.5MPa，温度在 300℃ 左右。机组在额定工况到 60%工况之间均能提供 600t/h 的供暖抽汽量，约 600 万 m² 的供热面积，最大抽汽能力可达 800~1000t/h。

1000MW 等级机组主要为超超临界、一次中间再热、单轴、四缸四排汽、

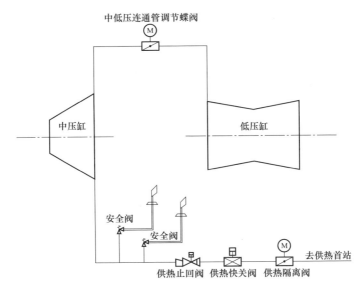

图 4-2　供热抽汽管道系统流程

凝汽式汽轮机，主要用于发电，除国投北疆发电厂抽汽用于海水淡化外，目前用于供暖的机组极少。

供热系统在设计时要保证准时向热用户实现稳定、可靠供热。这就对供热系统提出了比较高的要求：

（1）抽汽止回阀应转动灵活、无卡涩，并尽可能靠近抽汽口布置，使在甩电负荷时能迅速关闭，杜绝发生蒸汽倒灌造成机组超速的事故。

（2）抽汽管道上设置快关阀和隔离阀，快关阀作为防止通向热网首站的供热抽汽管道内压力突然降低时，蒸汽倒灌的双重保护，隔离阀是供热管道的总阀门，辅助调节热网进汽量，在非供暖期用来隔离发电机组和热网系统，起关断作用。

（3）在供暖季，如供热调节蝶阀被卡在较小的开度等极端恶劣的情况时，会造成中压缸连通管内压力升高，中压缸超压，一旦达到动作值，安全阀将开启并释放压力，将多余蒸汽排入大气中，安全阀是设备超压保护的一道屏障。

（4）调压和供热系统联锁保护。当机组突然甩电负荷时，供热蝶阀、抽汽止回阀、快关阀、电动截止阀之间能够有如下正确无误的联锁：当甩电负荷时，供热蝶阀、抽汽止回阀、快关阀迅速同时关闭，电动截止阀动作关闭；

待抽汽止回阀、快关阀全都关闭之后，供热蝶阀能够按设定的延迟时间重新开启，维持机组空转，否则供热蝶阀须在电动截止阀关闭之后按要求的延迟时间重新开启。

（5）供热压力保护包括设置抽汽压力的低限保护与高限保护，最低压力保护使抽汽口叶片避免强度超限；最高压力保护使抽汽口避免温度超限。

2. 抽汽供热改造技术

抽汽供热改造技术是在凝汽式汽轮机的调节级或某个压力级后引出一根抽汽管道，通过止回阀、快关阀及调节阀接至热网首站加热器，经热网加热器加热热网循环水，以满足地区所需供暖负荷。

抽汽供热改造技术主要采用中低压连通管上抽汽方案，即对机组进行中压排汽可调供热抽汽改造，实现机组对外供热，在连通管加装三通及连通管

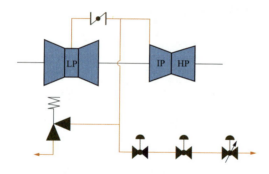

图 4-3　中低压缸连通管打孔抽汽技术原理

抽汽调节阀，从中低压连通管上引出的抽汽管，依次加装安全阀、抽汽止回阀、快关阀、抽汽压力调节阀，满足供热需求。中低压缸连通管打孔抽汽技术原理见图4-3。

中低压连通管抽汽供热改造技术简单、造价低、技术成熟，已有很多投产运行业绩。但该技术即使在冬季最大供热工况下，机组也有占电厂总能耗约10%～20%的热量（相当于供热量的25%～50%）由循环水（一般通过冷却塔）排放到环境中，以保证汽轮机冷端系统的正常工作。

（二）适用范围及优缺点

1. 适用范围

（1）此供热方式为常规供暖方式，适合作为大中型城市集中供热基础热源，对于有供暖需要的地方，均可在考察实际需求及相关政策后确定是否新增热电联产机组。

（2）对于热负荷增加的区域，在不新增机组的情况下，可考虑供暖改造技术。充分利用存量机组的供热能力，扩大供热范围，鼓励进行乏汽供热改造。中低压连通管上抽汽供热改造技术适用于供热抽汽量需求较小的情况，

建议 200MW 等级机组供热抽汽量约 300t/h，300MW 等级机组供热抽汽量约 500t/h，600MW 等级机组供热抽汽量约 800t/h，具体抽汽量根据机组情况确定。

2. 优缺点

（1）优点。技术成熟可靠，可在一定范围内灵活适应外界对热的需要，改造费用较低。

（2）缺点。由于以热定电，供热量增大时，需要同步提高发电功率，机组负荷调节能力较差。

（三）工程案例及技术指标

1. 某 2×350MW 超临界机组供热案例

（1）项目概况。某 2×350MW 超临界、抽凝式、湿冷热电联产机组，额定工业热负荷 50t/h，供暖热负荷 510t/h。

（2）技术方案。工业抽汽从低温再热蒸汽管道排汽止回阀后引出。五级抽汽为调整抽汽，同时对外供供暖用汽。其中，热网首站中的热网循环泵采用工业汽轮机拖动，汽源来自冷段抽汽（约 160t/h），排汽进入供暖抽汽总管作为热网循环水加热热源，排汽参数略高于五级抽汽，实现了抽汽能源梯级利用。

（3）实施效果。全年热经济指标见表 4 - 1。

表 4 - 1　　　　2×350MW 机组全年热经济指标

序号	项　　目	单位	供暖期	春秋季	夏季
1	汽轮机进汽量	t/h	1087	1077.1	1087
2	额定供汽量（供暖＋工业）	t/h	510＋50	50	50
3	发电功率	MW	243.73	350.012	326.921
4	对外供热量	GJ/h	1508.2	153.5	150.6
5	年利用小时	h	2880	2672	880
6	发电年均标准煤耗	g/kWh	256.7		
7	综合厂用电率	%	4.88		
8	单位供热用电量	kWh/GJ	7.19		
9	供电年均标准煤耗	g/kWh	269.9		
10	供热年均标准煤耗	kg/GJ	39.06		
11	年发电量	kWh	$1.925×10^9$		

续表

序号	项　目	单位	供暖期	春秋季	夏季
12	机组等效年利用小时	h		5500	
13	年供热量	GJ		4.887×10^6	
14	年耗标准煤量	万 t		67.65	
15	供暖期平均热电比	%		163.50	
16	年均全厂热效率	%		57.14	

2. 某 2×670MW 超超临界机组供热案例

（1）项目概况。某新建 2×670MW 超超临界、一次中间再热、四缸四排汽、单轴、双背压、凝汽式热电联产机组，额定工业热负荷 80t/h，额定供暖热负荷 655t/h。

（2）技术方案。工业抽汽从汽轮机三级抽汽关断阀后引出，冷段作为工业抽汽的备用汽源（仅考虑最大抽汽工况且一台机事故时启用）。

五级抽汽为调整抽汽，同时对外供供暖用汽，最大可提供 620t/h；四级抽汽作为供暖抽汽的备用汽源，最大抽汽量为 80t/h。热网首站中的热网循环泵采用工业汽轮机拖动，汽源来自五级抽汽（约 170t/h），排汽进入供暖抽汽总管作为热网循环水加热热源，实现了抽汽能源梯级利用。

（3）实施效果。全年热经济指标见表 4-2。

表 4-2　　　　　　　　2×670MW 机组全年热经济指标

序号	项　目	单位	非供暖期	供暖期
1	汽轮机进汽量	t/h	1910.556	1910.556
2	额定供汽量（供暖＋工业）	t/h	0＋80	（75＋580）＋80
3	发电功率	MW	675.309	532.319
4	对外供热量	GJ/h	236.14	1972.64
5	年利用小时	h	3187	2880
6	发电标准煤耗率	g/kWh	278.04	213.39
7	发电年均标准煤耗	g/kWh		251.14
8	综合厂用电率	%		4.85
9	单位供热用电量	kWh/GJ		5.35
10	供电年均标准煤耗	g/kWh		263.94
11	供热年均标准煤耗	kg/GJ		38.05

续表

序号	项 目	单位	非供暖期	供暖期
12	年发电量	kWh	36.85×10⁸	
13	机组等效年利用小时	h	5500	
14	锅炉设备年利用小时	h	6067	
15	年供热量	GJ	643.4×10⁴	
16	供暖期平均热电比	%	102.9	
17	年均全厂热效率	%	59.70	

3. 国家电投燕山湖电厂供热案例

（1）项目概况。国家电投燕山湖电厂1、2号机组汽轮机采用哈尔滨汽轮机厂制造的 600MW 超临界、一次中间再热、单轴、三缸四排气，直接空冷凝汽式汽轮机，汽轮机型号 CLNZK600 - 24.2/566/566。国家电投燕山湖电厂为满足朝阳市供热的迫切需要，对进行机组的供热改造，将纯凝式 600MW 机组改造为抽汽供热机组。

（2）技术方案。汽轮机供热改造方案尽可能保留现有机组缸体结构不变，在保证对外供热抽汽和机组设备安全可靠的前提下，维持现有的通流部分不变。修改中低压缸连通管的布置，重新设计、制造中低压连通管（管径 DN1400）。采用打孔抽汽方式从中低压缸连通管向外引出 1 根 DN900 抽汽管道作为供热汽源，在连通管加装三通及连通管抽汽调节蝶阀。

从中低压连通管上引出的抽汽管依次加装快关调节阀、抽汽止回阀和抽汽关断阀，安全阀设在连通管道上抽汽调节阀前，安全阀的排汽直接引入抽汽调节阀后的连通管道。连通管调节蝶阀，抽汽管道快关调节阀进入 DEH 控制。

供热抽汽改造后，汽轮机进汽量 1828.94t/h 时，保证供暖额定抽汽量 370t/h、最大抽汽量 420t/h，抽汽参数为 0.9MPa、350.7℃。

（3）实施效果。国家电投燕山湖电厂（2×600MW）采用中低压连通管上抽汽供热改造，项目总投资约 0.67 亿元，年供热量约 492 万 GJ，机组发电标准煤耗降低约 28.72g/kWh，投资回收期约 12 年。

二、 抽汽能源梯级利用供热技术

（一）技术原理

在对现役纯凝机组供热改造中，从汽轮机抽出的供热蒸汽参数除了满足热用户需求外，还要综合考虑汽轮机本体改造的可行性，当改造方案所选择的抽汽参数大于所需的供热参数时，需要采取措施降低抽汽参数。特别是在纯凝改供热中，从汽轮机中排抽汽的参数高于热网加热参数，若采用减温减压器，会产生较大的能量损失，供热经济性较差。

根据能源梯级利用的"温度对口、梯级利用"原则，在保证供热安全的前提下，可以将蒸汽一部分通过背压汽轮机、螺杆机、热泵做功，既可以实现降温、降压作用，又能有效利用较高品质能源。抽汽能源梯级利用的具体方式有三种：一是通过背压汽轮机、螺杆机做功拖动发电机发电，用于供应热网电动循环水泵等；二是通过背压机同时驱动发电机和热网循环水泵，降低厂用电率；三是利用高品质抽汽驱动热泵，回收电厂余热，实现供热能源合理分级利用。

（二）适用范围及优缺点

1. 适用范围

火电厂抽汽能源梯级利用供热改造技术适用于机组供热改造时，供热抽汽参数高于所需的供热参数，需要对抽汽进行减温减压的情况。可以充分利用高品位能源，改造时要注意厂房具备增加余热梯级利用设备的空间。该技术可以扩展到工业余热及冶金、化工等产业蒸汽余热的工厂区域。对具备工业余热供热的工业企业，鼓励其采用余热余压利用等技术进行对外供暖。

2. 优缺点

（1）优点。通过设置背压汽轮机、发电机等有效利用高品质热源，实现减温减压同时发电，可以有效降低厂用电率，减少供电煤耗。

（2）缺点。新设背压汽轮机、发电机等设备需要占用一定的空间，小的发电机和螺杆机可能会出现振动大的问题，需要把控好设备质量。

（三）工程案例及技术指标

1. 华能日照电厂供热案例

（1）项目概况。华能日照电厂二期工程 2×680MW 超临界发电机组为超临界、一次中间再热、三缸四排汽、单轴抽汽凝汽式机组，为满足日照市供热需求，该厂实施了 4 号机组连通管打孔供热改造，同步建设了二期供热首站机组。

在连通管上开孔后，抽汽经过蝶阀调整后绝对压力为 0.88MPa，高于常规供暖供热需求的供暖蒸汽参数，抽汽需要减温减压后供暖。由于通过减温减压器供热经济性较差，基于能源梯级利用原理，增加了背压机同时驱动发电机和热网循环水泵。将一部分蒸汽通过背压汽轮机做功拖动热网循环泵，其余蒸汽先进入背压汽轮机进行降温、降压，拖动发电机发电后再进入热网加热器。发电机发出的电为厂用系统提供电源，从而降低厂用电，实现供热能源合理分级利用。

（2）技术方案。机组抽汽供热改造采用连通管开孔方案，具体为在连通管上开孔（即更换新的连通管）顺汽流方向在开孔后的管道上加装蝶阀，通过蝶阀调整抽汽压力，实现调整抽汽的目的。汽轮机厂对低压缸进行了核算，对汽轮机通流间隙和叶型进行少量改造。管径为 DN1300 的抽汽母管从连通管引出后引向 A 排后与 A 排外 DN1800 供热母管相连接；同时，3 号机组预留接口沿着 A 排与供热母管相连接，供热母管经过厂区向供热首站提供热源。

调整后压力可达到该处原设计压力，可以保证中压末级叶片的安全。调整抽汽绝对压力为 0.88MPa，额定抽汽量 700t/h，最大抽汽量 800t/h。根据常规供暖供热蒸汽参数，供暖供热蒸汽绝对压力范围为 0.2～0.5MPa。为了在调整压力的同时实现能源合理分级利用，3 台热网循环水泵使用背压式汽轮机驱动，并设置 3 台 12MW 背压式汽轮发电机组。抽汽供暖能源梯级利用示意见图 4-4。

主汽轮机抽汽至供热首站后，一部分抽汽进入 3 台 12MW 背压发电机组，驱动发电机发电，发电机发出的电为厂用系统提供电源，从而降低厂用电率。工业汽轮机采用电子调节的方式调节蒸汽量，控制转速。

另一部分抽汽进入热网循环泵配套背压汽轮机用汽总支管，经各分支管进入工业汽轮机汽缸，以冲击方式由喷嘴高速喷射叶片带动汽轮机转子高速旋转，通过联轴器拖动热网循环水泵转动，以克服热网循环水流动阻力，进行远距离输送。做功后的绝对压力 0.15MPa、231.6℃背压排汽经各排汽支管汇入排汽总管，再经各支管分配至循环泵汽轮机乏汽热网加热器进行冷却、凝结和过冷换热；一部分经除氧器支管，进入除氧器，与热网补水混合除氧后，作为热网补水进入热网循环水系统。

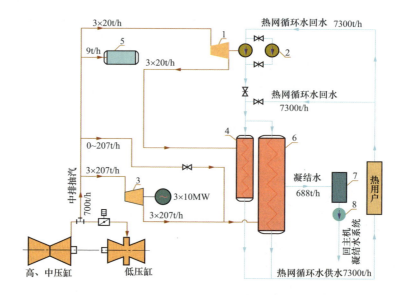

图 4-4 抽汽供暖能源梯级利用示意

1—热网循环泵配套汽轮机（3 台）；2—电动热网循环泵（1 台，备用）；3—汽轮发电机组（3 台）；
4—热网基本加热器（1 台）；5—热网加热器（3 台）；6—除氧器（1 台）；7—闭式
凝结水疏水罐（1 台）；8—凝结水疏水泵（3 台）

　　蒸汽母管的分支管处设关断阀，各用汽设备进口也均设关断阀和调节阀，以便于设备解列或投运，以及节能运行调节。管道最低点均设置疏水器，以防止水击危害。蒸汽母管、工业汽轮机进汽总支管以及除氧器进汽支管均装设流量计，以计量蒸汽量，便于核算。为提高系统可靠性，每台前置发电机乏汽热网加热器进汽管设置一路旁路与机务抽汽母管相连，以备在前置发电机组出现故障时使用。

　　背压式汽轮发电机组额定功率 12MW，运行工况进汽量 207t/h，设计进汽温度 351.6℃，额定排汽工作温度 240℃，额定排汽绝对压力 0.3MPa。汽轮机卧式安装，配套空冷式发电机，空冷器采用大机循环水。

　　热网循环泵配套汽轮机，采用卧式背压、汽轮机一体化布置形式，水平单进汽单排汽，占地小、安装方便。调速范围为 55％～105％，电子调节或电-液调节方式。设计进汽绝对压力为 0.88MPa，温度为 351℃，设计排汽绝对压力为 0.15MPa，温度为 275℃，转速为 1500r/min，功率为 1200kW，单台最大耗汽量为 18t/h，设计效率为 60％。

供热首站运行调节采用质-量综合调节方式，并设置相应的自控系统。即在运行调节的过程中，控制系统根据供热负荷的发展和室外温度的变化，既改变循环水流量又改变供回水温度，以达到最佳的供热效果和最大限度地降低供热的热耗和电耗。

（3）实施效果。供暖季投运背压汽轮发电机组后，在机组原热力经济性指标基本不变的同时，背压汽轮发电机组的电负荷可供机组厂用电，降低机组厂用电率，同时热网循环泵配套背压汽轮机可以通过联轴器拖动热网循环水泵转动，以克服热网循环水流动阻力，进一步降低厂用电率。

使用背压式汽轮机驱动的热网循环水泵在供热季开始与首站同步投运，节约了大量厂用电，供热耗电率降低到 5.95kWh/GJ。12MW 背压式汽轮发电机组投运后，降低了全厂发电厂用电率 0.6 个百分点，增加企业收入超过 2700 万元，取得了良好的企业效益。

2. 国家电投燕山湖电厂供热案例

（1）项目概况。国家电投燕山湖电厂装机容量 2×600MW，配套哈尔滨汽轮机厂生产的两台超临界直接空冷 600MW 机组为超临界、一次中间再热、三缸四排汽、单轴、直接空冷凝汽式汽轮机。2013 年电厂对两台机组进行了中低压导汽管打孔抽汽供热改造，新建供热首站。

机组供暖抽汽由汽轮机中低压缸导汽管引出，抽汽压力设计为 0.9MPa，实际在 0.6MPa 左右；热网加热器进汽压力为 0.10～0.25MPa，供水温 88～95℃，供暖抽汽压力明显偏高，存在巨大的压差能量损失。为了充分利用这部分压差能量损失，电厂实施了供暖蒸汽梯级利用改造工程。

（2）技术方案。项目改造共 2 个可选方案，方案一为背压汽轮机单独拖动异步发电机，背压机排汽进入热网加热器；方案二为背压汽轮机同时拖动异步电动机与热网循环水泵，背压机排汽进入热网加热器。采用方案二时，将异步电动机和热网循环水泵布置在背压汽轮机两侧，优点是节约了热网循环水泵的厂用电，热网循环水泵采用汽动泵驱动更符合节能政策；缺点是需要对现热网循环水泵及热网循环水管道接至背压机厂房，系统复杂，工作量较大。经过比选后，选择方案一。具体方案如下：

利用热网首站厂房南侧空余场地，东西向布置两台背压汽轮发电机组，单独拖动异步发电机。背压汽轮发电机组接引 1、2 号机组四段抽汽供热网管路，用阀门与原系统隔离，保持原系统的单独性，冬季排汽排至热网加热器进汽管道，对热网系统供热，夏季排汽排至两台机组 6 号低压加热器。改造工程于 2017 年 8 月 16 日开工建设，2 号背压发电机于 2017 年 12 月 28 日投产发电，1 号背压发电机于 2018 年 1 月 3 日投产发电。

（3）实施效果。根据可研计算，该工程静态总投资约为 2000 万元。根据测算两台背压机投入后综合厂用电率可降低 0.7 个百分点，全年供电总煤耗降低 1.88g/kWh，静态回收期约 4 年。

三、 光轴供热技术

（一）技术原理

光轴供热改造技术是目前机组常见的供热改造技术之一，可以增加现役纯凝或抽凝机组的供热能力。该技术是将原汽轮机凝汽式低压转子拆除，更换成一根光轴，光轴连接高中压转子与发电机，自身不做功，仅起到传递转矩的作用。更换为光轴后，低压缸不进汽或仅少量进汽用于冷却光轴，由低压缸提供回热抽汽的低压加热器切除。主蒸汽由高压主汽阀、高压调节汽阀进入高、中压缸做功，然后直接进入热网加热器对外供暖。光轴改造通常仅限于低压缸范围，高、中压缸一般不需改造。光轴实物见图 4-5。

图 4-5 光轴实物

1. 光轴冷却方案

汽轮机在运行过程中，光轴转子转动过程中与低压缸内的蒸汽或空气发生摩擦，产生鼓风发热现象，因此需要对光轴转子进行冷却。光轴冷却方案需结合凝汽器的运行方式一并考虑，有两种方案。一是凝汽器热备用，光轴采用蒸汽冷却；二是凝汽器停用，采用鼓风机鼓入空气或采用抽风机吸出空气，通过风机强迫空气流通从而达到冷却效果。

（1）凝汽器热备用，采用蒸汽冷却。为了冷却光轴转子，改造后凝汽器正常运行，维持凝汽器低真空，5～20t/h 蒸汽减温减压后（60～90℃）进入低压缸，带走光轴摩擦产生的热量。如果机组配有汽动给水泵，给水泵汽轮机排汽仍可正常排入凝汽器。同时，需保证适量循环水进入凝汽器，循环水由循环水泵提供，机组低真空运行，凝汽器背压值控制在 5～15kPa，可保证较好的冷却效果。运行中抽真空系统正常运行，低压轴封系统无需改动，机组运行过程中正常供轴封蒸汽密封。

该方案优点是系统改动工作较小，机组容易恢复成纯凝运行；缺点是需要增设为低压缸提供冷却蒸汽的减温减压器，小循环水泵是否设置根据电厂情况确定，同时机组正常运行过程中，循环水系统、轴封系统、抽真空系统均正常运行，维护工作量较大，运行能耗较高。

（2）凝汽器停用，采用空气冷却。该方案尤其适合用于电动给水泵机组，如果汽动给水泵机组采用该方案，需将汽动给水泵改造成电动给水泵，或新增一台电动给水泵。该方案需增设一台或两台容量足够的鼓风机或抽风机。去掉中、低压连通管，敞开低压缸连通管入口，用抽风机将空气从凝汽器侧壁抽出，或用鼓风机将空气从凝汽器人孔等鼓入，从低压缸连通管入口排出，带走光轴摩擦产生的热量。为了防止灰尘等进入低压缸，需在低压缸连通管入口处增加滤网。低压缸端汽封可拆除。

2. 光轴改造各系统主要改造内容

（1）汽轮机本体相应改造。原汽轮机组低压转子更换为光轴转子，将连通管及蝶阀拆除，运行时彻底解列低压缸，中压缸排汽大约有 5～20t/h 蒸汽减温减压后引入低压缸，冷却光轴转子，其余蒸汽全部进入热网加热器供热，光轴转子直接连接中压转子和发电机转子，不做功，仅起传递转矩的作用。光轴转子与原低压转子重量和临界转速相当，不影响机组正常运行。在供暖季结束后，将低压光轴转子更换为纯凝转子，安装上原连通管，即完全恢复至纯凝机组设计状态。汽轮机本体光轴转子示意见图 4-6。

（2）新增供热管道。改造后低压缸不再进蒸汽，将原低压缸连通管更换成由汽轮机厂新设计的排汽短管，口径与原连通管相同。排汽短管法兰接口后连接新供热管道，供热管道将中压缸做功后的蒸汽直接送往热网加热站。供热管道上加设液动或气动止回阀、关断阀、液动快关调节阀、安全阀和对空排汽阀。中压缸排汽供热管道示意见图 4-7。对空排汽管道末端应设置消

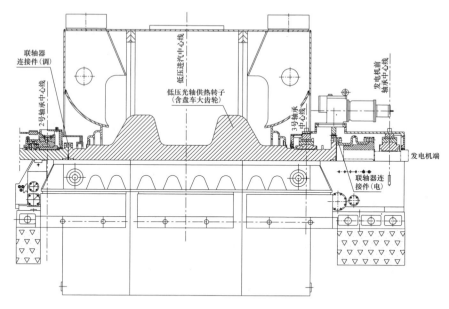

图 4-6 汽轮机本体光轴转子示意

声器,减轻噪声对周围居民的影响。机组启动初段,热网加热系统一般尚未运行,此时需考虑将中压缸排汽对空排放。

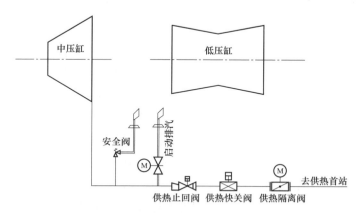

图 4-7 中压缸排汽供热管道示意

(3)低压旁路排汽管道增加旁路。如果凝汽器采用空气冷却,光轴改造后,机组成为背压机,原凝汽器停用或弃用,低压旁路排汽无法被凝汽器接收,需改排至热网加热器蒸汽管道,回收工质。

低压旁路阀后排汽绝对压力通常在 0.6MPa,一般高于供暖供热蒸汽压力。因此需考虑在新增的低压旁路排汽旁路管道上安装节流孔板，以达到压力匹配。

原三级减温减压器及其减温水管路停用。

（4）凝结水系统改造。凝结水回热系统中，切除从低压缸抽汽的低压加热器，保留轴封加热器和其余低压加热器；热网加热器凝结水回水由热网加热器疏水泵升压后，接至轴封加热器前，进入原凝结水系统送往除氧器。

（二）适用范围及优缺点

1. 适用范围

对于135、150、200MW抽凝机组，若现有抽汽供热能力无法满足供暖需求，且供暖负荷缺口大于机组低压缸进汽热量，适宜采用光轴供热改造技术。三北地区供热面积在500万～1000万 m^2，采用此技术进行供热改造，能源综合利用率高，经济性好。

300MW及以上机组采用该方案存在发电量损失大、运行调节困难等问题，不推荐采用。

2. 优缺点

（1）优点。光轴供热技术改造工作量相对较小，成本低；消除冷源损失或冷源损失很少，经济性好。降低或消除了循环水泵、真空泵、凝结水泵等的运行功耗，循环水冷却塔停用或出力降低亦可降低循环水补水量。

（2）缺点。

1）适用条件窄，需供热面积足够大时才能使用；系统改造工作量大，且改造后恢复成纯凝运行困难。该技术对汽轮机本体改造要求严格，会导致机组发电能力降低，对电负荷承担能力变差，改造的机组多为135、150、200MW机组。例如，某电厂135MW机组光轴改造后，发电量损失37MW，某200MW机组进行光轴改造后，发电量损失31.9MW。

考虑到最近几年火力发电机组利用小时下降明显，并且在今后一段时间内仍将保持较低水平，同时北方集中供暖地区在供暖季存在热力峰值和电力峰值的矛盾、电网对供暖季热电解耦的要求，因此，机组供暖季出力下降一般不会对电厂产生较大影响。

2）由于光轴方案留有少量冷却蒸汽进入低压缸，为冷却这部分低压缸排汽热量，回收凝结水，需重新设计冷却循环水和凝结水系统，因为原系统容量过大，已无法运行。

3）供暖期光轴运行时，凝结水量很少，单靠这部分凝结水已经无法冷却进入轴加的轴封漏汽量。为保证轴加的正常运行，供暖期由热网循环水回水来吸收轴加的蒸汽热量，因此需增加相应的冷却水升压泵和管道阀门投资费用。

因此，光轴技术虽然理论上可行，但考虑实际运行可能出现的问题，存在运行安全隐患。

（三）工程案例及技术指标

1. 项目概况

国家电投赤峰热电厂分为 A、B 两厂，总装机容量 346MW。

A 厂装有 4 台 130t/h 中温中压煤粉锅炉，其中：4、5 号汽轮机为背压式汽轮机，容量为 12、15MW；6、7 号汽轮机为抽汽凝汽式汽轮机，容量为 25、24MW。总装机容量为 76MW。A 厂目前承担市区 499 万 m^2（该热网为孤网运行的低温网，国家电投赤峰热电厂是唯一低温网供热热源单位）居民供暖供热和年平均 32t/h 工业供汽热负荷。

B 厂装有 2 台 440t/h 超高压一次中间再热循环流化床锅炉，配有 2 台 135MW 抽汽凝汽式汽轮发电机组，分别于 2006 年 12 月和 2007 年 8 月建成投产，总装机容量为 270MW。B 厂目前承担市区 785 万 m^2 居民供暖供热和年平均 32t/h 工业供汽热负荷（工业供汽与 A 厂母管运行，A、B 两厂共同承担年平均 32t/h，最大 50t/h，最小 20t/h）。

B 厂热电联产机组投产后，随着国家对新能源产业的支持及核电装机投产运行，东北区域电力产能严重过剩，国家能源局东北监管局 2008 年出台了东北电网火电厂最小运行方式管理办法，核定 B 厂非供暖期一台机组运行，供热期双机运行。因而使国家电投赤峰热电厂发电任务减弱，但赤峰市中心城区供暖期供热的社会需求又在不断增长，年递增约 150 万～250 万 m^2，供暖热负荷供需矛盾更加突出。到 2016—2017 年度，B 厂承担富龙热力 772 万 m^2，自营供热 13 万 m^2（孤网），总计承担供热面积约为 785 万 m^2。

A 厂 4 台机组关停以后，A 厂原承担的热负荷需要通过改造由 B 厂提供，同时为了解决 B 厂 2 号机的核准问题，决定对 B 厂 2 号机实施背压机改造。

2. 技术方案

经可研阶段方案比对，对 B 厂 2 号汽轮机进行背压供热改造，具体方案为对汽轮机低压缸进行光轴改造，即改造后 2 号机组低压缸不进蒸汽，原中压排汽全部进入热网加热器供热（原 JD1、JD2、JD3 低压加热器回热抽汽切除，只保留 JD4 低压加热器回热抽汽）。将原低压转子拆除，更换成一根重新设计的低压光轴转子，连接高、中压转子与发电机，光轴转子不再做功，只起到传递扭矩的作用。利用轴流风机吸走低压缸中光轴摩擦产生的热量。热网加热器的疏回水由疏水泵加压后送至原轴封加热器入口。

2 号机组背压机改造完成后，原有供热首站继续使用，新增一根蒸汽管道从中低压缸连通管上引至低温网供热首站。

3. 技术指标

B 厂 2 号机采用光轴供热技术对外供暖，改造后新增供热量约 113.8 万 GJ/年，总投资约 2000 万元，投资回收期约 2.74 年。

四、 湿冷机组高背压供热技术

（一）技术原理

高背压供热技术是将凝汽器中乏汽的压力提高，即降低凝汽器的真空度，提高冷却水温，将凝汽器改为供热系统的热网加热器，而冷却水直接用作热网的循环水，充分利用凝汽式机组排汽的汽化潜热加热循环水，将冷源损失降低为零，从而提高机组的循环热效率。湿冷机组高背压供热流程示意见图 4 - 8。

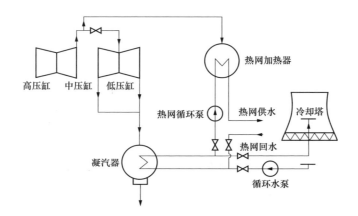

图 4 - 8 湿冷机组高背压供热流程示意

供热期提高汽轮机的排汽背压，并将凝汽器循环冷却水出、入口直接接入供热系统，由热网循环水充当凝汽器循环冷却水。该循环水供热可采用串联式两级加热系统，热网循环水首先经过凝汽器进行第一次加热，吸收低压缸排汽潜热，然后再经过供热首站蒸汽加热器完成第二次加热，生成高温热水，送至热水管网通过二级换热站与二级热网循环水进行换热，高温热水冷却后再回到机组凝汽器，构成一个完整的循环水路，供热首站蒸汽来源可选择本机或临机供热抽汽。

为保证机组在供热期和非供热期均能够运行，高背压改造多采用双转子方案，即在供热期采用末级叶片较短的供热低压转子，提高汽轮机背压运行；在非供热期将供热低压转子更换成原低压缸转子，实现机组纯凝运行。湿冷机组高背压供热双转子见图 4－9。

图 4－9　湿冷机组高背压供热双转子

其改造方案如下：

（1）热网循环水回水温度一般为 50～60℃，考虑一定的凝汽器温升和换热端差后，凝汽器压力对应饱和温度和相应的汽轮机背压较纯凝湿冷机组大幅升高，形成机组高背压供热，湿冷机组高背压改造后汽轮机背压一般控制在 35～54kPa。

（2）如果机组非供热期运行机会不多，可以去除低压转子末级或更换为短叶片，提高汽轮机背压运行，避免双转子更换。缺点是非供热期低压缸效率下降，机组经济性和发电出力能力变差。

（3）对汽轮机凝汽器进行改造，因为热网循环水运行压力比较高，且排汽温度大幅升高后导致凝汽器热膨胀与原设计存在较大差别，设备安全可靠性会受影响。

（4）背压升高有可能导致给水泵汽轮机出力不足，应对给水泵汽轮机进行核实、改造，适应供热期高背压运行与纯凝期低背压运行的双重要求。

（5）供热期原热网循环水系统停运，为满足开式冷却水用水要求，需进行适配性改造。

（6）由于背压升高，汽轮机排汽温度将比纯凝状态上升较多，因此有必要考虑提高低压缸排汽口喷水减温能力。

（7）凝结水温度大幅升高，将导致原轴封冷却器和精处理运行受限，需进行改造。

（8）根据高背压供热流程对热网循环水系统进行改造。

（二）适用范围及优缺点

1. 适用范围

（1）不参与电网调峰，且以后长期无此需求的机组；或配有电锅炉以满足电网调峰要求的机组。

（2）热负荷需求较大且稳定，有较大的供热循环水流量、较低的热网回水温度。建议单机 200/300MW 机组所带供热面积分别不少于 500 万/700 万 m²。

（3）为维持机组高背压正常运行，热网回水温度不宜高于 55℃，需结合热网循环水流量、低压缸排汽热负荷进行适配性分析。

2. 优缺点

（1）优点。机组无冷源损失，机组效率高，供热煤耗低，节能效果显著；供暖季和非供暖季采用不同转子，保证了机组的正常出力和经济性。

（2）缺点。每年增加两次停机检修，更换转子检修工作量大，增加了一定的设备风险，可能引起机组轴系振动增大等问题；严寒期供热回水温度较高，高背压凝汽器供热负荷下降；供热期基本以热定电运行，几乎没有电负荷和热负荷调峰能力，灵活性较差；改造范围大，投资较大。

（三）工程案例及技术指标

1. 项目概况

某 2×330MW 热电联产机组，供热面积约为 1000 万 m²。单台汽轮机机组设计最大供热能力约为 350MW，按照 55W/m² 的平均供热指标计算，单台汽轮机组最大供热面积可达 636 万 m²，两台机组同时运行才能满足供热需求。但抽凝式机组只有部分抽汽被用于供热，汽轮机排汽份额有所减少，仍存在较大冷源损失。为减少冷源损失，提高供热能力和供热经济性，进行高背压技术改造。

123

2. 技术方案

具体的改造措施如下：

（1）汽轮机本体改造方案。由于原汽轮机低压转子按常规纯凝背压进行设计，叶片的级数和末级叶片强度无法满足高背压工况需求，否则将引起叶片的颤振及背压不可控地提高，同时由于需要实现汽轮机供暖供热期和非供暖供热期的反复切换运行功能，且两种工况下汽轮机的通流结构大小及形式差别较大，故需考虑重新设计通流。对该 300MW 供热机组汽轮机低压缸进行改造，重新设计低压缸通流，使低压一体化内缸通用于供热和非供热工况。供热工况，汽轮机采用 2×4 级新低压转子；非供热工况，汽轮机采用 2×6 级旧低压转子。

用高背压供热运行工况下的低压转子主轴替换原有的旧转子，末级及次末级拆除原动叶并安装假叶根，优化前 4 级动叶；拆除末级、次末级隔板更换为导流环。

新设计用于非供热期纯凝工况的低压转子主轴，优化 1~6 级动叶；新设计低压隔板套、2×6 级隔板、隔板汽封、叶顶汽封；新设计连通管短节用于纯凝工况替代蝶阀。

新设计 1 号机组高背压、纯凝工况通用的整体铸造低压内缸、低压内缸隔热罩、低压内缸对中装置、排汽导流环、联轴器液压螺栓（电、调）、低压轴端汽封圈。

（2）凝汽器及凝结水系统改造方案。高背压供热改造后，排汽压力、温度相应升高，排汽压力由 4.9kPa 提高到 46kPa，凝汽器出口的凝结水温度由 35℃ 上升到 79.3℃，凝汽器壳体及管束膨胀量均有变化，并且管束内部循环水压力、温度都有较大提高。由于高背压供热运行时循环水温度升高，一般药剂很难满足高水温的要求，造成凝汽器结垢、腐蚀严重，需要选择合适的缓蚀阻垢剂，且定期对凝汽器进行切换冲洗，以满足供暖和纯凝工况下的长期运行需要。此外，高背压供热运行时凝汽器温度升高，防腐设计采取电化学防腐方法，如阴极保护。

机组高背压改造后，低压缸背压提高至 46kPa，凝汽器出口的凝结水温度由 35℃ 上升到 79.3℃，超过了凝结水精处理的最高运行温度 60℃。需要采用耐高温的化学精处理树脂；或在凝结水管道上增加换热器，采用热网循环水将凝结水冷却至 58.9℃。

（3）给水泵汽轮机改造方案。原设计给水泵汽轮机排汽接入汽轮机凝汽器，在高背压供热运行时，凝汽器背压达到43.6kPa，考虑给水泵汽轮机排汽压损后，给水泵汽轮机实际运行背压已接近48kPa，达到了给水泵汽轮机排汽压力保护值。对给水泵汽轮机高背压运行工况进行估算，在背压30kPa下末级焓降为零，叶片已处在鼓风状态，给水泵汽轮机功率比设计背压下功率降低20％以上。从运行安全性考虑，原机组给水泵汽轮机已不适合在高背压供热工况下运行，需针对高背压运行工况，兼顾纯凝正常背压运行工况，对给水泵汽轮机进行改造设计，以同时满足供热期、非供热期运行工况的要求。

（4）汽封冷却器。全新设计一台同时适用于高背压工况和纯凝工况的汽封冷却器。新设计的汽封冷却器面积按高背压最高温度设计，换热管选用不锈钢TP304。新的汽封冷却器配有两台100％容量的立式电动排气风机，用以排出汽封冷却器内的不凝结气体。两台电动排气风机互为备用。风机入口设置蝶阀，出口设置有逆止作用的门板。

3. 实施效果

该电厂采用高背压循环水供热改造，节能降耗效果显著，较改造前机组供热期发电煤耗降低约18g/kWh，供热能力提高了约186MW（折合供热面积387.5万 m²），年节约标准煤量约5.2万 t。

五、 空冷机组高背压供热技术

（一）技术原理

利用空冷机组汽轮机低压缸级数少、叶片短、背压高的特点，将本该排入空冷岛的蒸汽引入增设凝汽器换热以加热热网循环水，部分或全部回收机组排汽乏热，提高机组的能量利用效率和供热能力。

对于直接空冷机组，供热运行时汽轮机排汽切换排至凝汽器换热以加热热网循环水，非供热运行时汽轮机排汽切换排至空冷岛，直接空冷机组高背压供热流程示意见图4－10。间接空冷机组的原理与湿冷机组的原理类似，只是不用更换转子。

其改造方案如下：

（1）直接空冷机组需增设凝汽器，间接空冷机组可利用原凝汽器。

（2）直接空冷机组空冷岛进汽管道增设隔离门。

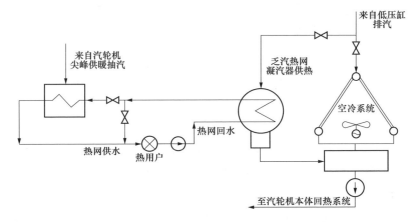

图 4-10　直接空冷机组高背压供热流程示意

（二）适用范围及优缺点

1. 适用范围

热负荷需求较大且稳定，有较大的供热循环水流量、较低的热网回水温度。

2. 优缺点

（1）优点。该技术改造量小，投资少，不需要每年两次更换转子；机组通过背压方式运行，无冷源损失，机组效率高，供热煤耗低，节能效果显著。

（2）缺点。技术改造仅提高供热能力，并未真正触及热电解耦，灵活性改造不彻底；机组深度调峰能力依然受到锅炉最低稳燃负荷及脱硝制约，最大仅能实现 65% 调峰深度；机组在背压运行时受到最低需求供暖负荷的限制，要求热负荷具有一定规模以匹配大容量机组较高排汽量，适应性较低。

（三）工程案例及技术指标

1. 项目概况

国家电投燕山湖电厂 2 号机组为 600MW 超临界一次中间再热、单轴、三缸四排汽直接空冷凝汽式汽轮机，采用中低压导管打孔抽汽方式升级改造成为供热机组。设计单机额定抽气量 370t/h，最大抽汽量为 420t/h，规划供暖面积可实现 1200 万 m^2。

为了提高国家电投燕山湖电厂的集中供热能力保证供热的安全性，提高电厂效益，改善城区大气环境质量问题，节约能源，保护生态环境，进一步促进朝阳市经济建设的可持续发展，对 600MW 空冷供热机组 2 号机组进行进一步供热改造。

机组采用"双背压"供热方案，汽轮机主机设备无需做任何改造，是在不改变空冷岛现状，增设一台换热器，在供热期，提高汽轮机的背压，利用换热器回收汽轮机排汽的余热进行一级加热，利用机组抽汽进行二次加热，满足热网供水要求，实现机组供暖能力的提高。由于供热外网热负荷不能将全部乏汽回收，采用在供暖期一个低压缸"高背压"运行，一个低压缸"低背压"运行，设置一个高背压循环水供热加热器回收该低压缸排汽，在供暖周期内实现"双背压"的运行模式。在非供暖季节，切换到空冷岛进行纯凝工况运行。该技术实现纯凝和背压双模式运行，解决了供热量与发电量不匹配、供热机组调峰幅度小等问题。

2. 技术方案

采用机组配备高背压循环水供热换热器回收一个低压缸排汽设计，增设空冷汽轮机排汽管旁路供热系统，供热期低压缸双背压运行，即一个低压缸排汽压力运行原空冷设计压力13kPa，另外一个低压缸排汽运行新增供热换热器设计压力35kPa。新增排汽管旁路供热系统从空冷汽轮机 A 列外主排汽管上增设一旁路排汽至新增热网换热器，通过换热器表面换热来加热热网循环水回水。热网换热器的凝结水接至原空冷凝结水回水母管，回流到机组回热系统；热网换热器循环水进出水管道与原热网一次换热站循环水系统连接，在循环水系统增设一台循环水泵与原系统已有的循环水泵互为备用并列运行，实现供热需求。原机组具有的中排抽汽供热系统保留，作为尖峰热负荷时调整采用。在空冷岛上方原第 4、5 列排气支管上增设大口径真空电动蝶阀，这样 8 列排汽支管上均装有隔离阀，便于机组在供热期运行时利用这些阀门实现对空冷换热器的灵活调整和切除。

在供暖期，打开在机组空冷汽轮机排汽管旁路供热系统阀门，对应关闭相应 4 列空冷岛隔离阀，其中 2 列封堵 2 列关闭备用，利用供热换热器回收汽轮机排汽余热对热网循环水进行一级加热，机组抽汽进行二次加热，满足热网供水要求，实现汽轮机排汽的回收，汽轮机运行高背压供热工况。在非供暖期，切除供热换热器，开启空冷岛对排汽进行冷凝，汽轮机由高背压运行切换为纯凝工况。空冷机组高背压供暖系统示意见图 4-11。

3. 实施效果

国家电投燕山湖电厂 2 号机（600MW 空冷机组）采用空冷机组高背压循

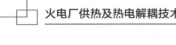

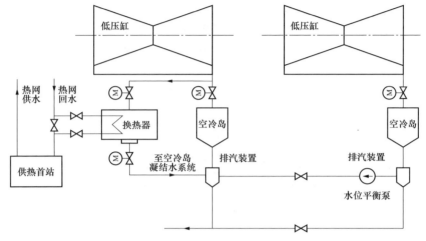

图 4-11　空冷机组高背压供暖系统示意

环水供热改造，投资费用约 3700 万元，投资回收期约 3 年。

双背压循环水供热运行设计工况下机组的发电煤耗为 257.64g/kWh，较纯凝设计发电煤耗 294.94g/kWh 降低了 37.3g/kWh，全年节约标准煤 4.68 万 t。

当机组在双背压供热方式下运行，机组负荷为 280MW、供暖抽汽流量为 260t/h 时，抽汽供暖供热量 757.899GJ/h，循环水供热量 291.178GJ/h，总供热量为 1049.077GJ/h，相当于单独供暖抽汽流量 360t/h 时的供热量。根据东北能监局最小运行方式核查结果，供暖期机组最小负荷为 460MW。在保持总供热量为 1049.077GJ/h 的条件下，机组调峰幅度增加 180MW 仅低负荷补贴一项，每年可增收约 1213 万元，该项技术为同类型机组灵活性改造提供了示范和借鉴作用。

六、 热泵供热技术

火电厂循环水将冷凝热通过冷却塔或空冷岛排入大气形成了巨大的冷端损失，降低了电厂能源利用率，造成能量、水、电的浪费，同时对大气造成热污染。

热泵可将热能从低位热源输送至高位热源，其作为一种新的供热技术不仅受到广泛关注，而且已经被迅速应用到各行业工程实际中，并取得了很好的效果。

（一）技术原理

热泵从周围环境吸取热量，并传递给温度较高的被加热对象，其原理与制冷机相同，只是工作温度范围不同，均按热机的逆循环工作。根据不同条件热泵具有不同的分类方法：按照冷源介质不同，可分为地源热泵、空气源热泵以及水源热泵；按照动力形式的不同，可分为吸收式热泵、机械压缩式热泵、蒸汽喷射式热泵以及固体吸附式热泵等。

热泵技术目前已应用在火电厂低温循环水或乏汽余热利用改造中。如在低温循环水方面，由于供暖系统中水温与火电厂循环冷却水水温接近，可通过热泵技术将火电厂循环冷却水与供暖系统相连接，既提高了循环冷却水热量的有效利用率，又改善了循环冷却水降温冷却系统的能量损耗。

在电厂供热改造方面，应用较多的热泵技术为吸收式热泵。吸收式热泵的能效比（COP 值）即获得的工艺或供暖用热媒热量与维持机组运行而需加入的高温驱动热源热量的比值，按工况的不同可达 1.7～2.4。而常规直接加热方式的热效率一般按 90% 计算，即 COP 值为 0.9。由此可见，采用吸收式热泵替代常规的直接加热方式在获得工艺或供暖用热媒热量相同的条件下，可有效节省燃料消耗量，节能效果显著。

单效溴化锂吸收式热泵由发生器、冷凝器、蒸发器、吸收器、节流装置等组成，其工作原理见图 4-12。为了提高机组的热力系数系统设置溶液热交换器，使装置能连续工作，同时使工质在各设备中进行循环，系统设置溶液泵及相应的连接管道、阀门等。其工作过程为：蒸发器连续地产生冷效应，从低位热源吸热，吸收器和冷凝器连续地产生热效应，将中温热源（热水）

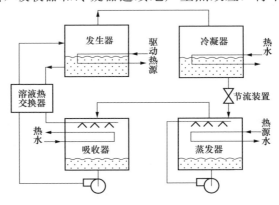

图 4-12　单效溴化锂吸收式热泵工作原理

加热。热水在吸收器和冷凝器中的吸热量等于驱动热源和低位热源在热泵中的放热量之和。

溴化锂吸收式热泵是一种以蒸汽、热水、燃油、燃气和各种余热为热源，制热供暖的节电型设备，具有低能耗、低噪声、运行平稳、能量可调节范围广、自动化程度高等特点，在利用低位热能与电厂余热方面有显著的节能效果。同时，该热泵技术对环境影响较小，对大气臭氧层无破坏作用，优势突出。

溴化锂吸收式热泵可分为以下两种形式：

第一类吸收式热泵的发生器和冷凝器位于高压区，而吸收器和蒸发器处于低压区。在蒸发器中输入低温热源，发生器中输入驱动热源，从吸收器和冷凝器中输出中高温热水。因其以增加热量为目，故又称为增热型吸收式热泵，多用于制取 100℃ 以下热水。

第二类热泵与第一类热泵相反，发生器和冷凝器位于低压区，而吸收器和蒸发器处于高压区。热源介质并联进入发生器和蒸发器。在吸收器中利用溶液的吸收作用，使流经管内的热水升温。故而又称增温型吸收式热泵，多用于制取 150℃ 以下的热水或蒸汽。

一般火电厂中循环冷却水热源品位较低，且电厂中拥有大量可作为驱动热源的饱和蒸汽用于加热热网回水，故火电厂供热多选用第一类吸收式热泵。溴化锂吸收式热泵供热系统流程示意见图 4-13。

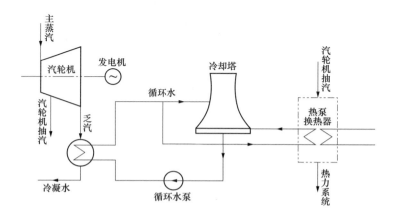

图 4-13 溴化锂吸收式热泵供热系统流程示意

热泵供热技术在实际运行时存在以下问题需要注意机组内部真空度变化、

余热利用率受限、制冷工质结晶、换热管束结垢等。

（1）机组内部真空度。内部真空度是影响溴化锂机组影响机组寿命的主要因素，更是运行效率的指标。内部空气中的氧气会加速钢板氧化，缩短机组寿命。另外，为满足溴化锂机组内部水蒸气低温蒸发的换热机制，机组需要保持高度真空。无论不凝性气体由外部渗入或内部电化腐蚀产生，微量不凝性气体也会直接导致机组制冷量显著下降，对机组性能的影响极大。而当不凝性气体含量达到 10％时，机组将无法正常运行。故溴化锂机组在正常运行中需要辅以抽真空设备以维持机组内部真空。

（2）余热利用率受限。余热利用率的高低，对方案经济性的影响至关重要，但往往受外部热网的制约。吸收式热泵工作是基于梯级加热的原理，故热网回水温度越低，对热泵的利用越有效，余热回收比例越高。因吸收式热泵采用溴化锂溶液制冷，其出口的热网水温度最高为 90℃左右，所以对外供热的温度降低会对余热回收比例有显著提高。

（3）制冷工质结晶。溴化锂溶液作为机组内部制冷工质，具有吸收剂和制冷剂的作用。溶液通过温度和浓度发生循环周期性变化从而推动换热，当溶液温度过低或浓度过大时，溴化锂会结晶析出，降低机组运行效率或停机，从工程实际来看，结晶可通过正常监视和调整予以避免。

（4）换热管束结垢。热泵设备内有大量的换热管束，材质主要为钢管或铜管。任何一个环节的换热管结垢，将会产生连锁效应，显著降低整个系统的换热效率。要保证热泵设备高效运行，需实时监测各部位水质并及时做出相应调整。

（二）适用范围及优缺点

1. 适用范围

（1）可用于供暖供热的热电厂，对于纯凝式的火电厂没有实际应用意义。

（2）余热及乏汽较多，厂区空间充足，热网回水温度较低。

2. 优缺点

（1）优点。

1）适用场景灵活，可与其他供热技术同时使用，广泛应用于供热系统中的供热首站中；可回收冷却塔循环水余热，并用来增加热电厂的供热面积。

2）高效节能，能较好实现能源的梯级利用。

3）环保效益好，有效减少集中供热造成的环境污染。

4）对主机影响较小。

（2）缺点。

1）占地面积与投资费用较高。吸收式热泵占地面积约为高背压供热的3倍以上，投资基本为高背压供热的1.8倍左右。

2）存在潜在风险。循环水温度升高可能增大机组的能耗损失。

3）供热能力与经济性。相对高背压供热而言，热泵运行需要大量较高参数蒸汽作为驱动热源，且乏汽余热难以全部回收利用，因此其节能环保效益较高背压供热水平差。另外，该技术需额外增加设备电耗、驱动蒸汽成本、年人工和维护成本等。

（三）工程案例及技术指标

1. 项目概况

国家电投通辽发电总厂总装机容量为4台200MW凝汽式发电机组和1台600MW空冷机组，其中5号机为600MW亚临界空冷机组，汽轮机为哈尔滨汽轮机厂生产的NZK600-16.7/537/537型一次中间再热、单轴、三缸四排汽直接空冷凝汽式汽轮机。

为满足国家的能源政策及通辽市供热发展的要求，国家电投通辽发电总厂结合地区经济状况和《通辽市主城区供热总体规划》，于2008—2010年利用机组大修期间，对4台200MW凝汽式机组进行抽汽供热改造，实现了对外供热。

随着通辽市供热面积的逐年增加，国家电投通辽发电总厂现有的4台200MW凝汽式机组的供热能力已不能满足用户需要。根据供热市场现状，拟对现有600MW空冷机组进行打孔抽汽改造同时安装热泵机组，提高对外供热能力，以满足日益增长的热负荷需求。

2. 技术方案

电厂600MW汽轮机原额定进汽量为2005t/h，最大进汽量为2080t/h，阀门全开时中低压连通管分缸压力为0.9043MPa左右。通过调节蝶阀将抽汽压力调整在0.86MPa，温度338℃，蒸汽直接进入热泵作为热泵驱动蒸汽。单台机组最大抽汽量为520t/h，额定抽汽355t/h。根据汽轮机厂提供的改造方案，汽轮机本体通流部分未作任何改造。

热泵房内顺列布置4台余热回收机组，余热回收机组乏汽凝结水泵、余热回收机组抽汽凝结水泵等均布置在余热回收热泵房中。5号机组通过打孔抽汽改造后，其最大供暖供热蒸汽量可达520t/h。余热回收机组利用5号机供暖抽汽作为驱动蒸汽,同时回收 5 号机组乏汽热量,可将循环水由 55℃加热到 95℃。同时,利用 1～4 号机组抽汽通过尖峰热网加热器对热网循环水进行二级加热,使循环水温度升高到 115℃。余热回收机组的驱动蒸汽,放热后凝结成水。余热机组的驱动蒸汽疏水与乏汽疏水汇合后,通过凝结水泵将凝结水送入主机排汽装置的热井中。

3. 实施效果

以 600MW 机组为例,通过打孔抽汽和装设热泵机组回收乏汽余热后,可增加电厂对外供热能力约 640 万 m^2,按设备利用小时 5500h 计算,年节约标准煤约为 21.38 万 t,年平均供热标准煤耗率 38.82kg/GJ,全厂热效率 54.7%,投资回收期约 9 年。

七、 汽轮机背压 (含 NCB) 供热技术

(一) 技术原理

1. 背压汽轮机供热技术

背压式汽轮机即将汽轮机的排汽全部对外供热,其排汽压力根据热用户的用汽压力确定。背压机消除了凝汽器的冷源损失,经济性最好,但其负荷适应性差,机组发电量由外部热负荷决定,不能同时满足热、电负荷的需要。

2. 凝抽背 (NCB) 汽轮机供热技术

对于大型联合循环供暖供热机组,在汽轮机高中压缸和低压缸之间设置 SSS 离合器,机组可按纯凝、抽凝和背压三种方式运行,凝抽背供热系统示意见图 4-14。

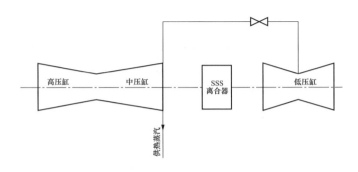

图 4-14 凝抽背供热系统示意

在供暖季外网热负荷需求量大时，汽轮机以背压方式运行，低压缸和凝汽器解列，汽轮机中压缸排汽不再进入低压缸，而是全部供至热网加热器加热热网循环水对外供热，增大机组的供热能力。

SSS 离合器不解列有两种运行方式，一是在非供暖季、外网无热负荷需求，汽轮机按纯凝方式运行，此时中压缸排汽全部进入低压缸做功；二是在供暖季初和季末，外网热负荷需求量少，汽轮机靠抽汽满足供热负荷需要，采用抽凝方式运行。

（二）适用范围及优缺点

1. 适用范围

背压式汽轮机供热可应用于供暖时间较长的寒冷地区，适合作为城镇集中供热基础热源，新建热电联产应优先考虑背压式热电联产机组。凝抽背（NCB）机组适用于北方供热城市，供暖热负荷大的燃气联合循环供热机组。

2. 优缺点

（1）优点。该技术无冷源损失，机组效率高，供热煤耗低，NCB 机组 SSS 离合器可实现在线切换，运行灵活。

（2）缺点。背压机组只能在供暖期运行，适应性较低，经济性较差；NCB 机组可实现纯凝、抽凝和背压三种运行模式，但是投资成本较高。

（三）工程案例及技术指标

1. 北京草桥燃气联合循环热电厂供热案例

（1）项目概况。北京草桥燃气联合循环热电厂二期工程建设一套 F 级燃气联合循环"二拖一"供热机组。主机采用 2 台西门子 SGT5 - 4000F（4）型燃气轮机，2 台无锡华光锅炉股份有限公司生产的立式、自然循环、三压、无补燃、全封闭布置余热锅炉，1 台上海汽轮机厂生产的三压、再热、两缸两排汽、配 SSS 离合器的凝抽背型汽轮机。

（2）技术方案。该工程采用 1 套 F 级燃气-蒸汽联合循环"二拖一"背压机＋SSS 离合器供热机组，在供暖季外网热负荷需求量大时，汽轮机以背压方式运行，低压缸和凝汽器解列，汽轮机中压缸排汽与余热锅炉低压主蒸汽一起供至热网加热器加热热网循环水对外供热，可最大限度地提高机组的供热能力。该工程供热能力约 592MW，供热面积约 1200 万 m²，项目投产后大大提升了北京市西南热网热源供热能力，成为西南热网的一个有力支撑点。

（3）实施效果。项目投产后供热能力达到 592MW，项目投资约 32 亿元，投资回收期约 12 年。

2. 某 F 级燃气-蒸汽联合循环电厂供热案例

（1）项目概况。某电厂新建两套 F 级燃气-蒸汽联合循环"一拖一"供热机组。主机采用 2 台 GE 公司的 9F.05 型燃气轮机，2 台东方锅炉股份有限公司生产的三压、再热、无补燃、卧式、自然循环余热锅炉，1 台哈尔滨汽轮机厂生产的三压、再热、两缸两排汽、配 SSS 离合器的凝抽背型汽轮机。

（2）技术方案。该工程采用 2 套 F 级燃气-蒸汽联合循环"一拖一"背压机＋SSS 离合器供热机组，在供暖季外网热负荷需求量大时，汽轮机以背压方式运行，低压缸和凝汽器解列，汽轮机中压缸排汽与余热锅炉低压主蒸汽一起供至热网加热器加热热网循环水对外供热，可最大限度地提高机组的供热能力。该工程供热能力 595MW，供热面积约 1400 万 m^2，年总供热量达 $6.17 \times 10^6 GJ$。

（3）实施效果。项目投产后供热能力达到 595MW，项目投资约 25.3 亿元，投资回收期约 12 年。

八、 联合循环机组烟气余热利用供热技术

联合循环电站机组汽轮机直接抽汽供暖、高背压供暖等技术都适用，下面仅对联合循环机组烟气余热利用供热技术进行介绍。

常规燃煤火电机组典型的尾部烟气余热利用方式为利用烟气余热加热给水、凝结水，从而降低汽轮机回热系统抽汽量，提升机组能源利用效率；与煤机不同，联合循环机组热力流程具有特殊性，其不在汽轮机设回热系统，而是直接将凝结水送至余热锅炉进行加热，降低余热锅炉排烟温度。因此，联合循环机组的烟气余热利用方式也与常规燃煤机组不同。

利用余热锅炉尾部烟气余热进行供热，可进一步降低排烟温度，实现节能降耗，该技术已被广泛应用到工程实际中，并取得了很好的效果。

（一）技术原理
1. 常规烟气余热利用技术
在联合循环电站中，余热锅炉排烟损失高达 10% 左右，为了降低排烟温

度，实现尾部烟气能量的梯级利用，可通过设置尾部换热器生产热水，用于供热、制冷，从而进一步回收烟气余热，提高锅炉效率。

通常情况下，烟气余热利用有内置烟气换热器和扩大低压省煤器方案两种方案。

内置烟气换热器方案，即在余热锅炉尾部加装单独的热网烟气换热器，见图 4-15。非供暖季工况，机组纯凝运行，凝结水温度较低，此时，凝结水加热器全部投运，热网加热器处于干烧状态。冬季供暖运行工况，凝结水部分或全部来自热网回水，温度较高，凝结水加热器只能部分投运，部分处于干烧状态，否则加热器出口将有汽化现象，影响机组的安全运行，此时，通过投运热网加热器来降低排烟温度，增大对外供热量。

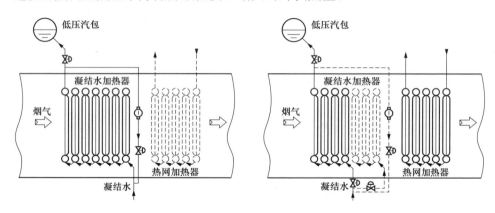

图 4-15　内置烟气换热器示意

扩大低压省煤器方案，即将凝结水加热器与热网加热器合并设计，采取一体式布置方案，见图 4-16。

一体化布置方案的受热面面积比分体布置方案有所下降，可减少受热面质量，节省初投资，同时避免了非供暖期热网加热器干烧问题，有利于余热锅炉的安全运行。另外，一体化布置方案热网供水取自省煤器出口，供水温度可达 150℃ 以上，而分体布置方案只能提供 130℃ 左右的热网供水，部分负荷运行时，一体化布置的

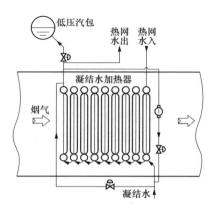

图 4-16　扩大低压省煤器示意

优势更加明显，用户可根据供热的不同需求，灵活调节供热品质和供热量。

2. 烟气余热深度利用技术

采用常规烟气余热利用技术，系统仍有较大的烟气余热损失，为了增大联合循环机组的供热量，提高联合循环机组的效率和经济性，提出了烟气余热深度利用技术。

该技术提出一种热源、热网、热用户一体化的系统，具体工艺流程为：在热用户的热力站处采用吸收式换热机组，在保持常规二次网供回水温度不变的条件下，使一次热网回水温度由常规的70℃降低至约25℃，为电厂热源处余热回收创造有利条件；在热电厂内来自热网的低温回水经板式换热器被余热回收换热塔出来的高温段喷淋中间水进行一级加热后进入吸收式热泵中，之后热网回水在热泵系统中被汽轮机抽汽和换热塔内剩余的低温段喷淋中间水共同进行二级加热，最后经尖峰汽-水加热器被汽轮机抽汽进行三级加热后送出。在该流程中，热网回水被烟气、吸收式热泵（吸收式热泵的热量来自部分汽轮机抽汽和部分烟气）、汽轮机抽汽逐级加热，在不增加天然气消耗量和不影响发电量的情况下，实现了烟气余热的深度回收，可使烟气温度降低到20℃左右，与常规参考供热系统相比，该系统全年回收的烟气热量能够提高供热量30％以上。根据机组型号不同烟气余热质量和数量不同，系统可以设计成不同的形式，具体设计需要根据热量和温度品位的不同进行优化。

（二）适用范围及优缺点

1. 适用范围

烟气余热利用技术应用范围很广，基本涵盖了各种容量、各种机型，可用于冬季供暖、夏季制冷、生活热水、天然气加热等各种用途。

2. 优缺点

（1）优点。该技术实现尾部烟气能量的梯级利用，节能效果显著。

（2）缺点。常规烟气余热利用技术需考虑低温腐蚀，排烟温度应比硫酸露点温度高10℃左右；深度余热利用技术热源侧需与热网、热用户端联合设计，适应范围有局限性。

（三）工程案例及技术指标

1. 项目概况

某燃气热电联产工程装机容量200MW，为1套E级燃气-蒸汽联合循环、热电冷联供机组。为了增加低能热量的回收，提高联合循环机组的效率和经济性，进行了烟气余热深度利用技术改造。

2. 技术方案

该工程常规供热方案为利用汽轮机抽汽加热热网加热器的热网回水，正常供回水温度为 120/70℃，系统示意见图 4-17。

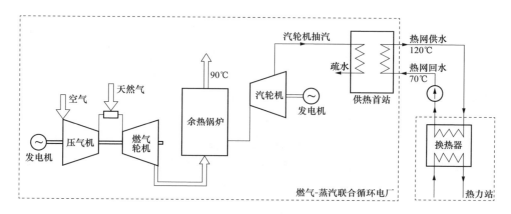

图 4-17　常规汽轮机抽汽供热系统示意

为了进一步提高热源供热能力，提高机组供热效率，该工程采用了烟气余热深度利用技术，即在热力站处设置吸收式换热机组降低热网回水温度。在热电厂内设置吸收式热泵和直接接触式换热塔，来自热网的低温回水经板式换热器、吸收式热泵、热网换热器被三级加热后送出，排烟温度最低可降至 20℃左右，系统流程示意见图 4-18。

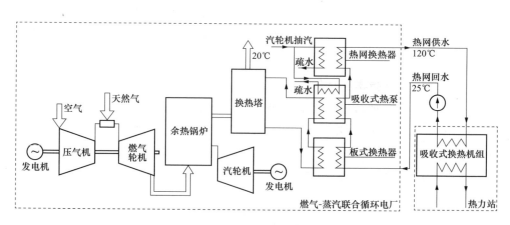

图 4-18　烟气余热深度利用供热系统示意

3. 实施效果

该燃气-蒸汽联合循环机组采用烟气余热深度回收，年回收余热量约 51 万 GJ，余热深度回收一期项目投资约 1.3 亿元，投资回收期约 4 年。

第三节　火电厂清洁供暖技术方案比选

火电厂的冷端、排烟、排污等热损失占燃料总热量的很大比例，图 4－19～图 4－21 显示了纯凝机组、抽汽供热机组和低温余热回收抽汽供热机组能流。

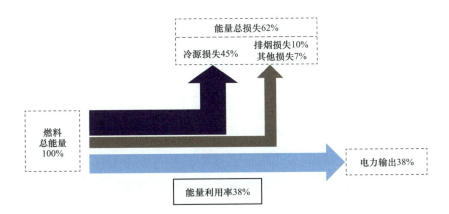

图 4－19　纯凝机组能流

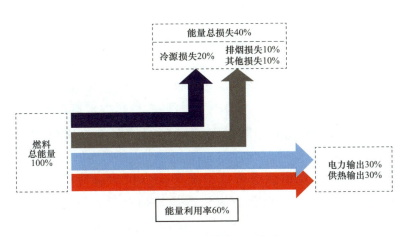

图 4－20　抽汽供热机组能流

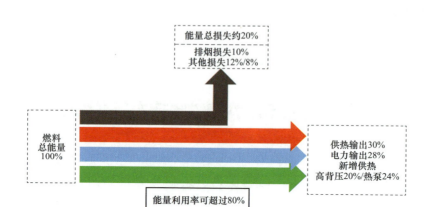

图 4-21 低温余热回收抽汽供热机组能流

从图 4-19～图 4-21 中可以看出：与纯凝机组相比，抽汽供热机组的能量利用率可提高至 60% 左右，但仍有 20% 的冷端热损失、10% 的排烟损失和 10% 的其他损失，节能潜力巨大。若采用高背压或热泵供热技术回收冷端热损失，可使机组的能量利用率普遍提高至 80% 左右。

火电厂清洁供暖技术是以实现集中供热系统综合效率最大化为目标，对热电联产机组存在的冷端热损失直接排放、锅炉排烟温度高等问题进行深入分析，以深挖集中供热系统节能潜力，充分回收电厂各类型中低温余热、减少能量损失。每种技术都有各自的特点，需要结合具体工程对不同的技术方案进行比较，从而选出最优的方案。火电厂清洁供暖技术具体如下：

抽汽供热技术是新建抽凝式热电联产机组常用的供热技术，在凝汽式汽轮机的调节级或某个压力级后引出抽汽管道，接至热网首站加热器加热热网循环水以满足地区所需供暖负荷。抽汽供热改造技术主要用于纯凝式机组改造为抽凝式供热机组，技术原理与抽汽供热技术原理类似，仅仅是接口位置不同，主要采用中低压连通管抽汽，即从汽轮机中低压连通管上。

抽汽能源梯级利用供热改造技术是在抽汽供热改造的基础上，按照能量梯级利用的原则，当改造方案所选择的抽汽参数高于所需的供热参数时，将相对高参数的抽汽先引入工业汽轮机或螺杆机进行降温、降压，拖动发电机发电，然后再进入热网加热器，实现供热能源合理分级利用。

光轴供热改造技术是将原凝汽式低压转子更换成一根光轴，光轴自身不做功，仅起到传递转矩的作用，中压缸排汽不再进入或仅少量蒸汽进入低压缸，而是进入热网加热器加热热网循环水对外供暖。光轴供热技术改造工作量相对较小，但适用条件窄，需供热面积足够大时使用。该技术对汽轮机本体改造要求严格，会导致机组发电能力降低，对电负荷承担能力变差，改造的机组多为135、150MW及200MW机组。

高背压供热技术和热泵供热技术均是将电厂凝汽器循环冷却水改造为热网循环水对外供热，部分或全部回收机组排汽乏热，实现了火电厂余热回收，这样不仅能够降低循环水余热对电厂周围生态环境的影响，而且还能降低发电煤耗，提高电厂的经济性，具有良好的节能性和生态意义。

背压式汽轮机即将汽轮机的排汽全部对外供热，其排汽压力根据热用户的用汽压力确定。背压机消除了凝汽器的冷源损失，经济性最好，但其负荷适应性差，机组发电量由外部热负荷决定，不能同时满足热、电负荷的需要。对于大型联合循环供暖机组，在汽轮机高中压缸和低压缸之间设置SSS离合器，在供暖季外网热负荷需求量大时，低压缸和凝汽器解列，汽轮机中压缸排汽全部供至热网加热器加热热网循环水对外供热，汽轮机以背压方式运行；在供暖季初和季末，外网热负荷需求量少，汽轮机以抽凝方式运行；在非供暖季，汽轮机以纯凝方式运行，SSS离合器可实现在线切换，运行灵活，能源利用率高。

在联合循环电站中，余热锅炉排烟损失高达10%左右，为了降低排烟温度，实现尾部烟气能量的梯级利用，可通过设置尾部换热器生产热水，用于供热、制冷，从而进一步回收烟气余热，提高锅炉效率。采用常规烟气余热利用技术，锅炉的排烟温度为90℃左右，系统仍有较大的烟气余热损失，为了增大联合循环机组的供热量，提高联合循环机组的效率和经济性，提出了烟气余热深度利用技术。该技术可使锅炉排烟温度降低到20℃左右，与常规供热系统相比，能够提高供热量30%以上。

火电厂清洁供暖技术对比见表4-3。

火电厂清洁供暖技术对比

表 4 - 3

类别	抽汽供热	抽汽能源梯级利用供热	光轴供热	湿冷机组高背压供热	空冷机组高背压供热	热泵供热	汽轮机背压(含 NCB)供热	联合循环机组烟气余热利用供热
适用场合	新建或具有供热条件的纯凝机组改造	供热改造时，抽汽参数高于所需的供热参数，需对抽汽进行减温减压的情况	具有供热条件的纯凝或抽凝机组改造	改造、不参与电网调峰，热负荷需求较大且稳定，有较大的供热循环水流量	改造、不参与电网调峰，热负荷需求较大且稳定，有较大的供热循环水流量	供热规模较大的供热机组（厂区空间充足，热网回水温度较低）	新建机组	新建机组或具备条件的改造
技术方案	抽汽+供热首站	背压汽轮机或螺杆机+小发电机	排汽+供热首站	双背压双转子	双背压单转子	抽汽+供热首站（热泵）	中、低压缸之间设置 SSS 离合器，机组可按纯凝、抽凝和背压三种方式运行	余热锅炉尾部换热器
优点	技术成熟可靠、可在一定范围内灵活适应外界对热的需要、改造费用较低	实现抽汽能源梯级利用，有效降低厂用电率、减少供电煤耗	改造工作量相对较小、成本低；消除冷源损失或冷源损失很少、经济性好	无冷源损失，节能效果显著	改造量小、投资少、无冷源损失、节能效果显著	技术成熟，无冷源损失，对系统简单、主机影响小，总体改造难度小	运行灵活，背压运行时冷源损失较少，可在线切换	实现尾部烟气能量的梯级利用，节能效果显著

续表

类别	抽汽供热	抽汽能源梯级利用供热	光轴供热	湿冷机组高背压供热	空冷机组高背压供热	热泵供热	汽轮机背压(含NCB)供热	联合循环机组烟气余热利用供热
缺点	由于以热定电，供热量增大时，需要高发电功率，机组负荷调节能力较差	需要足够的安装空间，小的发电机和螺杆机可能会出现振动大的问题	适用条件苛，需供热面积够大；对汽轮机本体改造要求严格，会导致机组发电能力降低	每年两次停机更换转子，灵活性较差，改造范围大，投资较大	灵活性较差，未实现热电解耦	占地面积大，投资费用较高，驱动热泵蒸汽存在乏汽损失，经济性待提高	初投资较高，SSS离合器的切换存在一定的技术风险	深度余热利用技术未与热源侧需与热用户端网，热用户需联合设计
典型案例	国家电投燕山湖电厂	国家电投燕山湖电厂	国家电投赤峰电厂	国家电投顺热电公司	国家电投燕山湖电厂	国家电投通辽电总厂	北京草桥燃气联合循环热电厂	北京京能未来科技城项目
节能效果	发电标准煤耗降低约28.72g/kWh	全年供电总煤耗降低约1.88g/kWh	供暖期发电标准煤耗可降低至146.7g/kWh	发电标准煤耗降低约18.07g/kWh	发电标准煤耗降低约37.3g/kWh	有效利用冷端余热，年节约标准煤约21.38万t，对外供热能力约640万m²	供采暖期煤耗标准电耗降低至150g/kWh以内	年回收余热量51万GJ
总投资费用	约6700万元	约2000万元	约2000万元	约9000万元	约3700万元	约2.3亿元	约32亿元	约1.3亿元
回收期	约12年	约4年	约3年	约3年	约3年	约9年	约12年	约4年

第五章
可再生能源供暖（供热）技术

长期以来，北方地区供热缺乏对煤炭、天然气、电、可再生能源等多种能源形式供热的统筹谋划，热力供需平衡不足，导致供热布局不科学、区域优化困难。现役纯凝机组供热改造无统筹优化，改造后电网调峰能力下降，加剧部分地区弃风、弃光等现象。部分地区将清洁取暖等同于"一刀切"去煤化，整体效果较差。

国家发展改革委等十部委共同发布的《北方地区冬季清洁取暖规划（2017—2021 年）》中明确指出，国家鼓励因地制宜采用天然气、清洁电力、地热能、余热、太阳能等多种清洁供暖方式互补的供热方案，解决我国北方供热高能耗、高污染的现状，促进清洁供暖的可持续发展。

可再生清洁能源利用是推进清洁能源发展、优化能源结构的重要举措，是做好大气污染防治、促进节能减排的必然选择，也是推进北方地区清洁取暖、保障群众温暖过冬的有效方式。

2016 年 12 月，国家发展改革委发布《能源发展"十三五"规划》，全文共七次提及多能互补推动能源生产供应集成优化，构建多能互补、供需协调的智慧能源系统，并将"实施多能互补集成优化工程"列为"十三五"能源发展的主要任务，将风、光、水、火、储多能互补工程作为"十三五"能源系统优化重点工程之一，推进多能互补形式的大型新能源基地开发建设，鼓励具备条件地区开展多能互补集成优化的微电网示范应用。随着智能电网、分布式能源、低风速风电、太阳能新材料等技术的突破和商业化应用，能源供需方式和系统形态正在发生深刻变化。"因地制宜、就地取材"的分布式供能系统将越来越多地满足新增用能需求，风能、太阳能、生物质能和地热能在新城镇、新农村能源供应体系中的作用将更加凸显。

多能源组合既可以增加清洁能源利用率，又可以互相弥补不同能源间的缺点，是解决供热能力不足的重要方法之一。我国多能互补供热系统仍处在起步阶段，国家发展改革委、国家能源局发布《关于推进多能互补集成优化示范工程建设的实施意见》中明确提出将建成多项国家级终端一体化集成供能示范工程及国家级风光水火储多能互补示范工程，为多能互补供热技术的发展带来了契机。多能互补供热示意见图 5-1。

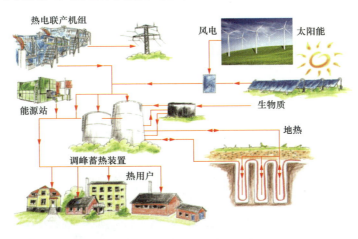

图 5-1　多能互补供热示意

可再生能源供暖（供热）技术主要包括生物质能清洁供热技术、太阳能供暖技术、风电清洁供暖技术、地热能供暖技术。

第一节　生物质能清洁供热技术

生物质能清洁供热是指利用各类生物质原料，及其加工转化形成的固体、气体、液体燃料，在专用设备中清洁燃烧供热的方式。我国生物质资源丰富，每年可供能源化利用约 4 亿 t 标准煤，资源量较大，分布较广，如果不加以利用，反而成为污染源，同时加重了生物质禁烧督查的管理成本，如防范秸秆露天焚烧。在农村或县域推行生物质清洁供暖，可以就地收集利用，成本较低，而且其收、储、运、加工产业链长，带动能力强，也可成为生物质资源富集地区大气污染治理与产业扶贫的一个最佳结合点。生物质炉具炊、暖两用也更符合农村居民传统习惯。

根据《关于促进生物质能供热发展指导意见的通知》，到 2020 年，生物质热电联产装机容量将超过 1200 万 kW, 生物质成型燃料年利用量约 3000 万 t, 生物质燃气年利用量约 100 亿 m³, 生物质能供热面积约 10 亿 m², 年直接替代燃煤约 3000 万 t。到 2035 年, 生物质热电联产装机容量将超过 2500 万 kW, 生物质成型燃料年利用量约 5000 万 t, 生物质燃气年利用量约 250 亿 m³, 生物质能供热面积约 20 亿 m², 年直接替代燃煤约 6000 万 t。

生物质清洁供热主要包括沼气取暖、生物质热电联产清洁供热、生物质成型燃料锅炉供热以及生物质多能互补供暖。

一、 生物质热电联产清洁供热

目前我国正积极推动生物质发电向生物质热电联产方向发展。2018 年 1 月 19 日, 国家能源局下发《关于开展 "百个城镇" 生物质热电联产县域清洁供热示范项目建设的通知》, 指出 "百个城镇" 生物质热电联产县域清洁供热示范项目建设的主要目的是: 建立生物质热电联产县城清洁供热模式, 构建就地收集原料、就地加工转化、就地消费的分布式清洁供热生产和消费体系, 为治理县域散煤开辟新路子; 形成 100 个以上生物质热电联产清洁供热为主的县城、乡镇, 以及一批中小工业园区, 达到一定规模替代燃煤的能力; 为探索生物质发电全面转向热电联产、完善生物质热电联产政策措施提供依据。示范项目共 136 个, 装机容量 380 万 kW, 年消耗农林度弃物和城镇生活垃圾约 3600 万 t。其中, 农林生物质热电联产项目 126 个、城镇生活垃圾焚烧热电联产项目 8 个、沼气热电联产项目 2 个, 新建项目 119 个, 技术改造项目 17 个, 总投资约 406 亿元。

2016 年 12 月, 河北省大城县琦泉生物质热电联产项目正式并网发电, 该项目是以本地农作物秸秆和林业废弃物为燃料进行发电、供热的绿色新能源项目, 项目年可燃用农林秸秆 56 万 t, 替代标准煤约 18 万 t, 减少二氧化硫排放 1000t、二氧化碳排放 26 万 t, 年可提供绿色电力近 4 亿 kWh, 同时替代县城内分散的燃煤供暖小锅炉, 可满足近 200 万 m² 居民集中供暖。项目不仅使农林生物质资源变废为宝, 还可增加农民收入, 安置用工 200 人, 秸秆收集解决农民用工 400 人, 增加农民收入 6000 多万元, 可达到一举多赢的社会效益。

一个常规的 30MW 生物质能热电联产项目每年需要消耗生物质燃料 30 万 t, 平均每吨燃料价格基本在 300 元左右。从经济性上看, 在每平方米热负荷

40W、供热天数 120 天、电厂余热价格 22 元/GJ 等参数情况下，生物质热电联产低真空供暖方式加上燃料人工等用运营成本在 12.7 元/km²。从排放上看，同等面积的房屋取暖，生物质热电联产的二氧化硫、氮化物低于天然气壁挂炉三级标准，生物质能生长过程中吸收二氧化碳，是从静碳到动碳的转化，两者抵消后，二氧化碳排放为零。

二、 生物质＋多能互补清洁供暖

在生物质清洁取暖的基础上，采用生物质取暖＋其他清洁能源等多能互补的利用方式，简称"生物质＋"多能互补清洁供暖。

山西晋中市因地制宜探索"太阳能＋生物质能供暖"方式，经过一个供暖季的运行，在技术、经济、环境等多方面得到初步验证。晋中市试点的"太阳能＋生物质能供暖"方式，是太阳能集热器与生物质供暖炉共用蓄热水箱组成联合供热系统，通过自控装置，两套供热系统各自独立运行或同时运行。太阳能为主要热源，占供热量约 70％～80％，生物质能为辅助热源，占供热量约 20％～30％。供热系统四季供热水，经测算，生物质能使用量每季约 7～10kg/m²，一次性投资约 200 元/m²。由于试点阶段农民使用果树修剪枝，切段处理，基本没有燃料成本费。

在排放上，根据北京中研环能环保技术检测中心检测，利用生物质锅炉供热排放的颗粒物、二氧化硫、氮氧化物实测值分别为 9mg/m³、0mg/m³、125mg/m³，排放值远低于 GB 13271—2014《锅炉大气污染物排放标准》中的在用燃气锅炉标准，高于被誉为全世界最严的锅炉标准——北京市地方标准 DB 11/139—2015《锅炉大气污染物排放标准》。太阳能是"零"排放能源，采用"太阳能＋生物质能供暖"，排放值还将低于单一使用生物质能供暖。

三、 生物质天然气清洁供暖

生物质气化的原理是在一定的热力学条件下，在气化剂空气、水蒸气的作用下，使生物质原料在气化炉中发生反应，经过热解、氧化、还原、重整等反应过程，将生物质原料转化成小分子碳氢化合物，获得 CO、H_2、CH_4 等可燃气体。

以一台 2t/h 的生物质气化炉为例，供暖期 120 天内，满负荷生产时生物质合成气量为 1152 万 m³，供应至少 821 户居民暖需求。通过余热回收，继续为 123 户居民供暖。从经济性来看，由于设备运行时间短，居民用户整个供暖季的供暖费用在 40.3 元/km²。2017 年，该项目所在市居民供暖价为 22 元/m²，在没有补贴的情况下，价格较高。但生物质气化供暖可以就近利用农村地区丰富的生物质资源，整体降低生物利用的社会综合成本。

四、 工程案例及技术指标

1. 项目概况

亳州国祯生物质热电有限公司一期规划建设容量为 $1 \times 30MW$ 抽凝式汽轮发电机组配 $1 \times 130t/h$ 高温高压生物质锅炉及 $1 \times 20t/h$ 的生物质启动锅炉，二期根据现代产业园的工业负荷需求情况，规划建设 $1 \times 15MW$ 背压式汽轮发电机组配 $1 \times 130t/h$ 高温高压生物质锅炉，项目位于安徽省亳州市亳州芜湖现代产业园内。该工程为现代产业园内的诸多工业用户提供所需的供热蒸汽，满足了产业园的热负荷需求，优化了产业园的供热源结构，为产业园和亳州市的工业发展提供了有力的支持。

工程所在地安徽省人民政府在《关于加快发展农作物秸秆发电的意见》中指出要实现安徽省秸秆规模化、能源化利用，推进秸秆禁烧和综合利用工作，促进大气污染防治，加快发展安徽省的秸秆发电工作。并提出了因地制宜规划布局秸秆电厂、大力推进秸秆电厂建设、积极发展秸秆流通市场、加大政策支持力度、优化奖补资金配置的扶持优惠政策。该工程可有效利用当地秸秆，符合安徽能源产业政策。

2. 技术方案

该工程装机规模选定为 $1 \times 30MW$ 抽凝式汽轮发电机组配 $1 \times 130t/h$ 高温高压生物质锅炉。为了保证供热的可靠性，另设置一台 $20t/h$ 的生物质燃料启动锅炉。当热电厂锅炉出现故障时，启动该锅炉，保证园区供热。

该工程燃料主要为利用当地农作物废弃的秸秆（主要是小麦、玉米和大豆秸秆）、林木废弃物（树皮、树叶、树根、锯末、刨花等）等。燃料基本流程为收购→燃料粉碎→收储站→运输至电厂→厂内储存→燃料输送→锅炉燃烧。

该工程采用的设计燃料为小麦秸秆、玉米秸秆、林业废弃物，设计燃料比例为 40％林业废弃物＋35％玉米秸秆＋25％小麦秸秆，校核燃料比例为 60％玉米秸秆＋40％小麦秸秆。

该工程推荐的主机选型方案为：锅炉为一台高温高压 130t/h 循环流化床锅炉、自然循环、单炉膛、平衡通风、露天布置、钢架单排柱悬吊结构、固态排渣、秸秆燃料锅炉；汽轮机选用一台 C30-8.83/0.98 型，高温高压、单缸、单轴、抽凝式汽轮机；发电机拟选用一台空冷 30MW 发电机。项目设计热负荷为 30t/h，满足现代产业园的近期热负荷需求。供热工业蒸汽参数为 0.981MPa、280℃。

目前国内生物质发电技术主要分为循环流化床燃烧技术和水冷振动炉排层燃技术两种。该工程采用高温高压循环流化床秸秆燃料锅炉，与炉排炉技术相比，流化床技术具有如下共同的特点：

（1）燃料适应好。不同品种、不同品质生物质燃料均能在 CFB 锅炉中顺利实现着火燃烧，在燃烧条件发生剧烈变化、特别是水分变化和粒度变化的情况下，对未燃尽物质的再循环燃烧可以确保始终维持较高的燃烧效率。

（2）锅炉炉膛低温燃烧。由于生物质能灰熔点普遍较低，炉膛采用 750～850℃燃烧温度（根据燃料灰熔点确定），能有效抑制碱金属结渣、腐蚀概率。

（3）气相污染物排放低。生物质能燃料含硫量极低，且灰成分中的 CaO、K_2O 等碱性物质可与硫进行脱硫反应，使进入烟气的 SO_2 浓度远低于国家标准排放限值。NO_2 排放浓度低的原因：一是低温燃烧，此时空气中的氮一般不会生成 NO_2，当温度低于 1500℃时，热力型 NO_x 和快速型 NO_x 的生成可以忽略；二是分段燃烧，抑制燃料中的氮转化 NO_2，并使部分已生成 NO_2 得到还原成 N_2。

（4）燃烧效率高。循环流化床锅炉燃烧效率高是因为：气、固混合良好，燃烧速率高，特别是对水分含量大的燃料，绝大部分未燃尽的燃料被再循环至炉膛再燃烧，同时，循环流化床锅炉能在较宽的运行变化范围内保持较高的燃烧效率。

该工程汽轮机设置一级调整抽汽和五级非调整抽汽，一级抽汽供 1 号高压加热器，二级抽汽供 2 号高压加热器，三级可调整抽汽供高压除氧器、对外工业抽汽和厂内用汽，四、五、六级抽汽供给三台低压加热器。机组正常运行，对外工业抽汽由汽轮机三级可调整抽汽供给。当汽轮机故障时，由锅炉出口主蒸汽减温减压后供给。当锅炉故障时，开启 20t/h 的备用生物质锅炉提供蒸汽。

3. 实施效果

该工程静态投资约 28000 万元，每年可为电网提供清洁能源约 182.7GWh，相当于年节约标准煤量约 5.65 万 t；年供热量约 72.7 万 GJ，相当于年节约标准煤量约 2.8 万 t，投资回收年限 6.76 年。

生物质能清洁供热布局灵活，适应性强，适宜就近收集原料、就地加工转换、就近消费、分布式开发利用，可用于北方生物质资源丰富地区的县城及农村取暖，在用户侧直接替代煤炭。结合资源条件和供热市场，加快发展为县城供暖的农林生物质热电联产。鼓励对已投产的农林生物质纯凝发电项目进行供热改造，稳步发展城镇生活垃圾焚烧热电联产。在做好环保、选址及社会稳定风险评估的前提下，在人口密集、具备条件的大中城市稳步推进生活垃圾焚烧热电联产项目建设。

第二节　太阳能供暖技术

太阳能供暖是利用太阳能资源，使用太阳能集热装置，配合其他稳定性好的清洁供暖方式向用户供暖。太阳能供暖主要以辅助供暖形式存在，配合其他供暖方式使用，目前应用该技术的供暖面积较小。

一、太阳能供暖技术原理

太阳能供暖一般特指主动式太阳能供暖系统，利用太阳能集热器与载热介质经蓄存及设备传送向室内供热，系统由太阳能集热器、储热装置、传递设备、控制部件与备用系统组成。目前国内外太阳能热水、热风积蓄热供暖，以及太阳能中高温积蓄热供暖技术已普遍应用。但在太阳辐射较弱的情况下，仅靠集热器不能提供足够的热量，太阳能供暖技术只在白天适用的办公楼、教学楼等场景应用更有优势。如果配备稳定可靠的辅助供热或蓄热设备，则能全时段满负荷地为用户供给热能。太阳能供暖示意见图 5-2。

虽然太阳能供热在北方部分农村地区有实践，但由于成本、光照和安装空间等条件限制，一直没有发展起来，特别是在负荷密度大的城市，在建筑物安装太阳能板这种传统的太阳能取暖方式更加没有生存空间。实际上，近年来太阳能利用已有了飞速发展，特别是太阳能光伏发电方面取得了质的飞跃。随着技术如光伏发电的余热回收、光热发电的余热利用等的进步，太阳

150

能热电联产的应用在未来可能有一定的空间。

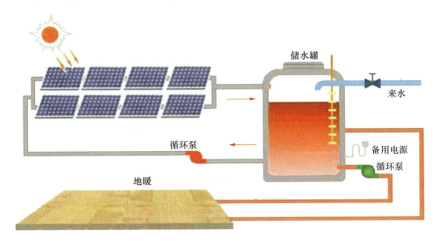

图 5-2　太阳能供暖示意

二、　太阳能供暖技术发展线路及适用条件

我国具有利用太阳能良好条件的国土面积约占全国总面积的 2/3，利用太阳能供暖的区域可暂关注其中一类（宁夏北部、甘肃北部、新疆南部、青海西部、西藏西部）和二类（河北西北部、山西北部、内蒙古南部、宁夏南部、甘肃中部、青海东部、西藏东南部、新疆南部）地区，太阳能利用量较大。

太阳能供暖适合与其他能源结合，实现热水、供暖复合系统的应用，是热网无法覆盖时的有效分散供暖方式。特别适用于办公楼、教学楼等只在白天使用的建筑。

积极推进太阳能与常规能源融合，推动太阳能多元化利用，大力推广太阳能供暖。在东北、华北、西北地区太阳能与常规能源融合供暖；在需要冷热双供的华东、华中地区以及传统供暖未覆盖的长三角、珠三角等地区，重点建设太阳能热水、供暖和制冷三联供系统；在工业园区积极推进印染、陶瓷、食品加工、养殖场、农业大棚等用热需求大的行业，充分利用太阳能供热作为常规能源系统的基础热源，提供工业生产用天然。

三、　太阳能供暖典型应用案例

1. 项目概况

某企业占地面积 150 亩（1 亩＝6.6667×10^2 m²），总供暖面积 6.58 万 m²，

涉及 10 余个单体建筑,包括厂房、办公楼、仓库、食堂等。该企业进行太阳能供暖改造,取缔原有小型燃煤锅炉,安装太阳能集热器面积约 1 万 m^2。

2. 技术方案

该项目总体技术方案以提高供暖系统太阳能保证率为目标,将太阳能作为主要能源输入,通过蓄热/放热装置以平衡太阳能峰谷分布,借助自动控制手段实现供暖系统运行监测与工况切换,最终满足建筑供暖需求。太阳能供暖系统流程示意见图 5-3。

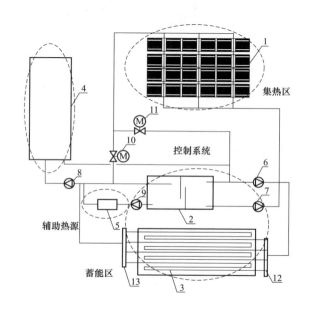

图 5-3 太阳能供暖系统流程示意

1—太阳能集热器;2—分层水池;3—地下蓄能区;4—供暖末端;5—电锅炉;6—地下蓄能区循环水泵;
7—集热区循环水泵;8—供暖循环水泵;9—辅热循环水泵;10—第一电磁阀;
11—第二电磁阀;12—分水器;13—集水器

工艺流程主要特点如下:

(1)通过短期与长期相结合的蓄热技术,最大限度地提高太阳能保证率及系统经济性,减少对传统能源的依赖。

(2)以低谷电作为供暖系统辅助能源,针对太阳能不足的情况,利用夜间电网多余的谷荷电力蓄热,非常适用于供暖负荷变化较大的场所,如工业厂房等,具有运行费用低、能量调节方便等优势。

（3）集成动控制技术，依据能源品质合理控制系统运行方式，在保证供暖需求的同时，避免高位能源低位使用，并通过设置供暖分区分时，提高了末端系统运行效率。

3. 实施效果

该项目使该企业年节省燃煤3000t，减少供暖系统运行费用70%。供暖期白天太阳能保证率为80%～100%，夜间太阳能保证率为50%～60%，平均太阳能保证率为70%～80%。集热面积与供暖面积之比小于1:4。

在经济效益方面，蓄热式太阳能供暖系统的初投资为每平方米供暖面积150～200元（不包含供暖系统末端），年运行费用约为每平方米供暖面积8～12元。当地天然气价格、集中供热入网费等因素影响蓄热式太阳能供暖方案初投资的优势，但运行费用方面该技术具有显著的优势。

第三节　风电清洁供暖技术

风电供暖技术本质上是电力供热，电网是消纳风电、引导供热负荷、平衡电力供需的基础角色。风电供热的积极意义主要体现在储能、调峰及减排三方面。风电清洁供暖技术可应用于"三北"可再生能源资源丰富地区，重点利用低谷时期的富余风电，建设具备蓄热功能的电供暖设施，促进风电和光伏发电等可再生能源电力消纳。

一、技术原理

风电清洁供暖技术最初来自丹麦，是一种解决由电力供需不平衡导致的"弃风"问题，将风力发电用于产热、供热，使电力系统达到新供需平衡的工程应用措施。风电和供热之间的中间介质为电网，所以，风电供暖本质上是电力供热，电网始终是消纳风电，引导供热负荷，平衡电力供需的基础角色。风电清洁供暖示意见图5-4。

如图5-4所示，电锅炉、蓄热系统与风电的组合开发模式应用蓄热系统将多余的风电通过存储系统统一存储，在冬季用电高峰时段用于供暖系统，既解决了风电浪费的问题，还降低了冬季供暖火电带来的大气污染排放。将蓄热系统与风电组合的优势在于为供热系统增加蓄热系统，将北方冬季产生的无法消纳的风电转化为热能之后通过供热管网系统与蓄热系统进行存储，用于冬季的供暖。风电供暖系统结构复杂，一般由电锅炉、蓄热系统、风电机组、电网控制器、换热器、供热管网、循环水泵、末端散热装置等构成。

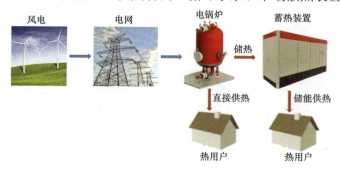

图 5-4 风电清洁供暖示意

电极式锅炉通常有高压和低压两种，高压电级锅炉用于转换 6～25kV 的电，在锅炉功率范围内可允许调节 5%～100% 的功率，其热效率最高可达99.5%；低压电级锅炉用于转化小于 1500kW 的电，其热效率约为 98%。

近几年，我国风电供暖取得了积极成效，下面以辽宁省为例作简要说明。

根据辽宁省风电运行情况和气象条件，供暖期为每年 11 月 1 日至次年 3 月 31 日，按 151 天计算，每年风电场通过电储热锅炉消纳弃风电量可达 30200MWh，风电企业能够创造发电收益约 966.4 万元，储热供暖企业能够创造供暖收益约 120.8 万元，每年能够直接创造经济价值约1087.2 万元。

依托电储热系统的技术示范和推广，辽宁电网深度调峰能力有了明显提升，辽宁电网清洁能源消纳困难的局面得到了显著缓解。2015—2018 年，在清洁能源容量占比基本稳定的情况下，清洁能源发电量占比逐年提高。由于电网消纳能力的提升，辽宁电网弃风率已由 2015 年的 17.19% 下降至 2017 年的 8.12%，2018 年上半年更进一步下降到 1.37%。通过对高压电制热储热管件技术和用电控制策略的研究，利用弃风电储热供暖，增加了电网对新能源电力的接纳能力，减弱了可再生能源的间歇性和波动性给电力系统运行带来的负面影响，提高了电网的使用效率，改善了资源利用率，并推动了高压电制热储热产业的发展。

二、 适用范围及优缺点

我国"三北"地区是风能资源和煤炭资源丰富地域，针对"三北"地区弃风现象的发生，究其原因可概述为三方面：首先，"三北"地区的风能资源与地区能源需求呈逆向分布，当地负荷水平不高，电力消费能力不足，使得风电就地消纳难度较高；其次，风电具有很强的随机性、波动性及反调峰特性，使得风电并网难度增大，严重影响风电消纳；最后，由于冬季供暖的需求，使得"三北"地区热电机组占火电机组的比例过重，而热电机组又存在着十分严重的热电无法解耦现象。因此，为满足人们供暖的更高需求，热电机组必须按热负荷需求进行运行，这样会导致冬季供暖期间系统的调峰能力严重不足，为保证供热与电网的有功功率平衡，不得不大量弃风。

因此，国家鼓励在新疆、甘肃、内蒙古、河北、辽宁、吉林、黑龙江等"三北"可再生能源资源丰富地区，充分利用存量机组发电能力，重点利用低谷时期的富余风电，推广电供暖，建设具备蓄热功能的电供暖设施，促进风电和光伏发电等可再生能源电力消纳。

如果冬季产热供暖能够通过风电部分解决，鼓励建设具备蓄热功能的电供暖设施，不仅促进风电等可再生能源电力消纳，还能够缓解困扰我国北方地区传统供暖季燃煤污染问题。目前风电供暖已在全国多地成功实施，利用弃风电储热供暖，实现高比例并网消纳清洁能源，对北方地区弃风消纳和清洁供暖起到积极作用。

综上所述，风电供暖的积极意义主要体现在储能、调峰及减排三个方面：

（1）风电供暖可以视为电力生产及储能利用的过程。从整个发电、输电及产热供热的过程看，由于风电供暖弱化了风力发电的随机间歇性，供暖系统可以储热形式实现储能用能，也降低了风电对于电网的适应性要求，因此可以将风电供暖看作是电力生产及储能利用的过程。

（2）风电供暖可以为电网负荷调峰做出贡献。通过建立省级调度与风电场、电储热实施调度模式，实现弃风电量的动态消纳。热力负荷可以依据电网要求安排用电运行，且可以借助储热设施平滑出力，从而为降低电网峰谷差及调峰填谷做出容量贡献，提升电网大规模可再生能源消纳能力，实现清洁能源电能替代作用。

（3）风电供暖对于节能减排有重要意义。风电供暖可以缓解燃煤取暖造成的环境污染和雾霾天气，落实清洁能源供暖政策，促进城镇能源利用清洁化，减少化石能源低效燃烧带来的环境污染，改善大气环境质量意义重大。

然而，风电供暖也有缺点：一是较热电联产等方式获取热能过程需要经过一次能源-电力-热力的拉长过程，能源消耗可能增大；二是经济效益受电热水锅炉的功率、建筑面积、当地低价、政策、运营时间等影响，经济效益存在不稳定性，因此需要经过科学的计算与规划。可按照每 1 万 kW 风电配套制热量满足 2 万 m² 建筑供暖需求的标准确定参与供暖的装机规模，鼓励新建建筑优先使用风电清洁供暖技术，鼓励风电场与电力用户采取直接交易的模式供电。

三、 工程案例及技术指标

（一）某 200MW 风电清洁供暖案例

1. 项目概况

北方某 200MW 风电清洁供暖项目，利用供暖期电网用电低谷时段电网无法接纳的风电进行蓄热，实现供热，规划最大供热能力为 40 万 m²，本期建设供热能力为 20 万 m²。

2. 技术方案

（1）设计热负荷。根据规划范围内不同的建筑分类比例核算，该工程综合热指标为 44.16W/m²。当地实际供热时间为 3624h。设计热负荷见表 5-1。

表 5-1　　　　　　　　　　设 计 热 负 荷

序号	项 目 名 称	单位	近期热负荷	远期热负荷
1	建筑面积	万 m²	20	40
2	供暖热指标	W/m²	44.16	44.16
3	设计热负荷	MW	8.83	17.66
4	平均热负荷	MW	6.18	12.36
5	最小热负荷	MW	3.79	7.58

（2）蓄热电锅炉选型和容量确定。当地电网公司针对风电供热项目的用电执行大工业用户用电，每日根据不同的时间段，将用电分为"峰、谷、平"三个时段，具体时间段的划分如下：

1）用电峰段每日 7：00～11：00、19：00～23：00（累计 8h）；

2）用电谷段每日 23：00～次日 7：00（累计 8h）；

3）用电平段每日 11：00～19：00（累计 8h）。

根据当地供电局提供的电价政策电度电价为：峰价 0.865 元/kWh，谷价 0.348 元/kWh，平价 0.5971 元/kWh（含税价）。基本电价为变压器容量×24 元（设备停运期不收容量费）。该工程按 5 个半月收取变压器容量费。

（3）方案比较。按 40 万 m² 供热、部分容量蓄热原则，按分别选用 4×9、4×8、4×7MW 的蓄热电锅炉方案进行比较，蓄热时间见表5-2。

表 5-2   蓄热电锅炉蓄热时间比较

项　　目	单位	方案一	方案二	方案三
容量	MW	4×9	4×8	4×7
最大热负荷蓄热时间	h	13.02	14.64	16.73
最大热负荷平电蓄热时间	h	5.02	6.64	8.67
平均热负荷蓄热时间	h	9.11	10.25	11.71
平均热负荷平电蓄热时间	h	1.11	2.24	3.51

从表 5-2 可以看出，4×7MW 蓄热电锅炉方案，在最大热负荷时，蓄热时间需要 16.73h，蓄热工况下除谷平电外，已开始用到峰电，而峰谷电电价差为 0.517 元/kWh，将引起运行费用大幅增加，技术方案不合理。4×9、4×8MW 蓄热锅炉方案的经济性比较见表 5-3。

表 5-3   蓄热电锅炉经济性比较

项　　目	单位	方案一	方案二
容量	MW	4×9	4×8
供热面积	万 m²	40	
全年供热量	GJ	160668	
利用谷电供热量	GJ	137416	120652
谷电供热量占比	%	85.53	75.09
初投资	万元	2480	2280
运行电费	万元	1931	2017
年总费用	万元	2128	2198

综合考虑 40 万 m² 供热，由于电蓄热供热方式中，运行电费相对较高，应尽可能多利用谷电，以降低运行成本，4×8MW 蓄热锅炉配置相对于 4×9MW 蓄热锅炉，初投资相差不大，如继续降低蓄热锅炉容量，由于进入使用峰电时段，运行电费将大幅度增加。

因此，推荐按 4×9MW 蓄热锅炉配置。

（4）供热站主要系统。

1）锅炉蓄热系统。完整的固体蓄热电锅炉包括固体蓄热电锅炉本体、高压电发热体、蓄热载体（固体蓄热砖）、风道、放热热交换器、变频风机及附属系统等，固体蓄热锅炉的内部结构见图5-5。

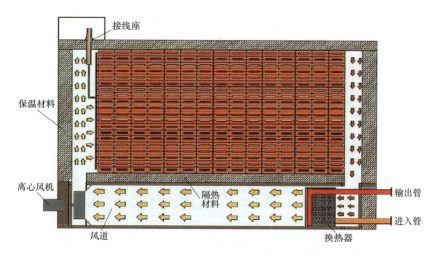

图5-5　固体蓄热锅炉的内部结构

固体蓄热装置具体蓄热过程如下：固体蓄热电锅炉在夜间谷电时间内依据调度指令控制系统接通高压开关，高压电网为高压电发热体供电，高压电发热体将电能转换为热能同时被蓄热载体不断吸收，当调峰时段结束时，控制系统切断高压开关，内部蓄能体可被加热到700~800℃进行蓄热，同时循环风在风机的带动下经过高温蓄能体后变成高温风，高温风经过换热器将热量传热给换热器内的低温热网回水，高温风重新成为低温风继续循环，换热器内的低温热网回水吸收热量后被加热成高温热网供水进行供热。在白天非谷电时间内，电蓄热锅炉利用蓄热体内的热量，继续通过循环风和换热器加热热网回水，维持全天供热。该工程响应了国家及地方电能替代政策，充分利用了当地丰富的弃风电供热。

该工程采用2台固体蓄热电锅炉，为部分容量蓄热，即谷电（每日23：00至次日7：00）段时边供边蓄，蓄热量能够满足白天平、峰段的部分热负荷，不够的部分可以用电锅炉在平段（每日11：00~19：00）直供。

按分量蓄热模式设计，单台锅炉主要参数见表5-4。

表 5 - 4　　　　　　　　　　　锅 炉 主 要 参 数

序号	名　　称	单位	数值
1	电锅炉功率	MW	9
2	加热电源电压	kV	10
3	电锅炉蓄热量	kWh	48000
4	电锅炉本体效率	%	95
5	换热器承压	MPa	2.4
6	锅炉内循环风机电压	V	380
7	换热器供/回水温度	℃	95/50

2）锅炉放热系统。

a. 锅炉循环系统。

功能：锅炉循环系统是将固体蓄热电锅炉热量输出，并通过设置的板式换热器将锅炉的热量输送至一次热网循环系统。

设计原则：由于锅炉循环系统与固体蓄热电锅炉直接相连，设备安全性需要重点考虑，锅炉房内的热水母管均设置在地沟内以防管道泄漏喷溅至锅炉本体造成事故；为便于系统阻力平衡，管路系统按照同程式布置。

系统说明：锅炉循环系统回水经全自动过滤器过滤除污后进入循环水泵入口母管，由锅炉循环系统循环水泵加压后至出水母管，回至锅炉房内后再经各分支管回至各固体蓄热电锅炉进行加热，由于蓄热电锅炉内设有空气-水热交换器，系统循环水与锅炉内流动的热风进行热交换升温后，经供水母管进入中间板式换热器与一次热网循环系统进行热交换完成一次循环，如此往复。除污器设置旁通，用作更换滤芯及设备检修时备用。

锅炉循环系统采用电泵并联运行方式，本期设置 2 台循环水泵，一运一备，预留 1 台安装位置；水泵均采用变频控制，按照一拖一配置。供水母管设置流量计，以便于计量锅炉循环系统的热网失水。供回水母管均设置关断阀，以便于运行维护；各固体蓄热电锅炉循环水进出口均设关断阀，以便于设备解列或投运。锅炉循环系统循环水设计最大循环水量 337.6t/h，本期循环水设计循环水量 168.8t/h。

b. 一次热网循环系统。

功能：一次热网循环系统是城市热力网各热用户或小区二级站的热源，用作加热热用户供暖回水或直接供给热用户。

设计原则：为节约初投资及便于运行管理，一次热网循环水采用单套系统，即母管制。各分支管或二级站均自城市热网母管接出，枝状敷设。

系统说明：一次热网循环系统 45℃ 回水经回水母管回至供热站，经全自动过滤器过滤除污后，由一次热网循环水泵加压后至出水母管，进入中间板式换热器，与锅炉循环系统的热水进行换热，升温至 70℃ 后，经供水母管进入一次热网循环系统供水母管，分配至各热用户或二级热力站，放热至 45℃ 后，回至一次循环热网回水母管，回至供热首站，完成一次循环，如此往复。除污器设置旁通，用作更换滤芯及设备检修时备用。

一次热网循环系统采用电泵并联运行方式，本期设置 2 台循环水泵，一运一备，预留 1 台安装位置；水泵均采用变频控制，按照一拖一配置。供回水母管均设置流量计，以便于计量一次循环系统热网失水。供回水母管均设置关断阀，以便于运行维护，各板式换热器循环水进出口均设关断阀，以便于设备解列或投运。回水母管装设安全阀，以排出热网启动时受热膨胀及系统事故超压时的循环水，稳定水压，保证热网安全运行。一次热网循环系统循环水设计最大循环水量 607.6t/h，本期循环水设计循环水量 303.8t/h。为确保管路的严密性，DN＞80mm 的热水侧管路上的关断阀全部选用 D343 型金属硬密封蝶阀。

3）热网补水定压系统。

功能：通过补充水泵以向热网循环水系统供水的方式来弥补系统由于各种原因引起的失水，维持系统静水压线（即定压点），以防止系统最高点汽化，造成水击。

设计原则：锅炉循环系统及一次热网循环系统各配置一套囊式补水定压装置，装置内均配置稳压器、膨胀器、补水泵及控制系统，补水点设在循环泵入口母管处；为了保证系统水质，锅炉循环系统补水采用纯水，一次热网循环系统补水采用化学软化水，纯水发生器、全自动软水器及软化水箱均由化学专业提供；系统正常补水量均按循环水量的 1% 设计，事故补水量按循环水量的 4% 设计，补充水泵选型均按照系统循环水量 2% 设计。

系统说明：生活用自来水经母管进入供热站后分两路分别经关断阀、流量测量装置后进入全自动软水器和纯水发生器处理，处理过程具体参见化学专业，处理后的软化水和纯水均由补充水泵抽出，经各自加压后分别送至锅炉循环系统及一次热网循环系统循环水泵入口母管。

本期锅炉循环系统设计正常补水量为 0.85t/h，最大补水量为 3.4t/h。一次热网循环系统设计正常补水量为 6t/h，最大补水量为 24t/h。

3. 实施效果

供热站的主要运行指标见表 5-5。

表 5-5　　　　　　　　　　　供热站的主要运行指标

序号	项目名称	单位	数值	备　注
1	供暖期供热量	GJ/年	160668	按 40 万 m² 供热考虑
2	供暖期用电量	10^4Wh/年	3521	按 40 万 m² 供热考虑
3	利用电网谷电比例	%	85	
4	单位面积用电量	kWh/m²	88	
5	供热站综合热效率	%	93.1	

（二）某风电供热 10 万 m² 案例

某风电场装机容量为 5.1kW，电供热面积 10 万 m²。风电企业设计系统运营周期为 20 年，政府补贴 20 年，其中风电补贴 0.1965 元/kWh。当地燃煤价格 0.3035 元/kWh。企业静态投资 7200 元/kW，风电场理论发电时间 3400h，风轮高度 85m，轮毂平均风速 7.8m/s，当地保障上网时间 1900h。

经过经济性分析后得出，该项目模式全额上网时，投资回收期预计约 7 年；在保障上网小时的情况下，投资回收期预计约 12 年。

该风电场在开发电热水锅炉、蓄热系统与风电的组合系统模式之前，风电场因无法解决消纳问题出现了严重的弃风限电问题，造成资源浪费。为提升风电场效益，应用高电极电热水锅炉蓄热系统风电的系统模式在冬季对居民采用风电供热。风电企业的预计投资回收周期只缩减到约 11 年，比风电场设计的运营回收周期（12 年）缩短了 1 年，在贷款年限、贷款利息、风电补贴等条件不变的情况下，提前 1 年收回成本相当于增加了 1 年的纯利润，风电企业经济效益显著调高，对于企业长远有着促进性意义。

第四节　地热能供暖技术

地热能供暖是利用地热资源，使用换热系统提取地热资源中的热量，向用户供暖的方式。地热能蕴藏在地球内部，是一种清洁低碳、分布广泛、资源丰富、优质可靠的可再生能源。我国北方地区地热资源丰富，可因地制宜作为集中或分散供暖热源。

一、 地热能供暖分类

地热能供暖可以分为中深层水热型地热能供暖、浅层地热能供暖、深井换热供暖等方式。目前我国浅层地热能供暖（制冷）技术已基本成熟，深井换热技术和中深层水热型地热能的规模化开发技术正在研究示范阶段。

二、 地热能供暖发展路线及适用条件

1. 中深层水热型地热能供暖

中深层水热型地热能是指深度在 $200\sim4000m$ 范围的地下水或蒸汽中所蕴含的地热资源，是目前地热勘探开发的主体。水热型地热能供暖技术是通过向中深层岩层钻井，将储存在中深层地热水直接采出，并以地下中深层地热水为热源，经由地面系统完成热量提取，用于地面建筑物供暖的技术。

中深层水热型地热能供暖具有清洁、环保、利用系数高等特点，主要适于地热资源条件良好、地质条件便于回灌的地区，如在松辽盆地、渤海湾盆地、河淮盆地、江汉盆地、汾河—渭河盆地、环鄂尔多斯盆地、银川平原等地区，代表地区为京津冀、山西、陕西、山东、黑龙江、河南等。

我国在经济较发达、环境约束较高的京津冀鲁豫和生态环境脆弱的青藏高原及毗邻区，将地热能供暖纳入城镇基础设施建设范畴，集中规划，统一开发。该技术正在由过去的分散式供暖向集中连片开发转变，在北京城市副中心、雄安新区、河北献县正在规划和建设城市级别的大规模地热能供暖项目。

2. 浅层地热能供暖

采用地下 200m 以浅的恒温带地热资源为热源，适用于分布式或分散供暖，可利用范围广，具有较大的市场和节能潜力。通过地源热泵利用地下浅层地热资源，该系统既能在夏天供冷又能在冬天供热，地源热泵供能示意模型见图 5-6。截至 2017 年底，我国地源热泵装机容量达 2 万 MW，位居世界第一，年利用浅层地热能折合 1900 万 t 标准煤，实现供暖建筑面积超过 5 亿 ㎡，主要分布在北京、天津、河北、辽宁、山东、湖北、江苏、上海等省市的城区，其中京津冀开发利用规模最大。因需要取用地下水，受各地取水政策制约，特别是在华北区域开发难度大，浅层地热能主要以土壤源热泵（地埋管、桩基埋管）形式开展。

2km
4km
6km
8km
热流

图 5 - 6　地源热泵供能示意模型

　　浅层地热能供暖适用于分布式或分散供暖，可利用范围广，具有较大的市场和节能潜力。在京津冀鲁豫的主要城市及中心城镇等地区，优先发展再生水源（含污水、工业废水等），积极发展地源（土壤源），适度发展地表水源（含河流、湖泊等），鼓励采用供暖、制冷、热水联供技术；优先使用于地质条件良好，冬季供暖与夏季制冷基本平衡，易于埋管的建筑或区域，承担单体建筑或小型区域供热（冷）。

　　按照"因地制宜，集约开发，加强监管，注重环保"的方式，加快各类浅层地热能利用技术的推广应用，经济高效替代散煤供暖。

　　浅层地热能供暖的主要缺点是占地面积较大，不适合城市级别大规模开发利用，仅适合有空地的地方如机场、体育场、学校、医院和农村地区等。

　　3. 深井换热供暖

　　深井换热技术又称井下换热、无干扰地热、地岩热技术，是以地下 2km 深的高温热岩为热源，采用"取热不取水"的方式，通过钻机向地下高温热岩钻孔，在钻孔中安装一种特殊的密闭金属换热器，借助换热器传导，将地下深处的热能导出，并通过专用设备系统向地面建筑物供热的可再生清洁能源新技术。根据井下钻孔换热的形式不同，又分为同轴套管换热技术、U 形井换热技术、EGS 换热技术等。

　　深井换热技术具有不抽取、不破坏地下水资源，密闭运行无污染，普遍适用等优点；虽然项目初投资成本较高，但全寿命周期运行成本较低，可在全国范围内适用。目前该技术已在甘肃、陕西、山西、内蒙古、天津和山东等地示范应用，其中陕西省西咸新区沣西新城建成全国最大规模无干扰地热供热项目。

三、 地热能供暖发展前景及目标

地热能供暖对于调整能源结构、防治环境污染具有十分重要的意义，可减少温室气体排放，改善生态环境，在未来清洁能源发展中占重要地位。当前地热能供暖行业出现了新技术推广、规模化和品牌化开发、高效换热、梯级利用、多能互补供能、综合智慧管控等代表高技术、高效率、高水平的开发利用趋势。掌握地热产业关键核心技术，健全地热能资源和应用工程监测体系、科技支撑体系，把地热能发展为城市集中供暖的有效补充和可再生能源清洁供暖的重要方式。加强地热能开发利用规划与城市总体规划的衔接，将地热能供暖纳入城镇基础设施建设。

1. 因地制宜实现明确目标

相关地区要充分考虑本地区经济发展水平、区域用能结构、地理、地质与水文条件等，结合地方供热（冷）需求，对现有非清洁燃煤供暖适宜用浅层地热能替代的，应尽快完成替代；对集中供暖无法覆盖的城乡结合部等区域，在适宜发展浅层地热能供暖的情况下，积极发展浅层地热能供暖。相关地区要根据供热资源禀赋，因地制宜选取浅层地热能开发利用方式。对地表水和污水（再生水）资源禀赋好的地区，积极发展地表水源热泵供暖；对集中度不高的供暖需求，在不破坏土壤热平衡的情况下，积极采用分布式土壤源热泵供暖；对水文、地质条件适宜地区，在 100％回灌、不污染地下水的情况下，积极推广地下水源热泵技术供暖。到 2021 年，地热能供暖面积达到 10 亿 m^2，其中中深层水热型地热能供暖 5 亿 m^2、浅层地热能供暖 5 亿 m^2（含电供暖中的地源、水源热泵）。2035 年以后，随着干热岩开发技术的突破，地热能供暖与地热发电齐头并进，中东部地区重点发展地热能供暖，助力推进清洁取暖；西部地区重点推进地热发电。

2. 先行培育示范打造样板

把地热能开发利用与城市供热基础设施有机衔接，统筹推进浅层地热能和水热型地热资源开发利用，切实做好地热能与其他清洁能源的融合发展，把地热能发展成为区域推进清洁取暖、实现散煤替代的重要方式，打造具有一定代表性及影响力的地热能清洁供暖示范县区。重点研究大网＋地热＋其他可再生能源冷热联供技术的可行性和运营模式，解决既有管网供热能力不足和热力替代的解决方案；通过互联网、大数据等手段，优选大型商务区、工业园区、大学城、交通枢纽中心等重点区域，加强以地热能、空气能、天然气三联供等清洁能源的终端供能系统统筹规划和一体化建设，通过清洁供暖（制冷）、储能技术、冷热电三联供和微电网等集成应用，打造智能化区域性能源中心，探索发输配储用一体化的技术应用和商业运营模式示范。

建立雄安新区地热能区域性高效开发利用示范区，将地热能利用的"雄安模式"打造成中国高质量发展的样板。济南市也准备在地热资源相对丰富的商河、济阳等地区，积极推广地热能取暖，推进建设商河县冬季清洁取暖无煤化示范县项目和济阳区中深层地热能项目。

四、 地热能供暖典型应用案例

河北雄县已建成地热能供暖能力 385 万 m^2，覆盖了 95％以上的城区，被称为"无烟城"，成为我国地热能供暖的试验田和推广复制的范本。中石化新星公司已在河北省 15 个市（县）区发展地热能供暖面积 1200 万 m^2，业务辐射全国 16 个省份，地热能供暖能力达到 4000 万 m^2，年可替代标准煤 116 万 t，减排二氧化碳 300 万 t。

1. 项目概况

河南周口市地热集中供暖项目，是全国规划面积最大的地热能供暖连片示范区，涵盖东新区、鹿邑、沈丘、西华、太康、淮阳、郸城等区域。周口地区属于河南省东部平原区地热系统，拥有丰富的沉积型砂岩热储，资源品质较优，已探明的地热资源，年可开采量达 4200 万 m^3。2018 年《河南省集中供热管理办法》将周口市纳入强制供暖区，以鹿邑县的项目为起点，沈丘、西华、太康、周口东新区、淮阳等地相继引进清洁能源地热能供暖项目。项目采用 BOOT 模式，河南万江新能源开发有限公司通过政府特许授权经营，发挥企业资金、技术、运营和管理等方面的优势。

2. 技术方案

该项目采用中深层地热能供暖，地热能供暖从中深层获取地热水，利用梯级换热技术将地热水的热量提取出来用于供暖，并将取热后的尾水还回到地下。项目 100％同层回灌，取热不取水。整个系统封闭运行，只交换热量，水质不发生变化，尾水回灌到地层，不会造成原有水源污染。

3. 实施效果

项目投产后供热能力达到 770MW，供暖建筑面积 2200 万 m^2，覆盖人口约 75 万人，项目总投资约 19.8 亿元，投资回收期约 7.49 年。

地热能供暖项目的实施实现了零污染、零排放，对于减少雾霾、减少可吸入颗粒物（PM_{10}）和细颗粒物（$PM_{2.5}$）的排放起到了积极作用。规划地热供暖建筑面积 2200 万 m^2，每年减少标准燃煤 36 万 t、碳氧化物排放量 94.8 万 t。

第六章
长距离输送供热技术

第一节　长距离输送供热技术概况

根据 2016 年北方城镇供暖统计，我国北方地区城乡建筑取暖总面积约 206 亿 m²，其中清洁燃煤集中供暖面积约 35 亿 m²，均为热电联产集中供暖，占北方地区城乡建筑取暖总面积的 17%，电力、钢铁、水泥等低品质余热资源尚未得到充分利用，尤其是火电厂的余热利用仍有较大开发潜力。

一方面电厂余热未被充分利用，另一方面大中型城市缺乏清洁供暖热源，使用燃气、大型燃煤锅炉、电力等作为热源。同时，随着我国工业发展的不断加快，工业对供热的需求也不断增加，有些工业园区与电厂的距离相对较远，存在现有热源无法供热，新建热源经济、环保效益较差的问题。

造成能源不能合理利用的主要原因是输送距离。传统的蒸汽管网设计输送半径距离受到经济供热半径的制约，由于热源所在地距离大中型城市比较远，输送距离的限制导致电厂热能不能充分利用。

近年来，国内长距离输送供热技术发展迅速，尤其是大温差长距离输送供热管网已有多个工程案例。采用长距离输送供热技术后，蒸汽管道输送距离可以延伸至 20~50km，同时有效降低输送温降压降和能耗，不仅可以提高供热的整体效益，而且达到了环保的效果。通过长距离输送管网有效利用机组烟气和乏汽的余热，实现城市密集区无煤化，相比常规热电联产可节能 30%~50%，供热成本与大型燃煤锅炉供热相当。对于冬季有供暖需求的城市，通过长距离输送供热可以有效利用城市周边热电厂的供热能力，替代城区落后的小机组、燃煤锅炉和散煤的使用，具有良好的社会效益和环保效益。

第二节 长距离输送供热技术路线

一、 技术内容

（一）长距离输送热网特点

长距离输送供热管线的主线通常在 20km 以上，供热规模一般在 3000 万 m² 以上，通常需穿越河流、山川，海拔存在 100m 以上的高差。

长距离输送供热技术有别于其他管网技术，应该具备温降压降小、造价省、补偿好、负荷广和维护少的特点，为实现以上特点，一般采用以下技术及措施：

（1）采用低温回水技术实现大温差。由于供热距离远，热水输送电耗明显增加，降低能耗的有效方法是增加供回水温差，提高单位循环水携带的热量，如传统的供热温差最大为 60℃，而长距离输送供热管线温差可以达到 75～110℃。长距离输送供热的大温差是通过低温回水技术降低回水温度得到的，将回水温度降到 15～35℃，可以在降低输送能耗的同时，回收更多电厂余热，进一步提高经济性。通过长距离输送供热技术，供热的余热利用可以占整个电厂输出量的 55% 以上，从而显著降低供热成本。

低温回水技术主要包括以下方法：一是热力站设置大温差热水型溴化锂换热机组，在用户热力站处安装吸收式换热机组，用于替代常规的水-水换热器，在不改变用户侧二次网供回水温度的前提下，降低一次网回水温度至 15～35℃，输送温差可以达到原有的 1.75 倍，可以近似认为同等管径下热力输送能力也是原来的 1.75 倍，热网投资和运行费用可以大幅降低；二是在热力站设置电动水源热泵降温方式，即在传统热力站板式换热器一级网回水侧串联电动水源热泵，降低一级网的回水温度，从而促进热电厂乏汽充分利用，原有热力站可实现增容约 40% 的效果；三是在热力站采用混水降温方式，对于用户侧二级网回水温度比较低的情况，在热力站可采用一级网供水与二级网回水混合，成为二级网供水，二级网多余的回水进入一级管网的回水干管中，热力站混水降温属于直接混水换热，具有换热效率高、占地少、投资少的优点；四是利用热泵集中回水降温方式，在一级网回水总管上设置大型电动或汽动热泵，将回水温度由传统的 45～55℃ 降低到 25～35℃，然后回水到火力发电厂，热电厂余热通过热泵做功后将二级网回水加热到 85～110℃，可独立向附近的供热区域供热。

（2）采用先进的保温技术减少输送热耗。为减少热耗，长距离输送管道的保温应采用优化的保温复合结构和保温性能好的材料，如高压蒸汽管道可以采用"工作钢管＋硅酸铝棉毡＋绝热屏蔽辐射层＋高温离心玻璃棉＋绝热屏蔽辐射层＋高温离心玻璃棉＋彩钢板外护层"的保温结构。同时，由于供热距离长，长距离输送供热管线仅支架的热耗占管网输送热耗的10%～15%，为减少热耗，支架应采用隔热技术。新型低摩擦隔热管托在管部与管道外壁之间设置有隔热材料，有效降低了热力管道与支架之间的热量传递，改善热桥效应。如古交电厂至太原长距离输送供热管线由于采用了隔热支架，37.8km的温降小于1.5℃，节能效果显著。

（3）在设计和建设过程中充分保证安全性。对于多热源并网运行的长距离输送供热管网，市区供热适合环状供热管网，充分考虑事故备用热源以及调峰热源。要保证系统切换的快速响应，实现对于任意一种系统事故（包括最大系统事故）都能达到最低供热保证率。同时，长距离输送热网必须进行动态水力计算，考虑单台水泵停泵事故、双路电源断电事故、误关阀事故、管道泄漏、单路断电事故等多种极端工况，热网管道要做好管道补水点和疏水设计。温度高的蒸汽管网根据地形特点采用自然补偿的方式，提高安全性。

（二）长距离输送热网设计要点

长距离输送工程目前在国内运行的案例相对较少，在设计、施工及运行方面的经验有待积累，为确保系统的经济性和安全性，应重视以下几方面的设计工作：

（1）根据热负荷选择合适的供热方案。长距离输送热网的供热经济性受热负荷影响较大，需对热负荷进行充分调研，做好热负荷专题研究，绘制热负荷曲线，选择合理的网侧供热方案。

（2）管道应力计算规程选择。热水长距离输送供热管网的管径往往大于DN1200，已超出 CJJ/T 81—2013《城镇供热直埋热水管道技术规程》的适用范围。为保证安全性和经济性，建议管道材质和管径壁厚的选择及应力计算在满足 CJJ 34—2010《城镇供热管网设计规范》和 CJJ/T 81—2013《城镇供热直埋热水管道技术规程》要求的同时，兼顾欧洲 EN13941 标准、俄罗斯GOST55596 标准。

（3）采取有效措施避免水锤。水锤是指压力管道中在阀门关闭太快时，由于压力水流的惯性，流速剧烈变化引起动量转换，从而在管路中产生一系列急骤的压力交替变化的水力撞击现象。按水锤成因的外部条件可分为启动水锤、关阀水锤、停泵水锤。热水长距离输送供热管网按动态水力计算的要求关闭阀门、变频启停循环泵，合理设置止回阀、泄压装置，可避免启动水锤和关阀水锤的产生。

（4）选择合理的管径及热媒参数。供热管网的管径应综合考虑介质的流量、流速、输送距离及管道允许的压力损失等，并通过水力计算确定。热水长距离输送供热管网考虑到输热电耗和经济性，通常供回水温差比常规热电联产供热温差大，但供回水温度需要根据趸售及直供热价、近远期供热面积及热力站降温形式等因素确定，应根据工程的具体特点，通过技术经济比较确定合理的供回水温度。

（5）选择合理的火力发电厂余热利用形式。热水长距离输送供热管网采用大温差供热后，回水温度降低，可以有效利用火力发电厂的各种余热，降低供热成本。火力发电厂的余热主要包括汽轮机冷端排汽、烟气余热和辅机冷却循环水等，其中汽轮机冷端乏汽冷凝热所占比例最大，目前应用也最成熟。余热利用方案可以分为工业供热余热利用和供暖余热利用技术两大类，具体方案应根据电厂实际灵活选取。

（三）长距离输送热网的运行调节

常规的供热系统运行调节方式一般有量调节、质调节、分阶段改变流量的质调节以及间歇调节四种。其中质调节方式是指热网介质的循环流量不变，系统供水温度根据室外温度变化调整，质调节方式可充分利用电厂汽轮机的供热抽汽及排汽，节约燃料，但由于循环水泵功率正比于流量的立方，故采用质调节时循环泵电耗较高，经济性较差；量调节是指保持热网供水温度不变，通过改变热网循环流量来实现参数的调整，因改变流量可能会造成直接连接系统热力工况失调，适合于间接连接供热系统；分阶段改变流量的质调节是将室外温度按照高低不同分成若干阶段，在每一阶段内，网路的循环水量始终保持不变，按照改变网路供水温度的质调节方式进行供热调节，在温度较低的一个阶段中，保持设计最大流量，而在温度较高的一个阶段中，保持较小的流量；间歇调节是指室外温度升高时，不改变网路的循环水量和供水温度，减少每天供暖小时的调节方式。

对于长距离输送热网，采用质调节的调节模式能够保持一次管网的水力工况基本稳定，但存在供热调节时效性差的缺点，尤其在室外温度低的天气，对于民生供暖有较大的影响。以郑州市供热的国电荥阳电厂为例，其距郑州市主城区约24km，调节供热参数后，调节后的供热介质约9.5h才能到达郑州市主城区，如考虑调节后供热介质到达最末端热力站及最末端热用户的时间，则滞后时间能高达18h以上。除了调节时效性问题，当温度变化较剧烈时，供热管网温度随着波动较大对管网运行安全产生不利影响，有研究表明供热管网的泄漏事故大多发生在热网温度等参数剧烈变化时，当供热管网温度发生变化时，供热管网热应力骤增。

长距离输送供热管线输送距离远、影响范围广，所以选择适当的运行调节方式保证整个供热系统的安全稳定、高效运行十分重要。对于长距离输送热网采用量调节模式，可以减小温度波动对管网的危害，热力站瞬时供热量随流量调节同时变化，大大改善了过去质调节时效性差的缺点。量调节方式在管网故障停运检修、外围热源故障时效果尤为明显，能够迅速输送热量至主城区周边的热力站，最大限度降低故障的影响；但当热源电厂与一次管网直接连接时，电厂循环流量过低不利于市区一次管网的调节，且受制于一次网设备条件，造成长距离输送管网流量可调范围较小，当流量变化时会对一次管网水力工况带来较大影响，特别是联网供热运行模式时，将加重一次网的调节负担。

为解决长距离输送热网响应时间长的问题，可以在调节中应用前置调节思路，即通过计算得到系统不同循环流量下热源至最末端的响应时间，根据计算结果提前按照响应时间进行调整，可满足长距离输送供热系统对响应时间的需求。例如太古长距离输送供热系统的市区一级网的最末端到热网的中继能源站仍有30km左右，根据计算得出前置调整时间最少为10h，则系统运行调整过程中按照10h以上的响应时间进行前置调整。在实际运行中，太古供热工程以前置调节为前提，采用质调节与量调节两种方式相互切换进行供暖季内的温度、流量调节，以满足供暖初、末期以及严寒期的供热需求。

随着智慧热网的建设，可以实现高温网和一级网流量的联动调整以维持热网温度基本不变，在保证管网安全的前提下，可以实现长距离输送热网系统的日负荷调节及快速流量调整；另外，可充分结合峰谷平的电价计量模式，在电价较高时期降低流量达到减少系统生产耗电费用的目的。当长距离输送热源向市区供热时，可在气温较稳定时采用较低的管网循环流量，当气温急剧下降再提升流量，降低长距离输送管网年平均运行流量，从而降低循环泵的能耗。

二、 工程案例及技术指标

目前国内以太原为首，石家庄、济南、郑州、银川、呼和浩特、西安等省会城市及山西晋城等地级市均在推进或论证引入城市周边的电厂热源，涉及供热面积超过 10 亿 m²。下面以山西太古长距离输送供热工程为例进行说明。

山西太古长距离输送供热工程是由太原市郊古交兴能电厂向太原市输送热电联产产热和电厂余热的超大型供热工程，该工程输送距离远、高差大、工程难度大，是国内长距离输送供热的典型案例。

2003 年太原市清洁供热热源紧张，出现燃煤不进城和燃气不够用、用不起的问题，为此，太原市政府提出了"八源一网"的供热格局，其中最重要的热源就是太古长距离输送供热工程。

工程热源为太原市郊古交兴能电厂，该电厂一期建设两台 300MW 机组，二期建设两台 600MW 机组，三期建设两台 600MW 机组，设计供/回水温度为 130/30℃，单系统设计循环流量 15000t/h，两台合计为 30000t/h。

山西太古长距离输送供热工程总投资 48 亿元，主要建设内容包括敷设 4 根 DN1400 供热主管道 37.8km（两供两回），建设中继泵站 3 座、事故补水站 1 座、末端中继能源站 1 座、隧道工程 15.17km 及配套工程，设置大型换热器 90 台。管网由电厂至中继能源站高差 180m，由能源站至下游换热站高差 70m。在电厂侧，一、二期供热改造工程投资约 5.4 亿元，包含主厂房内部（主机）和厂区供热工程（含首站和热网）。系统高温网侧共设置 6 组中继泵实现高温长距离输送热网的水力循环，分别为电厂内加压泵，1 号泵回水加压泵，2 号泵站供、回水加压泵，3 号泵回水加压泵，中继能源站回水加压泵。每套系统每级加压泵均设置 4 台（4 用不备），共计 48 台。系统的一级网侧在能源站内设置一套循环泵和一级网换热站内的分布式变频泵。高温网、一级网设计循环流量均为 30000t/h，高温网设计供、回水温度 130/30℃，一级网设计供回水温度 120/25℃。太古供热工程示意见图 6-1。

太古供热项目的具体调节方式为在热源电厂升温中，首先利用乏汽余热进行初期加热。①当要求温度到 90℃时，启动尖峰加热器，同时，下游热力站适时启动大温差机组，实现市区内的高效换热，该阶段采用量调节方式；②严寒期（高温网供热温度高于 90℃），该阶段采用质调节方式进行调节，当温度无法满足供热需求时，通过提升循环流量的方式进行调节；③供暖季末期时，为了保证下游一级网大温差机组可以正常运行，高温网供水温度降至90℃时不再下降，之后亦采用量调节的方式进行系统运行调节。其中，一级网流量应满足每万平方米流量大于或等于 2.5m³/h，即一级网流量最低为15000m³/h。此时，一级网温度下降，无法满足大温差机组启动要求。

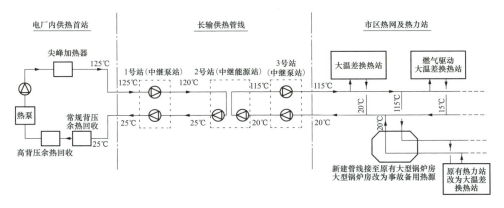

图 6-1　太古供热工程示意

太古长距离输送供热系统设计运行温度为 130/30℃，实际回水隧道及架空管线按照 50℃标准进行设计，为保证系统的运行寿命，运行参数必须控制在设计参数以内。运行以来，由于既有热力站大温差改造难度大，实际大温差机组运行比例较低，高温网的回水温度均高于设计值，2018 年正常运行时高温网回水温度控制在 45℃以内。针对高温网回水温度控制设置两级报警，48℃为第一级预警，50℃为第二级控制调整报警。

该工程充分利用了电厂余热，提高了能源综合利用效率。与普通热电联产相比，热源容量更大，输送距离更远，供热面积更大，但系统相对复杂。为保证整个供热系统连续运转，需要包括兴能电厂内首站及下游各个换热站等设施共同运转。通过运行两个供热季以来的经验，发现除了优良的项目质量、设备质量和运行质量外，还需做好系统的自动保护，提高自控系统稳定性和换热器性能保障措施，做好运行调度。

工程实施后，截至 2017—2018 年供暖季，已经实现了供热面积 6000 万 m²，随着大温差改造工作的推进和分布式调峰热源的建设，远期可实现供热 7600 万 m²。投产后，一个供暖季的年抽汽供热量 1137 万 GJ，乏汽年供热量 2663 万 GJ，乏汽供热每年节约标准煤约 99.8 万 t。

第三节　长距离输送供热技术特点及应用分析

一、技术优缺点

长距离输送供热技术的优点非常明显，可以将蒸汽管道输送距离延伸至20～50km，同时降低输送温降压降和能耗，有效解决火电厂装机分布与热负荷分布存在空间不匹配的问题，有利于充分利用远离负荷中心的电厂和工业余热，替代城区落后的小机组、燃煤锅炉和散煤的使用。在热负荷集中的地区应用长距离输送供热，可以有效缓解供暖季散煤和落后小机组供热引起的空气污染，提高整体能源利用效率，助力打好"蓝天保卫战"，推进北方地区实现清洁供暖，具有良好的社会效益和环保效益。

但长距离输送供热管网缺点也十分明显，由于长距离输送供热管线输送距离远，影响范围广，初投资高，需要特别注重经济性。此外，由于供热范围大，管网规模大，热损失随之增加，系统建设、运行和维护更加复杂，对输送管线的设计、上游供热首站和下游城市热网的联合控制、事故应急处理等要求都很高。

二、应用分析

长距离输送供热技术可以显著提高供热范围，但由于初投资高、经济性相对较差、影响范围大，在应用时，应重视以下问题：

（1）长距离输送热网初投资高，应高度重视经济性。首先应优先挖掘本地热源，避免舍近求远。同时，应确保末端用户有较稳定的热负荷，敷设的长距离管道投资是可回收的。政府主导对长距离输送热网的规划、建设具有积极意义，管网可由公共事业或企业管理，热源由供热企业负责。为提高长距离输送供热工程的经济效益，可结合大温差输送和电厂余热回收。在用户侧采用吸收式热泵降低回水温度，中继能源站可以结合调峰热源进一步集中降低热网回水温度，降低热网回水温度应与热电厂的余热回收工艺统一考虑，实现热电厂在传统热电联产基础上能耗进一步降低。

（2）在系统设计建造过程中必须进行动态水力分析。长距离输送供热工程由于输送距离长，需考虑多级泵加压输送，常规静态水力计算不能满足要求，必须进行动态水力计算分析，必要时应进行模拟试验。水力分析需要充分考虑事故状态的动态安全性，并整体分析考虑，形成自控策略，否则很容易出现超压及汽化现象，带来严重事故。

（3）大高差长距离输送供热工程应重视上游供热首站和下游城市热网的可靠性。与普通供热系统不同，长距离输送供热工程是一个复杂的系统工程，除了输送管线，对上游供热首站和下游城市热网的联合控制、事故应急处理等要求都很高。例如电厂供热首站内循环泵需和系统其他循环泵联合，市区管网要考虑多点补水、事故管线快速隔离等。

（4）通过多热源联网或采取燃气分布式调峰措施，使长距离输送管网整个供热期承担基本供热负荷，降低长距离输送热网的输送成本，同时进一步增加城市供热系统的安全性。

第七章

智 慧 供 热 技 术

一、 发展背景

我国的供热行业由最早的分散小锅炉直连供热，到以火电厂为主的热源和热网热用户一起组成集中供热系统，不断向信息化和自动化方向发展。根据热网、热源、调节和运行方式可分为四个时代，见表7-1。

表7-1　　　　　　　　　我国供热时代划分

项目	第一代	第二代	第三代	第四代
热源	分散小锅炉房	热电联产区域锅炉房	热电联产大型区域锅炉房多种形式热源相互独立	多种形式热源联网运行
热网	直连	枝状网直连间连	环网间连+直连	城市能源网间连+直连
调节方式	热源集中	热源、热力站独立调节	热源、热力站联合调节用户独立调节	热源、热力站、用户联合调节
运行方式	人工	自动化	物联网无人值守热力站	智能化、智慧化、云服务、大数据

目前，我国正处于第三代向第四代发展的过程中，在清洁供热、能源转型、信息社会的时代新背景下，我国集中供热系统呈现出了"源-网-荷-储"协同发展趋势。

一是热源供给侧具有更加多元化的选择，清洁燃煤热电联产的基础性地位在相当长的时间内不会改变，大力推进工业过程余热供热、生物质能及垃圾发电供热，并积极探索风能、太阳能、地热能、核能供热等新技术，通过多源或多能互补技术实现供热系统的动态能量平衡和集成优化。

二是在热网配送侧，长距离输热技术不断取得突破，同时，热网进一步向互联互通结构发展，提高供热可靠性，增加调度灵活性，吸纳波动性强的低碳清洁热源接入。

三是在负荷需求方面，热计量提高了负荷方面的自动化水平，温室计量等物联网技术为按需精确供热提供了基础条件，分布式综合能源的发展带来了更灵活的选择，需求方响应技术也在探索中。

四是大规模储热技术，可实现热负荷的"削峰调谷"，支撑热电解耦，确保可再生能源利用率。

在这种背景下，智慧供热应运而生。智慧供热的核心是供热，与传统供热的区别在于智慧，特点是供热逐步向智能化、清洁化、高效率、高质量、精细化、低成本、人性化方向发展；从传统的独立热源向多热源联网发展，充分消纳低碳清洁热源；从满足用户的整体需求，向注重不同用户群体需求转变，将服务延伸至供热建设的各个环节及全寿命周期，用最低的成本和最高的效率，最大限度满足热用户需求。

二、 智慧供热意义

作为当前我国经济新旧动能转换升级过程中的重要驱动力，智慧供热旨在解决城镇集中供热系统联网规模扩大、清洁热源接入带来系统动态性增加、环保排放约束日益严格、按需精准供热对供热品质和精细化程度要求不断提高所带来的一系列难题，全面提升供热的安全性、可靠性、灵活性、舒适性，降低供热能耗，减少污染物与碳排放，同时显著提升供热服务能力和水平，突破供热行业自身发展瓶颈，满足人民群众对美好生活的需求，使城镇供热系统成为承载人民美好生活的智慧城市的重要组成部分。具体意义如下：

（1）提高供热系统能效，促进供热智能化。智慧供热技术通过实现供热信息化和自动化，挖掘供热数据价值，协调供热系统"源-网-荷-储"全过程要素，增强供热生产运行调控决策科学性，促进生产节能，提高供热系统能效。

（2）充分消纳清洁低碳能源，促进供热清洁化。由于工业余热、风能、太阳能、地热能等清洁低碳能源受外界环境影响大，具有波动性和间歇性，消纳利用困难。智慧供热将化石能源、清洁低碳能源纳入同一供热调度系统，通过负荷预测供需动态平衡，解决现阶段电网、热网对清洁低碳利用和消纳能力有限的问题，有利于清洁供热发展。

（3）提高供热企业管控能力，提高企业服务水平。智慧供热在通信技术、自动控制技术等方面的提升，可提升供热调控操作的预见性和科学性，避免人为经验主观判断可能带来的误操作，增强企业供热系统的可控性和安全性；可降低检修维护人员的工作量，实现系统、设备状态检修和预测性维护；能降低设备故障率和检修停机时间，显著提升应急事件及运行故障处置能力。同时，智慧供热能够更好满足热用户对热的多样化需求，提高供热系统对动态热负荷需求的灵活响应能力，实现"按需舒适用热"，提升服务水平，创造客户满意度。

（4）优化供热全行业管理水平，促进供热产业发展。智慧供热分析、整合全行业信息，有利于政府、企业等全行业管理水平提高，通过建设信息、数据开放共享的平台，可以实现供需互动。长远来看，还可促进供热新商业模式和新业务创造的市场价值，完善供热价格及市场交易机制，释放市场在资源配置方面的调控能力。

第二节　智慧供热定义与内涵

一、智慧供热定义

2015年7月，国务院发布《关于积极推进"互联网＋"行动的指导方案》，将"互联网＋"智慧能源列为重点行动之一。2016年6月，国家发展改革委发布《关于推进"互联网＋"智慧能源发展的指导意见》，指出"互联网＋"智慧能源是一种互联网与能源生产、传输、存储、消费以及能源市场深度融合的能源产业发展新形态，具有设备智能、多能协同、信息对称、供需分散、系统扁平、交易开放等主要特征。2017年5月，中国城镇供热协会组织了首届智慧供热论坛，对智慧供热的相关概念进行了研讨，智慧供热逐步发展成为能源行业高度关注的重要技术概念。

根据城镇供热协会的定义,智慧供热是在中国推进能源生产与消费革命,构建清洁低碳、安全高效能源体系的新时代背景下,以供热信息化和自动化为基础,以信息系统与物理系统深度融合为技术路径,运用物联网、空间定位、云计算、信息安全等"互联网+"技术感知连接供热系统"源-网-荷-储"全过程中的各种要素,运用大数据、人工智能、建模仿真等技术统筹分析优化系统中的各种资源,运用模型预测等先进控制技术按需精准调控系统中各层级、各环节对象,从而构建具有自感知、自分析、自诊断、自优化、自调节、自适应特征,能显著提升供热在政府监管、规划设计、生产管理、供需互动、客户服务等各环节业务能力和技术水平的现代供热生产与服务新范式。

二、 智慧供热涵盖的对象

智慧供热系统是涉及供热企业、系统集成企业、设备制造企业和热用户全产业链的系统工程,贯穿于组成供热系统的"源、网、站、户"热能供应链各环节,涵盖热源、热网、热力站及热用户各种对象。智慧供热示意见图7-1。

图7-1　智慧供热示意

(1)智慧热源。以热电厂为主,辅以各种能源的集中供热热源,利用物联网、云计算、人工智能等技术进行智慧化改造,协调智能设备层、智能控制层、智能生产监管层以及智能管理层,实现供热生产的智慧化,进而支撑智慧供热目标的实现。

（2）智慧热网。智慧热网应包括供热系统设计、智能管理系统和智能控制系统，具有数据获取、储存、分析、自学习、智能控制、自动报警等功能，满足智慧供热"源、网、站、户"协同调控的要求，实现"均衡输送、按需供热、精准供热"目标。

（3）智慧热力站。热网中一次网与二次网通过热力站连接，热力站是衔接热能供给与需求的关键。热力站的智慧化是通过智慧化设计和升级，采集供热数据，在考虑多种因素如室内外温度、昼夜人体热舒适度需求等情况下，通过数据分析和趋势预测并远程控制，实现基于供热需求的自动控制与优化，提供高品质供热服务。

（4）智慧热用户。传统热用户的供热数据采集覆盖率不足、精度低且未形成有效闭环控制。热用户通过应用信息物理系统等进行智能化升级，实现全面、便捷、精确采集供热效果数据，并及时反馈到供热生产与输配环节，实现采集设备与智能热网系统数据双向交换，同时可实现用户级智能控制。通过大数据技术、建模预测等实现基于热网预测负荷的预测性控制，达到供热过程和用热过程的动态匹配，提高供热品质，降低供热全过程的能耗。

第三节　智慧供热技术路线

智慧供热建设以供热系统为中心，基于信息物理系统架构，充分利用各项先进控制技术，在满足用户用热需求的前提下实现热力系统精确调控，改善供热系统性能。智慧供热建设是整个供热服务者及所有使用者共同参与完成，包括"源、网、站、户"等各个环节，涉及投资、建设、运营、使用、维护等多项内容。

一、智慧供热技术架构

广义智慧供热涵盖供热系统规划设计、建设、运行、维护管理、产品建造、智能化系统集成以及人才培养等诸多方面，涵盖供热全过程及全寿命内容。一般讨论的供热系统设计、运行及维护管理内容，是狭义的智慧供热。

狭义智慧供热系统框架层次有不同的分类方法，参考物联网的分层标准，基于供热系统数据获取、传输和分析过程，典型的三层智慧供热推荐框架可分为感知网络层、平台层和服务层三个层次，见图 7 - 2。

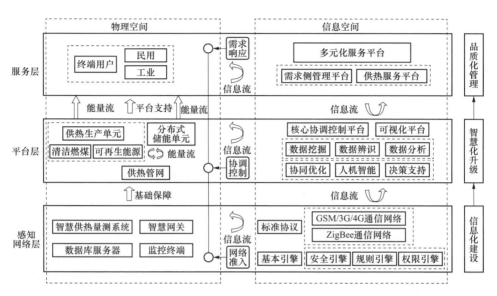

图 7-2 典型三层智慧供热框架

感知网络层负责采集供热数据并支撑数据的流通,为供热系统"源-网-荷-储"连接成网提供了便捷、高效的基础服务,实现供热数据的实时测量、信息交互和主动控制。感知网络通过部署的智能供热测量系统、智慧网关、监控终端等,实现供热数据的实时测量,承载感知层上传的数据,对数据按照标准进行解析、储存、转发以供上层使用,同时向网络层根据协议下发指令,实现主动控制。感知网络层是智能供热系统中建立具有统一框架网络的基础,也是智慧供热建设的基础保障,通过实现架构与标准的统一,可产生协同推进的积极效果,规范智能终端高级测量系统的组网结构和信息接口,实现用户间安全、可靠、快速地双向通信,降低新用户的网络成本,有利于促进供热需求侧的响应,增强供热系统的可拓展性。

平台层是基于感知控制的智慧供热功能集成,将供热生产单元、分布式储能单元以及供热管网的供热各要素进行连接,集成基于信息物理系统的实时测量、互联互通、数据挖掘、优化控制等不同类型的功能。平台层的智慧建设使供热系统各个环节的运行更加精细化、系统化、智能化,进一步提高效率。具体而言,在热源环节,系统基于状态实时感知和系统运行控制决策支持,实现供热过程实时优化控制(见图 7-3),通过多热源负荷优化分配,提高供热机组运行效率,赋予机组自主、自愈、可靠功能;在热网环节,信

181

息物理系统融合将大大提高供热管网调节控制能力，减少供热输配损耗，有效提高系统稳定性和安全性，同时利用储能协调多种供热形式，消纳清洁低碳能源；在用户环节，热用户可依靠信息化手段，获取分时和实时使用热信息，以此支持分布式供热和用户的负荷控制和响应，实现生产者与消费者之间的信息和能量双向流动。

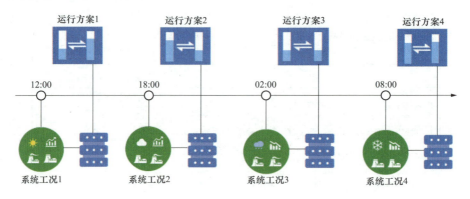

图 7-3　基于天气等状态实时感知的供热实时优化控制流程

服务层的功能模块是智慧供热的上层建设需求，对外提供服务，可实现对于数据的实际处理和应用，同时通过控制接口下发控制指令，满足用户需求。智慧供热的终端服务对象为热用户，满足用户个性化用热需求、提供高品质供热服务是智慧供热用户服务层的核心目标。从技术发展趋势考虑，需求侧管理与响应将是未来能源技术进步带给供热系统服务管理模式最主要的改变。通过建立需求响应、供需互动的供热服务管理体系，解析用户用热的需求本质，使用户侧在下达需求的同时也能够参与系统运行调控和管理，改善系统的供需匹配水平，进而衍生出诸如供热服务平台、需求侧管理平台等以信息化工具为媒介的供热服务主体，充分且迅速地满足用户不断增长的高品质用热需求。

二、智慧供热建设路径

《北方地区冬季清洁取暖规划（2017—2021 年）》提出：利用先进的信息通信技术和互联网平台的优势，实现与传统供热行业的融合，加强在线水力优化和基于负荷预测的动态调控，推进供热企业管理的规范化、供热系统运行的高效化和用户服务多样化、便捷化，提升供热的现代化水平，是国家对智慧供热的顶层技术要求。

　　智慧供热建设要在企业级和城市级两个层面展开，企业级要建设的内容包括智慧供热生产管理、环保监控、安全保障、供热服务和企业管理等系统，城市级还应建设监管指挥体系。

　　生产管理系统主要包括：供热系统应逐步实现多源联网、热源互备、多能互补、智能运行控制及调节、按需供热等；控制中心实现智能监控，完成全网生产运行数据的集中采集、展示、分析、评价、决策指导和人机交互操作；热网应实现压力、流量和温度的智能调节监测、在线水力分析计算；换热站应实现水泵变频控制、流量自动调节、气候自动补偿、无人值守巡检等。通过以上技术促进热源、热网、热利用全过程资源配置和能源效率的优化，降低供热运行成本，提高供热能源有效利用率。生产管理系统功能见图7-4。

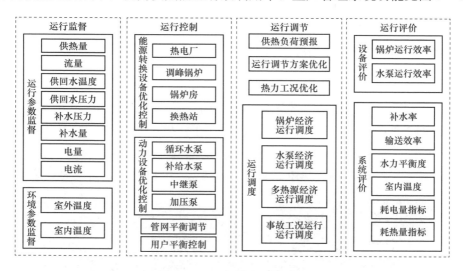

图7-4　生产管理系统功能

　　环境保护监测系统主要功能包括集中供热系统污染物排放超标监测预报，自动达标调节和统计汇总报告，确保污染物达标排放，提高城镇清洁供热能力。

　　安全保障系统的主要功能包括集中供热系统事故及故障监测预测、应急响应调度、故障处理和应急指挥等，旨在实现供热系统安全运行的智能监控、调度和指挥，提高供热系统的安全保障能力。

　　供热服务系统主要功能包括智能收费、退费、用户报修等用户服务和管理，以实现供热服务数字化管理，提高供热服务能力和水平。

企业管理系统供暖企业在建立智慧供热和供暖服务管理体系的同时，还建立了相关的人力资源、设备材料、经营管理等企业管理体系，以精细化供热企业管理运行、精准化供热服务、最大化供热节能，促进供热企业转型升级，提升供热企业管理水平。

城市供热监管指挥系统主要功能包括供热企业监管、供热服务投诉、能源消耗监控、热源调度指挥、应急抢险抢修和指挥等。在智慧城市的框架下与数字化城市管理、城市地下综合管线等系统相衔接，实现数据资源共享。建设与城市发展和清洁供热发展相适应的城市供热保障体系，提高政府供热主管部门监管调度能力。

第四节 智慧供热案例

一、 通辽热电高温智慧热网

通辽热电有限责任公司（简称通辽热电）是内蒙古通辽市的热力生产和热网经营企业。通过对高温网进行智慧热网技术改造，通辽热电建立了高温智慧热网（见图 7-5）。通辽热电现有供热面积约 1845 万 m^2，其中高温网 1567 万 m^2、直供网 278 万 m^2。通辽热网的热源为通辽发电总厂、盛发热电和通辽热电，2018 年通辽热电高温网有换热站 276 座（不包括中继泵站）。

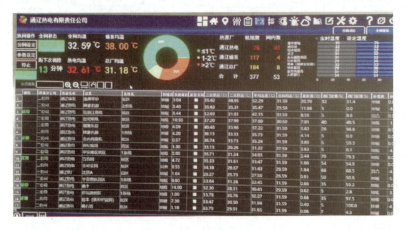

图 7-5 通辽热电智慧热网平台

改造前通辽热电管理的换热站 171 座（二分公司 124 座、三分公司 48

座）、由用户自行管理的换热站 105 座，存在问题：一是自控系统完整性较差，各个换热站系统配置和功能参差不齐；二是信息系统未实现统一规划建设，系统整合不够，无法协同工作；三是由于可远程调控的换热站比例不高，高温网的运行模式为单站独立运行，网源的协调性、热网的均衡性缺乏控制手段，没有有效的能耗控制和系统实时优化控制手段。

1. 技术方案

为进一步降低一次网失调度，避免因水力失调造成热网用户冷热不均，实现热网运行的精细化管理，提高热力系统运行的稳定性和安全性，通辽热电实施了高温网智慧热网技改项目。

基于通辽热电项目需求分析，制定热电智能热网信息化建设应用系统的总体框架，建设"生产过程控制支撑"的数据中心平台和按应用层级划分的"生产调度""企业管理规划""经营决策""平台展示"四个层面的应用系统。

按照上述整体系统规划，通辽高温智慧热网重点完成其中生产过程控制部分、信息系统平台及智能热网生产调度中心的系统建设，包括以下方面：

（1）完善与升级生产过程控制系统。充分利用现有设备及场地，对热网自控和热网信息采集系统进行完善。

热网自控系统的完善内容主要包括：对现有热网控制器进行升级，将工控及系统升级为 PLC 系统；对损坏的控制系统进行更换；对无自控系统的换热站进行自控改造；对所有换热站的控制程序进行梳理和规范统一；对站内温度、压力、液位等仪表及泄压电磁阀等自控设备进行维修和补全；对换热系统的调节阀进行统一维护；对所有系统进行水力计算，对口径不合适的调节阀进行调换；对损坏的设备进行维修与更换；对未安装调节阀的换热系统进行补装；根据站内情况，补全安装一次网热量表、补水流量计；根据站内情况对换热系统二次网循环泵及补水泵系统进行梳理，对不合适的水泵及变频进行统一调换；对损坏设备进行维修；对未安装变频的系统进行补装；对所有换热站的通信系统进行梳理，统一为有线光纤通信方式，保证与调度中心系统的通信稳定。

热网信息采集系统的完善内容主要包括：对所有换热站的视频采集系统进行统一，按照统一标准配置摄像头和就地存储设备；换热站内补充安装智能远传点表，进行换热站电量统一监测；按规划布置和安装用户室温采集系统，统计和整理热网各个换热站的实际建筑类型、供暖形式、供热面积等基础信息参数。

（2）下位换热站标准化改造。换热站设备改造的主要内容为：按照系统摸排的结果，进行已有设备的维检和更换；补全现有自控系统中缺失的流量计、电量表等设备；完成所有站内仪表的数据采集和传输工作。

（3）建设智能热网生产调度中心。智能热网生产调度中心建设指导思想，实现从热源、热网、换热站、热用户监测数据大汇总，利用云平台、云计算等功能，实现对大数据存储、挖掘，最终实现热网安全与节能降耗。智能热网生产调度中心主要系统组成见表7-2。

表7-2   智能热网生产调度中心主要系统组成

序号	系统名称	系 统 功 能
1	热网监控系统	实现对热网及热源自控信息系统的数据采集、显示、统计和存储功能，通过热网监控系统软件可实现对热网自控系统的集中监控、远程操作，并实现调度中心的基本调度工作和操作记录
2	全网平衡优化控制系统	在热网监控系统远程控制的基础上，通过集中的全网优化控制策略，实现网源结合、热网均匀性调节和评价，以及负荷预测和热源调度等功能
3	热网水力分析计算软件	在热网运行过程中实时显示和分析热网的水力工况，动态分析热网工况的变化，提供离线计算和在线仿真等系统工具，帮助管理者和调度人员制定和验证热网的调控和改造方案

2. 节能分析

通过换热站自控系统的完善，生产调度中心、全网平衡、能耗分析系统的建设，运用合理的控制策略，通过平台中全网平衡优化调度、能耗管理分析考核、大数据积累等，实现热网全自动运行，科学有效地解决一次网水力失调、各热力站供热不均的问题，节约系统热耗，均衡供热，解决低温不热用户，降低系统失水率。优化调节二次网循环泵控制，分时优化控制，节约系统电耗。完善换热站采集数据、视频监控、数据变化分析等，达到提前预警、无人值守，节约人力成本。具体效果如下：

（1）降低热耗。通过大数据平台获取热网数据，并进行分析、计算，得出实际温度的修正值，配合全网平衡软件，获得最适于通辽热电热网的均匀性控制策略。采用均匀性调节控制策略方案，其调节思想是：对各热力站一次网电动调节阀的调节，以各热力站彼此之间供热效果相同为目标；被调量选定为热力站二次网供回水的平均温度。全网平衡优化控，以各热力站二次网供回水平均温度彼此一致的调节目标，对各热力站电动调节阀进行调节，保证各热力站间的均匀供热，避免了由于冷热不均，保证偏冷用户达到要求时造成过热用户浪费的情况，是保证供热要求条件下最省能的调节方式。根据负荷预测系统，结合各供暖房间的房间温度，以达到满足基本供热标准而不超供作为调节目标，进行远程自动调控，节约系统热耗。

（2）系统节电。在实际供热过程中，可根据该供热管网的历史供热数据和历史供热情况，确定能基本保证二次网运行且不发生大面积水平失调和垂直失调的平方米流量指标，能保证二次网基本运行的热负荷平方米指标，从可确定二次网在设计最冷天的供回水温差。二次网流量在整个供暖季的运行过程中，采用分阶段改变流量的运行方式，即分阶段改变水泵运行台数或分阶段调节水泵运行频率。在供热各阶段内，根据每天的温度变化，对水泵变频进行微调，达到根据室外温度变化调节的效果。二次网采用变流量运行方式，在同样满足用户基本供热需求的条件下，可节省大量电能。分阶段改变流量的控制功能可以通过全网平衡控制软件实现，也可通过本地 PLC 控制柜实现。

（3）无人值守节约人力成本。热网监控系统实时监测各换热站的温度、压力、流量、液位、循环泵、补水泵等各项参数，结合换热站视频监控系统，实现温度、压力、流量的自动调整、预警等，实现无人值守，有人巡视运行，节约大量人力成本。

（4）系统节能边界条件。通过搭建通辽热网大数据平台、建立生产调度系统、完善换热站调控设备，为系统节能降耗提供有效手段。为保证达到系统节能目标，需保证系统建设完整，并投入生产使用，同时建立系统使用规范，强化调度规程，执行能耗指标考核体系等，特别是确保物业管理站点设备能安装，并受调度中心统一调控。对个别能耗较高站点，适当调整二次网均衡性，达到最低优化控制效果。

3. 实施效果

该项目实施后可有效解决通辽热电高温网未纳入调度中心管控的热力站系统不可控的问题，使通辽高温网全网可控，有利于全网平衡系统发挥均匀性调节作用，大大降低高温网的水力和热力失调度，降低生产运行成本，提高供热质量，提高数据分析深度，提升管理水平，实现精细化管理。

此外，该工程搭建的换热站视频监控系统能够方便、实时监测换热站内部情况，对于保证换热站系统运行安全，及时发现设备异常和非法进入有极大帮助，补全用户室温检测点，能全面监测高温网换热站二次网供热运行情况，对响应供热客服、分析和改善热网的实际供热效果有很大帮助。

二、 大连大发能源智慧供热管控平台

大连大发能源分公司（简称大发能源）是国家电投东北电力有限公司第一家专业从事供热行业的全资子公司，供暖面积涵盖大连市西岗区、沙河口区、甘井子区、高新园区四个区，所辖换热站 402 个，并网面积 2775 万 m^2，年供汽量 20 万 t，为大连市主城区第一大热力供应商。

为提升供热服务质量和管理水平，大发能源建设了一整套比较完备的智慧供热管控平台，共包括 7 个业务子系统，分别为地理信息系统、热负荷发展系统、营业管理系统、客服管理系统、稽查管理系统、调度指挥系统、能源分析系统。

1. 技术方案

智慧供热管控平台的核心系统包括调度指挥系统、地理信息系统和能源分析系统。

（1）调度指挥系统。智能热网调度以换热站自控调节为基础，热网调度中心监控为辅，智能热网调度系统软件综合分析为指导，通过计算机软件、硬件、网络、自动化仪器仪表等组成的一套集企业运营管理、换热站远程控制、数据综合分析为一体的智能化供热企业管控平台，实现热网的运行状态监测、负荷预测、运行参数设定、调度指挥、统计分析等多重功能。智能热网调度中心由基础应用、数据交换平台、服务辅助、应用平台及安全管理、系统监控等部分组成。

（2）地理信息系统。地理信息系统是供热各种业务信息系统的集成系统，更是图形化展示分析系统。以房屋用户（地理编码）和设备设施（KKS 编码）为基础数据，形成了供热区域和源、网、站一体化的图形系统。系统通过从 GIS Server 站点获取服务，采用 Java 技术开发，Web 模块空间数据由 ORACLE 管理，GIS Server 获取空间数据，实现分析。在此基础上，应用组件获取空间数据供应用程序调用，实现基于 B/S 架构的供热地理信息系统。

（3）能源分析系统。基于专业暖通理论体系，通过信息技术实现多热源环状管网水力分析。同时，采用基于生产大数据的热力工况机器学习技术，通过云计算实现生产运行参数的自寻优。系统可提供热源、换热站优化运行参数，提高热网效率，降低热、电消耗。

2. 主要功能

智慧供热管控平台下属业务子系统对应实现包含数据收集及展示、供热管理及调度、能源分析优化等功能。

（1）地理信息系统。作为供热智能运营平台的支撑应用系统，地理信息系统利用 GIS 技术存储、管理和更新供热系统热用户、设备设施、管网等基础数据，为各业务子系统的业务数据、分析数据提供应用展示平台。

（2）热负荷发展系统。通常指一个新的片区接入供热公司管网，包括负荷发展规划、潜在用户管理、在谈用户管理、落地项目管理、热负荷发展预测。

（3）营业管理系统。热用户的基础信息管理、各种变更管理、票据管理、费用收缴管理，及各种查询、统计、分析。解决供热企业用户基础资料混乱、业务处理不规范、财务账目不清、收费率低下等问题，提高收费率。

（4）客服管理系统。建立客户服务系统，提供一站式服务，实现用户报修、业务受理、咨询反馈、投诉建议、催费通知、记录查询和客户回访等业务。

（5）稽查管理系统。利用先进的信息技术手段，对私接、窃热、增减面积、用户变更等业务进行监察、检查。

（6）调度指挥系统。实现从热源到管网再到换热站的实时生产数据的采集、监控管理，直观、高效地调整各种参数，及时、准确地处置供热事故，科学分析各种历史数据，制定最佳调度方案和生产运行计划。

（7）能源分析系统。利用数据分析计算，结合供暖生产的各种理论计算，实现水力计算、运行优化等高级分析应用。

3. 实施效果

通过智慧热网的建设，实现热网实时生产数据实时采集和直观显示，方便调度和运行，处理供热事故更及时、有效。能源分析系统可以对供热数据进行分析，为优化提高运行和管理水平提供了有力支撑。

客户服务系统实现 96106 热线用户信息与营业中心共享，客服人员可以随时查看用户的全面供热信息，为其提供准确全面的信息和服务；建立一整套工单闭环处理流程，确保用户诉求件件有落实；强大的统计分析功能实现了分公司、站所、换热站等不同层面投诉报修、客户满意度的统计，多维度的统计分析功能为调整供热参数、优化供热策略提供了数据支持。

三、 基于信息化的邢台热力智慧热网

近年来，邢台市供热面积逐渐扩大，市区集中供热普及率超过 98%。邢台市热力公司（简称邢台热力）作为邢台市重要的供热企业，形成了包含东郊热电厂、南和热电厂为基础热源的多热源联网大型供热系统。

邢台热力在 2012—2013 年供暖季开始全面实施智慧供热整体节能技术方案，建设智慧热网节能监控平台，实现了远程监控、优化控制功能，搭建了大数据回归专家系统。

1. 技术方案

邢台热力智慧供热集数据采集、处理、分析、诊断及远程控制于一体，总体架构由信息传感层、数据传输层、应用层（人工智能数据挖掘）三个层次组成。

系统信息传感层通过安装在底层的传感设备，实现对热源、换热站、热用户等供热数据的采集。传感层采用模块化设计，可进行接口个性化调整，采集点使用统一 ID 标注，方便互联互通，网络始终同步技术确保时间相关物理量时序准确无误。

数据传输层将底层供热数据通过数据通信技术远程传输到系统数据库进行储存供数据分析应用，数据通信可采用专用光纤、宽带和 4G 等技术。

应用层对采集来的大量数据预处理后进行多维度的统计分析，完成辅助决策分析和基于专家系统的调控优化。热源、换热站和热用户间的闭环控制流程为：大数据拟合回归分析来指导各个换热站的供热参数，根据供热参数反馈分析得到热源的供热参数，同时用热用户的室温参数修正换热站供热参数，室温也可作为热源供热效果的评判依据。

2. 主要功能

（1）地理信息功能。GIS 地理信息系统实现直观显示换热站、热源、管网、设备的精准位置功能，形成设备台账，同时显示换热站的实时温度分布情况以及巡检人员的具体位置。

（2）全网监控及热力站节能控制功能。根据监控的换热站数据，可选择 5 种控制实现节能控制，根据建筑热惰性、用户用热时间等进行偏移设置，实现各换热站的无人值守。

（3）热力站运行预测功能。根据大数据回归模型对供回水温度变化、耗热量进行分析，并对未来 7 天的供回水温度和耗热量进行预测，以指导各站节能运行。

（4）全网平衡调控系统功能。根据热源的运行参数实现热网的水力和热力平衡。热源处理满足理论指导值要求时，各站下发理论指导进行节能调节。热源出力远低于理论指导值时，对于泵控站一键切换到手动给定频率，对于阀控站切换到阀门控制，实现水力平衡。

3. 实施效果

通过智慧热网升级改造，可通过实时监测和专家系统进行热力站及热源的自动调控，实现系统安全稳定运行和按需供热。

（1）实施后年耗热量从之前的 $0.35\sim0.4GJ/m^2$ 下降到 $0.3\sim0.33GJ/m^2$，节热效率约为 14.29%。

（2）整网实现了水力平衡，消除水力不平衡对供热系统安全性和可靠性的影响，室内温度基本处于 18～22℃，保证了供暖热舒适度。

（3）实现了良好的节能效果，在热源参数不变情况下，改造前末端 15 个站的加压泵全部拆除，扩大供热面积超过 300 万 m^2。

（4）改造后实现了换热站无人值守和巡检管理，由每个热力站需 2 人驻站优化为每人负责 10 个换热站，提高了效率，降低了人工成本。

第八章
热 电 解 耦 技 术

一、 技术背景及意义

火电机组长期以来作为供热的主要热源，伴随国家能源结构调整，近年来面临新的内外部条件约束。

(一) 可再生能源上网要求

近年来，我国风电、光伏、水电等新能源电力装机容量持续快速增长，在役及在建装机容量均已位居世界第一。到 2019 年底，我国可再生能源发电装机容量达到 7.94 亿 kW，同比增长 9%；其中，水电 3.56 亿 kW、风电 2.1 亿 kW、光伏发电 2.04 亿 kW、生物质发电 2254 万 kW，分别同比增长 1.1%、14.0%、17.3%和 26.6%。风电、光伏发电首次双双突破 2 亿 kW。可再生能源发电装机容量约占全部电力装机容量的 39.5%，同比上升 1.1 个百分点，可再生能源的清洁能源替代作用日益突显，新能源进入快速发展时期。

风电和光伏等新能源提供了大量清洁电力，但是，其发电出力的随机性和不稳定性也给电力系统的安全运行和电力供应保障带来了巨大挑战。从目前的情况看，我国电力系统调节能力难以完全适应新能源大规模发展和消纳的要求，部分地区出现了较为严重的弃风、弃光问题。

出现"风热、光热冲突"的本质是热电厂在供暖期采用以热定电的方式运行，为了满足供热的需求，机组出力被迫上升，使得发电量大于电负荷需求。热电机组大量投产占用电网上网容量也是原因之一。

再者，风电具有很强的间歇性及随机波动性，迫使热电机组要具备更强的调峰能力。供热期夜间负荷低谷，供热需求高，热电联产机组出力较高，剩余电力空间减少，但此时往往是风资源较好的时段，造成"弃风"。

此外，电网项目核准滞后于新能源项目，新能源富集地区都存在跨省跨区通道能力不足的问题，造成新能源消纳空间有限。

（二）供热机组调峰能力限制

2018 年末全国发电装机容量 190012 万 kW，其中：火电装机容量 114408 万 kW，占比 60.2%；热电联产机组装机容量 46907 万 kW，占比 20.59%。民生供暖主要依赖火电供热机组，通常采用以热定电的方式运行，这一时期，北方地区冬季供暖期开始出现调峰困难的局面。热电联产机组总量大，供热调峰迫切性也大，通过灵活性改造，火电机组可以增加 20% 以上额定容量的调峰能力。同时，火电机组供热灵活性改造的经济性也具有明显优势，单位投资远低于新建调峰电源投资。

（三）电网政策

为配合深度调峰，部分地区电网对一定负荷以下发电有可观的补贴，对无法调峰的电厂实施罚款措施。

为解决燃煤供热机组调峰问题，我国自 2016 年开展火电机组灵活性改造工作，热电解耦是燃煤供热机组实现灵活性的必然选择。2016—2019 年，我国"三北"地区主要省份弃风、弃光情况有所改善（见图 8-1 和图 8-2），是由于这些地区的大量燃煤供热机组采用热电解耦技术，实现了机组深度调峰。

图 8-1　2016—2019 年"三北"地区主要省份弃风情况
注：数据均来自国家能源局网站。

193

提升我国火电机组（尤其是热电机组）的灵活性运行能力，挖掘火电机组调峰潜力，有效提升电力系统调峰能力，破解当前和未来的新能源消纳困境，减少弃风弃光现象，全面提高系统调峰和新能源消纳能力，是符合我国实际的优化选择。

图 8-2　2016—2019 年"三北"地区主要省份弃光情况

注：数据均来自国家能源局网站。

二、技术原理

热电解耦是针对以热定电提出来的，热电机组的发电量与供热量存在线性相关的耦合关系，能实现热负荷与电负荷可调节、解除热电耦合关系的技术都属于热电解耦技术。热电解耦本质上就是用其他热源替代汽轮机供热，从而减少汽轮机供热功率，进而降低以热定电的发电功率。

由于热电厂输出热能和电能，如果对热电机组蒸汽流程进行改造（如低压缸切除、汽轮机高中压旁路抽汽辅助供热），或增加大容量蓄热设施（如蓄热水罐、电锅炉等蓄热装置）储能，可将多余的电能通过储能设施转变成热能储存起来。

各发电厂通过电网向用户输送电能，在电负荷和热负荷一定的情况下，各种能源方式根据需要，通过电网调度进行分配，由于风电和光伏的不稳定性，需要燃煤电厂作为负荷备用，但如果燃煤电厂上网电量大，势必要减少风电、光电的上网电量。从图 8-3 可以看出，光电、风电、纯凝电厂缺乏自主调节能力，由于电直接储存成本较高，只能直接上网，因此当电负荷发生变化时，这几类电厂只能调整发电量，甚至弃风、弃光；而供热电厂由于输出热能和电能，如果增加储能调峰设施或技术手段，可以将电能转化为热能，并通过储能设施储存起来，实现深度调峰。因此，供热电厂在用电低谷时，可以通过减少上网电量，增加光电、风电的上网电量，通过储能设施保障供热，以达到电网深度调峰的目的。

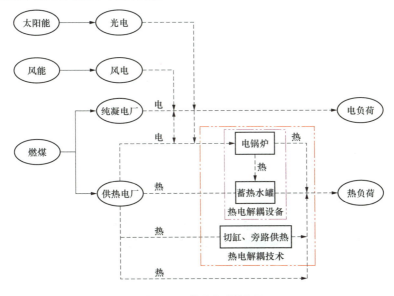

图 8-3　热电解耦原理

第二节　热电解耦技术路线

　　为进一步提高供暖机组的供热能力并降低电负荷，不同机组应选择不同的热电解耦（供热机组深度调峰）技术，在考虑经济投资和灵活性等因素后，制定相应的技术路线。

　　常用热电解耦技术有低压缸切除、旁路蒸汽供热和储热蓄能技术，常用的蓄热设备为蓄热水罐，常用的直接调峰设备为电锅炉。低压缸切除技术以投资低、运行灵活和改造范围小等优点逐渐成为热电解耦的常用技术，在供热量与高背压循环水供热技术、低压光轴供热技术和热泵供热、旁路供热技术相等的前提下，该技术能进一步降低电负荷，投资收益较高。

　　蓄热、储能项目开展主要依托各地区辅助服务市场运营规则，电源侧主要收益来自调峰服务费，政策调整将直接影响项目收益。

一、 低压缸切除技术

（一）技术原理

1. 基本原理

低压缸切除技术主要是指中压缸排汽全部用于供热，低压缸做功为零，仅保留少量冷却蒸汽进入低压缸，实现低压转子（叶片正常）"零"出力运行，减少冷源损失，提高机组供热能力和深度调峰能力。

在供热需求增大或要求深度调峰时，将原进入低压缸做功的蒸汽全部用于供热，实现汽轮机低压缸切除运行，机组发电出力显著减小，供热能力大幅提升。供热需求量较低时或发电负荷要求增加时，机组又可切换到抽凝运行模式，发电出力快速恢复。低压缸切除原理见图 8－4。

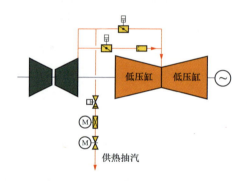

图 8－4　低压缸切除原理

低压缸切除供热工作特性见图 8－5，其中 *A* 为最大发电量工作点，*AB* 为最大蒸汽流量线，*CD* 为最大抽汽量线，*DE* 为最小机组进汽量线，*D* 为最小发电量工作点。工作点位于最大蒸汽流量线上时，可以获得最大发电量，实现供电与供热最大收益。但是，在弃风时段，由于电力过剩，在保证供热的情况下，汽轮机总是要求运行在 *AB* 段上，再往下调峰，就必须降低供热负荷。机组采用切缸或旁路供热技术后，供热能力增加的同时，负荷进一步降低。

低压缸切除供热基本方案如下：

（1）增加低压缸冷却蒸汽旁路系统；

（2）对中、低压连通管进行改造，并增加双向密封的抽汽调整蝶阀；

（3）增设抽汽管道及相关阀门；

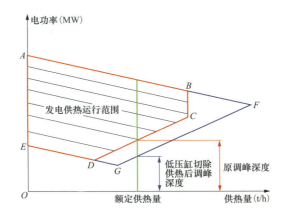

图 8-5　低压缸切除供热工作特性

（4）增设低压缸后缸喷水减温系统；

（5）进行低压转子叶片安全性校核计算或进行动应力试验；

（6）对末级叶片进行防水蚀喷涂；

（7）增加低压缸后缸温度测点。

2. 低压缸切除方案对机组运行安全性的影响分析

汽轮机低压缸切除运行过程中，随着级内容积流量减小，低压缸末两级叶片构成的级内流动状态会发生较大变化，主要表现为产生进汽负攻角，在叶片压力面上形成流动分离，在叶根处的脱流、叶片动应力增加、鼓风、水蚀加剧等现象。这些变化不仅直接影响机组运行效率，还可能诱发叶片颤振、水蚀加剧，威胁机组安全运行。

一般而言，随着低压缸末两级叶片容积流量减小，首先会在动叶根部出口位置产生沿圆周方向的涡流，动叶根部流线向上倾斜，出现脱流现象；继续减小容积流量，动叶根部出口位置的涡流区域与脱流高度增加；进一步减小容积流量，不但涡流区域与脱流高度更大，而且会在喷嘴和动叶间隙出现涡流，这一涡流以接近叶顶圆周速度沿圆周方向运动；当相对容积流量减小至 4% 左右时，动叶后涡流区域几乎充满整个动叶流道，动叶内流线呈对角线，动叶、静叶间间隙涡流扩大至大部分流道。小容积流量工况低压缸末级叶片内流动状态变化示意见图 8-6。

级的小容积流量工况是动叶根部开始出现湍流及其后容积流量更小的工况。某汽轮机低压缸末级叶片小容积流量工况实际流线示意见图 8-7。

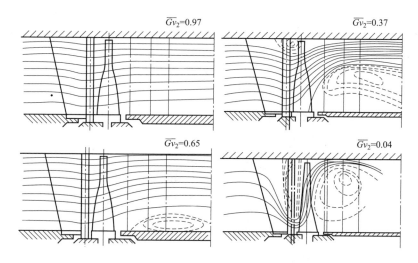

$\overline{Gv_2}=0.97$ $\overline{Gv_2}=0.37$ $\overline{Gv_2}=0.65$ $\overline{Gv_2}=0.04$

图 8-6 小容积流量工况低压缸末级叶片内流动状态变化示意

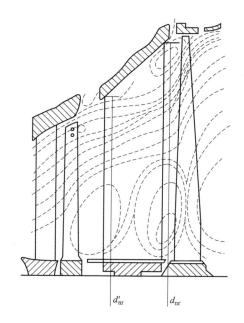

d'_{nr} d_{nr}

图 8-7 某汽轮机低压缸末级叶片小容积流量工况实际流线示意

汽轮机低压缸切除后会出现小容积流量运行工况，低压缸末两级叶片会出现鼓风和颤振情况，它们对机组运行安全性有如下影响：

（1）鼓风工况运行安全性分析。汽轮机级的容积流量大幅减小时，动叶进口相对速度减小，甚至为负值，造成动叶做功为负，反而需要消耗机械功加速动叶流道内的汽流，将汽流"压出"动叶流道。汽轮机某级不对外做功，需消耗机械功的运行工况称为鼓风工况。叶片在鼓风工况下运行时，动叶起鼓风作用，有时动叶后的局部静压还会大于动叶前静压。某空气透平级试验结果表明，鼓风工况下用来将流体压缩流过该级的能量消耗最大，维持静叶、动叶间隙外缘环形涡流能量次之，级后根部脱流涡的能量消耗最小，三者的比例约为（0.73～0.77）：0.2：（0.03～0.07）。

随着容积流量的减小，由于低压缸末级通流面积大，最先达到鼓风状态，容积流量进一步减小，鼓风状态逐级向前推进。汽轮机叶片在鼓风工况下运行时消耗的机械工转变为热能，会加热转子和叶片。小容积流量工况时，蒸汽流量过小不足以带走汽轮机鼓风热量，会引起低压缸过热、排汽缸变形等危及汽轮机安全的问题出现。

（2）颤振工况运行安全性分析。受低压缸末两级叶片叶形弯扭，受叶片长度大、叶顶薄、抗振性能弱等特点影响，叶片在小容积流量工况下运行时容易出现大负冲角运行，导致叶片颤振甚至损害断裂，严重威胁机组安全运行。

根据相关低压缸末级叶片动应力试验结果，在相对容积流量减小的过程中，当相对容积流量达到一定值时，叶片振动应力开始迅速增加，之后达到最大值，进一步减小容积流量，振动应力逐渐减小，振动应力与相对容积流量呈非单调变化关系。某叶片动应力与相对容积流量的关系曲线见图 8-8。

综上所述，定性地看，低压缸切除供热运行时可能存在的叶片鼓风、颤振、水蚀加剧等问题是可控的，低压缸切除运行在技术上虽然存在一定风险，但基本可行。

（二）适用范围及优缺点

1. 适用范围

（1）在供热期需要进行深度调峰的机组；

（2）有较大供热负荷的机组。

根据既有经验：改造后在锅炉 100% 负荷时，发电负荷约为 60%，300MW 机组供暖抽汽达 650t/h；在锅炉 40% 负荷时，发电负荷约为 25%，300MW 机组供暖抽汽约 250t/h。供热能力和调峰能力提升效果显著。

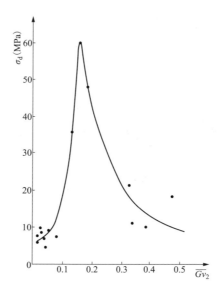

图 8-8　某叶片动应力与容积流量的关系曲线

2. 优缺点

（1）优点。

1）深度调峰，调峰能力强，供热能力强，节能效果显著。

2）不停机在线切换，运行方式灵活。供热量不变时，可以大幅调峰电负荷；电负荷不变时，可以大幅提升供热能力。

3）与湿冷机组高背压或低压缸光轴方案相比，最大的优点是减少了每年两次停机更换转子的检修工作。

4）改造及维护费用低于光轴方案，远低于湿冷机组高背压改造。

（2）缺点。该技术存在技术风险，从现有国内的研究和经验来看，既有机组低压缸切除工况是一个十分极端的"非正常"工况，本质上打破了对低压末级动叶片最小冷却流量的传统认识，存在叶片动应力、鼓风和水蚀等影响机组安全运行的风险，必须对叶片强度进行校核，消除风险，严密监测运行状态，并制定完善的平滑切换控制策略。

早在 1955 年出版的《汽轮机在无汽方式下运行》一书中，作者（苏联，恩·格·克列伊民诺夫）就阐述了汽轮机低压缸在无汽方式下的运行原理。该技术在国外（如丹麦）和国内（如金陵燃机）早已应用，但都在建设前进行了预先针对性设计，其中丹麦瓦腾福公司为纯凝 407MW 热电机组，建厂之初就考虑了机组切缸供热方式。

国内既有机组改造于 2016 年由西安热工研究院作为技术总牵头率先在华能临河 1 号 330MW 机组进行了试验探索。2017 年紧接着实施了华能临河 2 号 330MW 机组、国电延吉 1 号 200MW 机组、国家电投辽宁东方 1 号 350MW 机组、华能天津杨柳青 7 号 300MW 机组等改造项目，这些项目技术应用时间密集，实际运行检验时间短，可靠性有待验证。

（三）工程案例及技术指标

1. 350MW 机组低压缸切除供热改造案例

（1）项目概况。

1）项目背景。某 2×350MW 电厂实施 1 号机组的低压缸切除供热改造工作，机组为 N350－16.7/538/538 型亚临界、一次中间再热、单轴、双缸、双排汽凝汽式汽轮机。中、低压连通管打孔抽汽，接引一路供热抽汽，额定抽汽压力为 0.85MPa，设计最大抽汽流量为 375t/h，供暖期接带 670 万 m² 供热面积。变工况下，通过调整中低压缸连通管蝶阀的开度，控制热网供汽流量及低压缸进汽流量。由于机组供热面积大，供暖中期机组负荷率必须保证在 60％负荷率以上才能保证供暖参数，机组灵活性差，低谷期间没有调峰能力。为缓解热电之间的矛盾，进一步提升该机组灵活性，综合当前灵活性改造技术特点，选择了适合生产实际的汽轮机低压缸切除技术，最大限度实现热电解耦运行。

2）机组概况。

a. 锅炉设备规范。锅炉是由哈尔滨锅炉厂设计制造的 1165t/h 亚临界、自然循环、四角切圆燃烧一次中间再热、平衡通风。

b. 汽轮机设备规范。汽轮机是哈尔滨汽轮机厂生产的 N350－16.7/538/538 型亚临界、一次中间再热、单轴、双缸、双排汽凝汽式汽轮机。

汽轮机采用高中压合缸、双层缸结构，高中压部分转子为 Cr1Mo1V 合金钢整锻转子；低压缸为对称双流向布置，低压部分转子为 Cr2Ni4MoV 合金钢整锻转子。汽轮机通流部分由高、中、低压三部分组成，共三十六级，其中高中压缸为双层缸，低压部分为三层双分流式。高压部分有一个调节级和十二个反动级，中压部分有九个反动级，低压部分为双分流式，每一分流有七个反动级，共十四级。

为减少温度梯度，低压缸设计成外缸、1 号内缸、2 号内缸三层缸形式，减少了整个缸的绝对膨胀量，汽缸上下半各由调端排汽部分、电端排汽部分和中部三部分组成。

（2）技术方案。

1）改造方案概述。提升供热机组灵活性的低压缸切除技术在低压缸高真空运行条件下，采用可完全密封的液压蝶阀切除低压缸原进汽管道进汽，通过新增旁路管道通入少量的冷却蒸汽，用于带走低压缸切除后低压转子转动产生的鼓风热量。

与改造前相比，低压缸切除技术解除了低压缸最小蒸汽流量的制约，在供热量不变的情况下，可显著降低机组发电功率，实现深度调峰。

供热改造范围包括：供热蝶阀改造；增设低压缸冷却蒸汽系统；配套汽轮机本体运行监视测点改造；低压缸末级叶片抗水蚀金属耐磨层喷涂处理；低压次末级、末级叶片运行安全性校核；低压缸切除运行试验；配套供热系统改造；配套抽空气系统改造；配套凝结水系统改造；配套给水系统改造；配套自动控制系统改造。

2）机组供热能力及供热经济性。

a. 改造前、后机组供热能力分析。改造前不同机组负荷下，汽轮机厂对低压缸最小冷却流量要求约为 180t/h。低压缸切除供热改造后，为防止低压缸末两级叶片出现鼓风损失从而引起叶片超温以及应力超限等问题，需要引入一定量的中压缸排汽对低压缸进行冷却，对改造后机组供热能力核算时低压缸冷却蒸汽流量为 20t/h。改造前后机组供热特性见图 8-9。

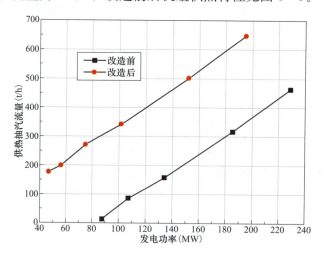

图 8-9　改造前后机组供热特性

b. 改造后切缸分界点。为了合理选择切缸时间点，对供暖期供热数据分析发现：

在供暖初期（11月），室外环境较高、外界供热需求较低，绝大部分时间的供热需求在208MW以下，不宜采用低压缸切除运行方式；

在供暖中期（12月至次年2月），随着室外环境温度的降低，用户供热需求增加，供热需求在208MW以上，可采用低压缸切除运行方式；

在供暖末期（3月），室外环境较高、外界供热需求较低，供热需求在208MW以下，不宜采用低压缸切除运行方式。

基于供暖期的数据，在保持当前供热面积不变的情况下，整个供暖期可实施切低压缸运行方式的天数在68天左右，占整个供暖周期（152天）的45%。

3）相同供热负荷条件下改造前、后机组调峰能力分析。当供热负荷为240、288、336MW三种工况条件下，对比核算了锅炉最小出力（Q_{min}）、锅炉额定出力（Q_{nom}）以及切缸（Q_{qg}）改造后对机组调峰能力的影响。

图8-10为改造前后机组调峰能力对比。相比于改造前锅炉最小出力（Q_{min}）工况，保证对外供热负荷不变的条件下切缸改造后可使发电功率下降约90MW，大大提高了机组的调峰能力。

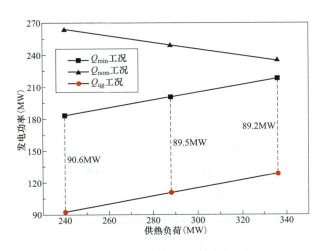

图8-10　改造前后机组调峰能力

4）汽轮机本体及热力系统改造。

a. 汽轮机本体改造。

①供热蝶阀改造。根据低压缸切除供热技术运行需求，将不能完全密封的供热蝶阀更换为可完全密封的液压蝶阀，液压蝶阀口径与中低压连通管保持一致。

②低压缸运行监视测点完善。实施低压缸切除供热改造后，机组低压缸切除运行时，低压缸通流部分运行条件大幅偏离设计工况，处于极低容积流量条件下运行。为充分监视低压缸通流部分运行状态，确保机组安全运行，需增加或改造以下运行监视测点：增加低压缸末级、次末级动叶出口温度测点（4个）；增加中压缸排汽压力测点（供热蝶阀前，1个）和温度测点（1个）；增加低压缸进汽压力测点（1个）和温度测点（1个）；更换原7段抽汽压力（1个）、8段抽汽压力（1个）、低压缸排汽压力变送器为高精度绝压变送器（2个）；其他相关测点。所有改造测点均需接入机组DCS系统。

③低压缸末两级叶片金属耐磨层喷涂处理。小容积流量工况运行时，低压缸末两级处于鼓风工况运行，导致低压缸末两级后温度和低压排汽缸温度升高，为降低低压排汽缸温度，需要投入喷水减温，维持低压排汽缸温度在安全范围内。而小容积流量条件下，末级叶片出现的涡流会卷吸减温水至动叶流道，加剧动叶出口吸力面水蚀情况，威胁机组安全运行。因此，需对低压缸末两级叶片金属耐磨层喷涂处理：

——耐水蚀涂层材料选择。采用NiCr金属陶瓷粉末进行现场超声速火焰喷涂防护处理，粉末粒度为250～350目。

——设计涂层厚度。涂层确定材料后，根据涂层结合强度及运行工况等各种因素设计涂层厚度。涂层过厚，涂层容易产生分层、块状脱落；涂层过薄，不能有效地起到耐蚀作用，涂层使用寿命不足。该工程设计涂层每层厚度为0.01～0.02mm，最终涂层总厚度为0.10～0.20mm。

——防护涂层范围设计。小容积流量条件下低压缸末两级叶片水蚀特点及其他类似机组的防护处理实践经验。建议实施喷涂防护处理的范围为低压缸末级动叶片出汽边根部水蚀区域。

——现场制备涂层的主要技术指标。涂层结合强度可达70MPa；涂层硬度为HV300＝600～900；涂层孔隙率小于或等于2%；喷涂颗粒平均粒度3.32μm，涂层表面均匀、细密。

喷涂时工件的温度较低，叶片不会出现变形；喷涂厚度为0.10～0.20mm。

b. 低压通流部分冷却蒸汽系统。根据低压缸切除供热技术要求，新增加低压缸通流部分冷却蒸汽系统，冷却蒸汽汽源取自中压缸排汽，接入点为低压缸进汽口（中低压连通管上供热蝶阀后适当位置）冷却蒸汽管路上设置调节阀和流量孔板。

冷却蒸汽系统应相应的设置蒸汽压力、温度、流量测点，且相关测点均需接入机组 DCS 系统。

随着流经低压缸长叶片的蒸汽容积流量的降低，叶片动应力先增加后减小；当流经叶片的蒸汽相对容积流量降低至 5% 左右时，叶片动应力与叶片设计容积流量下动应力相当，处于安全运行范围。据此，在进行冷却蒸汽管道校核时，冷却蒸汽流量按照设计容积流量 5% 核算，并考虑一定的余量。旁路冷却蒸汽系统设计冷却蒸汽流量约为 20t/h，冷却蒸汽压力取改造前最小供热抽汽压力 0.25MPa，抽汽温度 314.2℃，对应核算管道管道规格 DN400。

c. 低压缸喷水减温系统改造。低压缸喷水减温系统没有流量测点，喷水减温控制阀门一般为全开、全关型，没有调节阀，不能有效地对喷水减温流量进行控制、调节。为便于调节和监视低压缸切除运行时低压缸喷水减温流量，对低压缸喷水减温系统增加流量测点和调节阀。

5）低压缸末级叶片动应力核算结果。采用有限元方法建立叶片振动方程，施加气流力，计算叶片的振动响应和动应力。只要满足小流量下叶片的最大动应力小于设计工况下叶片的最大动应力，低压缸切除供热改造后末级叶片的动强度能够满足汽轮机厂设计要求，叶片可以安全稳定运行。

6）汽轮机辅机适配性分析。

a. 抽空气系统适配性分析。上述改造方案中低压缸切除运行工况对凝汽器运行没有明显安全性影响，但机组低压缸切除运行工况下凝汽器热负荷较少，同时低压缸切除运行工况为冬季，循环冷却水温度较低，机组理论上处于低背压（高真空）运行状态。但受水环真空泵极限抽吸压力限制的影响，汽轮机真空系统内可能会出现空气聚积问题影响凝汽器压力升高，进而影响低压缸末级、次末级叶片鼓风摩擦损失增大，影响低压缸安全运行。

因凝汽器热负荷较小，循环水泵单泵低速运行已完全可以满足机组运行需求，进行校核计算时仅考虑循环水泵单泵低速运行。低压缸切除运行工况凝汽器变工况特性计算结果见表 8-1。

表 8 - 1 低压缸切除运行工况凝汽器变工况特性计算结果

项 目	单 位	结 果
低压缸切除运行		是
低压缸进汽流量	t/h	20
给水泵汽轮机排汽	t/h	38
凝汽器热负荷	MW	39.5
循环水泵运行方式		单泵低速
冷却水流量	t/h	12000
凝汽器压力校核值（冷却水进口温度 18℃）	kPa	2.757
凝汽器压力校核值（冷却水进口温度 10℃）	kPa	1.743

由表 8 - 1 可以看出，低压缸切除运行工况下，凝汽器热负荷为 39.5MW，循环水泵单泵低速运行，在凝汽器冷却水进口温度 18℃和 10℃条件下，凝汽器压力分别为 2.757kPa 和 1.743kPa，凝汽器压力处于较低水平，低于水环真空泵极限抽吸压力。

由以上分析可看出，在机组低压缸切除运行工况下，凝汽器热负荷处于极低水平，容易出现凝汽器压力理论计算值低于水环真空泵极限抽吸压力的问题，导致汽轮机真空系统出现空气聚积问题，进而影响低压缸末级、次末级叶片鼓风摩擦损失增大，影响低压缸安全运行。

b. 循环水泵及循环水系统适配性分析。机组低压缸切除运行工况对循环水泵运行没有明显安全性影响，但可结合凝汽器热负荷大小和对循环冷却水流量需求对循环水泵运行方式进行优化，提高机组运行经济性。低循环水流量下凝汽器变工况特性计算结果见表 8 - 2。

表 8 - 2 低循环水流量下凝汽器变工况特性计算结果

项 目	单 位	结 果
低压缸切除运行		是
低压缸进汽流量	t/h	20
给水泵汽轮机排汽	t/h	38
凝汽器热负荷	MW	39.5
凝汽器压力校核值（冷却水流量 2000t/h、冷却水进口温度 18℃）	kPa	2.809
凝汽器压力校核值（冷却水流量 2000t/h、冷却水进口温度 10℃）	kPa	1.783
凝汽器压力校核值（冷却水流量 2000t/h、冷却水进口温度 5℃）	kPa	1.336

低压缸切除运行工况下，考虑循环水系统母管制运行，低压缸切除运行机组保持 2000m³/h 冷却水流量时，在凝汽器冷却水进口温度 18、10、5℃ 条件下，凝汽器压力分别为 2.809、1.783、1.336kPa。

由表 8-2 可知，低压缸切除运行工况下凝汽器热负荷极少，仅需少量循环冷却水流量就可满足机组运行需求。冬季供热工况两台机组单台循环水泵低速运行即可，循环水系统母管制运行，打开 1、2 号机组间的循环水联络门，1 号机组低压缸切除运行分流约 2000m³/h 凝汽器冷却水流量和少量开式水流量，可满足机组运行需求。

凝汽器冷却水流量过小、冷却管内流量过低，容易造成凝汽器冷却管内脏污、结垢，建议定期开启 1 号机组循环水泵，起到对凝汽器冷却管进行冲洗的作用。

c. 凝结水泵及凝结水系统适配性分析。机组配置了两台 100% 容量凝结水泵，在冬季供热工况单台凝结水泵变频运行，低压缸切除运行后凝结水流量较少，仅需进行单台凝结水泵变频运行适配性分析。

当前机组正常运行时，凝结水泵出口母管压力不低于 1.0MPa，凝结水泵无最小流量设置，但凝结水泵正常运行时变频器频率不低于 37.5Hz。

机组低压缸切除运行工况下凝结水流量较少，对凝结水泵安全经济运行存在一定影响。凝结水泵安全经济运行的理想状态是：在机组低压缸切除运行工况下，除氧器上水调节阀全开、凝结水泵再循环阀门保持关闭，完全由凝结水泵变频器调节凝结水流量来满足除氧器上水需求。

当凝结水流量过低或凝结水压力过低时，理论上通过开启凝结水再循环及关小除氧器上水调节阀等措施可以满足凝结水泵安全运行需求，但存在一定的经济性损失。

根据机组低压缸切除变工况计算结果计算出不同工况下凝结水流量，并结合杂用水量需求、汽轮机热力系统补水量需求及凝结水压力需求作为凝结水泵优化调整或改造选型的依据。凝结水流量变工况特性计算结果见表 8-3。

在机组低压缸切除运行工况，凝结水流量过低，按照当前凝结水泵变频方式运行，开启凝结水泵再循环，单台凝结水泵变频运行可以满足机组运行需求。因此，不需对凝结水泵进行改造，由单台凝结水泵变频运行并开启凝泵再循环来满足机组切低压缸运行需求。

表 8-3 凝结水流量变工况特性计算结果

项目	单位	工况1	工况2	工况3	工况4	工况5
切低压缸运行		是	是	是	是	是
机组负荷	MW	194.97	152.04	101.8	75.1	56.36
工业抽汽流量	t/h	20	20	20	20	20
供暖抽汽流量	t/h	648	502	342	271	198.5
低压缸排汽流量	t/h	20	20	20	20	20
热力系统泄漏需补水流量	t/h	10	10	10	10	10
工业抽汽对应的凝汽器补水流量	t/h	20	20	20	20	20
给水泵汽轮机排汽量	t/h	38	23	15	10	7
低压缸喷水减温水流量	t/h	15	15	15	15	15
其他杂用水泄漏流量	t/h	5	5	5	5	5
凝结水总流量	t/h	108	93	85	80	77
除氧器压力	MPa	0.98	0.93	0.77	0.69	0.60
凝结水泵出口压力	MPa	1.38	1.33	1.17	1.09	1.00

d. 热网加热器疏水精处理方法。实施切低压缸供热方案改造后，中压缸出口的蒸汽几乎全部进入热网加热器加热供热循环水，仅有少量蒸汽（20t/h）用于冷却低压缸叶片。实际运行中，一般直接将热网加热器的疏水送至除氧器，处理后经给水泵升压后进入锅炉水冷壁。由于低压缸排汽量很少，凝汽器中凝结水质量流量降低，进入精处理设备的水量相应降低，该水量相对主给水流量的比值变小，长期运行后可能造成电厂汽水系统水质恶化，影响机组安全。

若增设一套水-水换热器装置将热网加热器疏水引回至热井，则改造后凝结水泵可按正常工况运行，此时凝结水流量与改造前纯凝工况凝结水流量相同。

e. 给水泵组适配性分析。机组配备了一台100%容量汽动给水泵组，机组正常运行时启用；另外还配置了一台50%电动给水泵组，供机组启机时备用。低压缸切除运行后，负荷调整范围变宽，给水流量变化范围也会随着相应变化。低压缸切除供热改造前后，机组主给水流量基本不变，30%、40%、50%锅炉额定蒸发量工况下，机组主给水流量分别为315.9、421.2、526.5t/h，给水泵组设计原则能满足要求。低压缸切除运行时需要对给水泵组进行低负荷工况下辅机适配性试验，进一步确认给水泵组低负荷段稳定运行能力。

7) 低压缸切除运行试验。机组低压缸切除运行时，低压缸处于高真空、极低容积流量条件运行状态，在此运行状态下，低压缸长叶片鼓风情况、汽缸差胀、转子轴向位移变化、汽缸上下缸温差均可能发生较大变化，且不同机组上述特性各不相同。因此，需通过低压缸切除试验研究机组在低压缸切除过程中和低压缸切除运行时的相关特性，为后续制订切除/投入低压缸进汽控制方案及运行指导提供依据。

a. 试验目的。试验测定低压缸切除运行对机组主要设备机系统运行状态的影响，为后续制定低压缸切除控制方案与运行措施提供依据。

b. 试验主要内容。测定高真空、极低容积流量条件下，低压缸长叶片在鼓风工况下的温度变化；测定机组在低压缸切除进汽过程中以及运行时，汽轮机轴瓦振动、差胀、转子轴向位移变化、汽缸上下缸温差、排汽温度等的变化趋势与规律；测定低压缸切除进汽过程中，机组主要运行参数的变化趋势与规律；测定低压缸切除运行时，主要辅机如凝结水泵、循环水泵、凝汽器抽空气系统的适应性。

8) 热控系统改造。实施低压缸切除供热改造后，控制系统配套主要改造内容如下：

a. 梳理原控制系统中与供热抽汽相关的控制逻辑，取消与低压蝶阀关闭对应的所有闭锁控制逻辑；取消供热低负荷投入保护逻辑；取消与低压缸切除有冲突的相关控制逻辑。

b. 梳理原控制系统中与低压缸运行相关的保护定值设置，确认各控制逻辑与低压缸切除供热运行要求一致。

c. 增加低压缸切除供热投入/切除控制逻辑。

d. 根据低压缸切除后机组电-热负荷特性，优化调整机组 AGC 负荷响应控制逻辑，确保改造后机组安全、稳定运行。

e. 改造方案新增加监视测点等接入 DCS 控制系统。

（3）实施效果。该电厂 1 号机组低压缸切除供热改造项目总投资约 2000 万元，投资回收期约 3 年。

1) 有偿调峰补贴收入。以改造后供热负荷不变为原则，计算有偿调峰补贴收益。根据计算结果，保证对外供热负荷不变的条件下低压缸切除改造后可使发电功率下降约 90MW。另外，改造后机组实际为以热定电运行模式，目前 1 号锅炉最低稳燃负荷在 40％额定主蒸汽流量左右，对应的改造后对外供热量为 207.58MW。当外界供热需求在 208MW 以上时，可对 1 号机组实施低压缸切除运行方式。基于供暖期的数据，在保持当前供热面积不变的情况下，整个供暖期可实施低压缸切除运行方式的时间在 68 天左右，占整个供暖周期（152 天）的 45％，主要集中在 12 月中旬至次年 2 月中旬。供暖中期按低压缸切除方式运行 68 天计算，估算涉及调峰的小时约 530h。根据《东北电力辅助服务市场运营规则（试行）》政策，负荷率 40％～50％时，补偿报价上限 0.4 元/kWh，计算收益取 0.3 元/kWh；负荷率 40％以下时，补偿电价上限 1.0 元/kWh 为基准，计算收益取 0.7 元/kWh。按照供暖季 1 号机组实时发电功率进行计算，采用低压缸切除方式运行时，1 号机组供热季可获得有偿调峰补贴收入约 1007 万元。随着该地区其他电厂深度调峰能力增加，补贴收入可能呈逐年下滑趋势，计算项目经济评价指标时，以每年递减 15％考虑。

根据《东北电力辅助服务市场运营规则补充规定》：将非供热期实时深度调峰费用减半处理，主要针对非供热期，与本次 1 号机组低压缸切除供热改造无关；承担供热的以及开展重大技术改造的火电厂，机组顶尖峰能力由电力调度机构进行认定，尖峰时段全厂机组出力累加达不到合计机组铭牌容量 80％的，火电厂获得的补偿费用减半。由于该电厂承担周边供热，无论是改造前的抽汽供热方式还是 1 号机组改造后低压缸切除供热，均是以热定电方式运行，为满足供热需求，在尖峰时段全厂机组出力累加可能达不到合计机组铭牌容量的 80％。因此，采用低压缸切除方式运行时 1 号机组供热季可获得有偿调峰补贴收入约 1007 万元×50％＝504 万元。

2）发电量减少损失。采用低压缸切除供热的运行方式，对外供热负荷不变的条件下 1 号机组改造后可使发电功率下降约 90MW，其供热期的发电量将会相对减少。因此该工程进行经济评价时，对于 1 号机组发电量减少的损失进行适量预测，见表 8-4。

表 8-4　　　　1 号机组低压缸切除供热运行发电量减少损失

项　目	单　位	数　值
发电功率下降	MW	90
低压缸切除运行时间	h	1632
调峰时间	h	530
少发电量	MWh	99180
发电边际利润	元/MWh	160
少发电量损失	万元	1587

3）节煤收益。采用低压缸切除供热的运行方式，减少了原低压缸进汽的冷源损失，以改造后供热负荷不变为原则，整个供暖期可实施低压缸切除运行方式的时间在 68 天左右。考虑低压加热器抽汽以及冷却蒸汽流量，改造前后低压缸排汽量相差 157t/h 左右。节煤收益计算见表 8-5。

表 8-5　　　　　　　　　节 煤 收 益 计 算

项　　目	单　　位	数　　值
低压缸排汽焓	kJ/kg	2494
机组补水焓	kJ/kg	105
减少低压缸排汽量	t/h	157
减少冷源损失	kW	104186.9
采用低压缸切除运行天数	天	68
标准煤热值	kJ/kg	29308
节煤量	t	22923.02
近期标准煤价格（不含税）	元/t	635
节煤收益	万元	1455.6

2. 600MW 机组低压缸切除供热改造案例

（1）项目概况。某 2×600MW 超临界燃煤发电机组，为一次中间再热、冲动式、单轴、三缸四排汽、双背压、凝汽式汽轮机，型号 N600-24.2/566/566。对 1 号机组进行低压缸切除供热改造，以满足规划区域内所需的供暖热负荷需求。

（2）技术方案。与 350MW 机组低压缸切除供热改造案例相比，不同之处在于 600MW 等级的机组有两个低压缸，中低压连通管上关断阀有两种设置方式。单缸独立切除系统示意见图 8-11，双缸整体切除系统示意见 8-12。

对于以上两种低压缸切除方案：100% 和 0% 热负荷时，两方案低压缸进汽量相同，运行工况一致；75% 热负荷时，方案一的一个低压缸进汽量基本为额定进汽量，其低压缸内效率较高，而方案二必须有两个低压缸进汽，进汽量为额定进汽量的 50%，低压缸内效率较低；50% 热负荷时，方案一切缸较为灵活。从以上比较可看出，方案一有一定的优势，但增加了运行操作的复杂性，对运行人员的操作水平有较高的要求，推荐采用方案一。

（3）实施效果。机组改造后每年可增加供暖供热量约 330 万 GJ，节约标准煤约 6 万 t。主机改造部分投资约为 2000 万元，项目投资回收期 5 年。

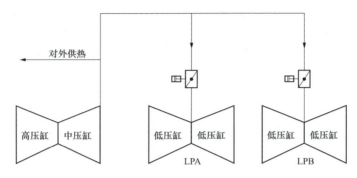

图 8-11 方案一：单缸独立切除系统示意

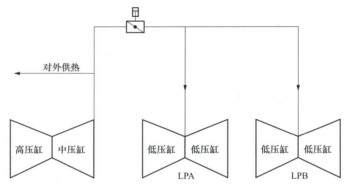

图 8-12 方案二：双缸整体切除系统示意

对于 1000MW 机组，目前尚无实施的改造案例，其切缸系统与 600MW 等级机组相似，但对低压末级叶片的强度和保护要求更为苛刻，单台机的改造费用约为 6000 万～7000 万元。

二、旁路蒸汽供热技术

（一）技术原理

高低压旁路蒸汽对外供热技术利用高、低压旁路系统经过减温减压后直接供热，其主要原理为：汽轮机在低负荷工况下，高压旁路投入，主蒸汽分成两路，一路进入汽轮机做功，再由高压缸排汽至再热器；另一路经高压旁路经过减温减压直接进入再热器。通过在再热器出口至中压调节阀前的管道上选取合适的位置进行打孔抽汽，也即低压旁路系统，将再热蒸汽再次减温减压后对外供热，可以提高对外抽汽量，在抽汽管道上依次加装安全阀、止回阀、快关调节阀、电动截止阀等，以实现机组低负荷运行时从锅炉侧抽汽对外供热。旁路蒸汽抽汽供热系统示意见图 8‐13。

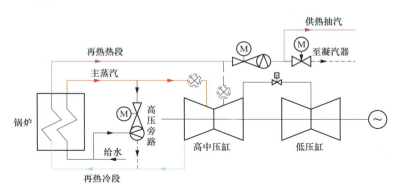

图 8‐13　旁路蒸汽抽汽供热系统示意

截至目前，有的火电机组采用主蒸汽减温减压方案单独依靠高压旁路供热或单独依靠低压旁路从再热器供热，但其分别受限于锅炉受热面、再热器冷却与汽轮机轴向推力及叶片强度，供热提升能力有限，单一的汽轮机旁路方案无法达到深度调峰要求，而高、低压旁路联合供热技术可以在满足热负荷需求的同时达到 70％的调峰深度。

（二）适用范围及优缺点

1. 适用范围

供热改造机组，具有旁路系统，汽轮机在 20％～30％THA 负荷下抽汽，高压末级动、静叶片的强度、轴向推力满足机组安全运行要求。

2. 优缺点

（1）优点。

1）突破现有以热定电模式，彻底实现热电解耦，运行灵活性提高，显著提升机组低负荷下供热可靠性。

2）锅炉可以满足最低稳燃（不投油）要求。因锅炉负荷高于汽轮机发电负荷，可显著提升低负荷下锅炉稳燃（不投油）能力；所产生额外的锅炉出力，有利于锅炉稳燃。

3）满足机组宽负荷脱硝要求。大容量的燃煤锅炉配置有严格的环保控制设施，可以实现污染物的超低排放。在机组降低负荷时，由于锅炉抽汽所额外增加出力，从而使机组能够在低负荷运行时，SCR 入口烟温满足要求，实现机组深度调峰时氮氧化物的达标排放。

4）视情况需要，汽轮机在 20％～30％负荷之间任意可调。如果需要，汽轮机可进行闷缸，实现停机不停炉，完成启停机调峰。

5）投资少，工期短，运行维护成本低。

6）与同类型供热技术相比，对整个机组热力系统的改造较小，对主机运行影响极低。

（2）缺点。

1）机组在20％～30％THA负荷下抽汽，对于高压末级动、静叶片的强度造成考验，需核算叶片强度。

2）大抽汽量下机组轴向推力增大，需保证其在设计范围内。

3）旁路容量、再热器、高压排汽冷却因素等问题也限制了该技术的最大供热量。

此外，该技术还存在控制系统复杂、高压旁路系统对主蒸汽减温减压存在节流损失、㶲损较大、技术经济性较低等缺点。

（三）工程案例及技术指标

1. 项目概况

（1）项目背景。国家电投通辽第二发电公司5号机灵活性改造工程是国家能源局选定的"提升火电灵活性改造"试点项目之一。通过该工程的建设，可以实现机组热电解耦，增强机组的调峰能力20％以上，可以更好地参与东北当地电力辅助服务市场交易，增加供热可靠性。

（2）机组概况。

1）锅炉：亚临界参数、控制循环加内螺纹管单炉膛、一次再热、平衡通风、锅炉房紧身封闭、固态排渣、全钢构架、全悬吊结构Ⅱ型汽包炉；燃用霍林河褐煤，保证热效率为91.5％，最低稳燃负荷为35％BMCR；额定工况2080t/h，17.5MPa/541℃/541℃。

2）汽轮机：亚临界、一次中间再热、单轴、三缸四排汽、直接空冷凝汽式汽轮机；额定功率600MW，额定背压为13.1kPa。

2. 技术方案

（1）基本方案。国家电投提出了基于旁路系统的火电机组灵活性改造技术（见图8-14），该技术通过增设高压旁路，旁通部分蒸汽到再热器冷段；增设低压旁路系统，将再热蒸汽减温减压，实现锅炉直接对外供热；利用旁路系统和热网蓄热，提升AGC及一次调频的快速负荷响应；增设高压旁路至二号高压加热器管路，回收启停热量，加快机组启动速率，提高给水温度，同时采用烟气旁路双调节全负荷脱硝技术，机组在并网前烟温即可满足 SCR 脱硝系统运行要求，保证脱硝系统在机组全负荷范围内有效运转。

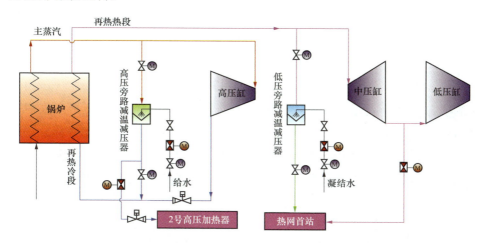

图 8-14 基于旁路系统的火电机组灵活性改造技术系统示意

旁路抽汽系统可显著提升机组在低负荷工况下的供热能力，有利于锅炉燃烧系统稳定运行。经过改造后，可将发电机组负荷降低至 180MW（30% THA）。该方案对热力系统影响较小，对汽轮发电机组的运行几乎不产生影响，很好地实现了供热机组的热电解耦、快速启停、深度调峰和供热灵活性提升等过程中的全负荷节能和脱硝控制。

（2）技术特色。

1）解决了深度调峰、低负荷供热和 SCR 脱硝之间不协调的技术难题。利用锅炉直接对外供热，由于锅炉产生的附加蒸发量，在相同机组发电出力下，锅炉负荷大于汽轮机负荷，提升了锅炉的低负荷稳燃能力和低负荷下 SCR 入口烟气温度，从而解决了机组参与深度调峰时汽轮机无法对外抽汽供热的技术难题。机组的对外供热量越大，锅炉侧的附加蒸发量越大，机组的深度调峰灵活性越强。对锅炉侧进行烟气旁路改造和汽轮机侧添加高、低压蒸汽旁路系统，充分利用热机的特性，对双工质进行改造优化，充分发掘热力设备和系统的潜力和动态特性，热力系统改造工作量小、投资省，系统简单可靠灵活。

2）利用旁路串联抽汽系统对外供热，显著提升机组低负荷下的供热能力，汽轮机发电负荷可灵活调节，实现了热电解耦，释放调峰负荷空间，为消纳新能源创造空间。采用高压旁路系统旁通部分主蒸汽,进入锅炉再热器加热后经过低压旁路系统,再次减温减压后对外供热,实现机组在较低负荷工况下供热由锅炉侧直接提供,汽轮机进入纯凝运行模式,锅炉相当于发电锅炉和供热蒸汽锅炉的叠加。两级旁路串联可以确保锅炉受热面安全和汽轮机轴向推力的平衡,并且提升汽轮机进入蒸汽温度,对提升热力循环效率十分有利。

(3)利用锅炉蒸汽直接为回热系统供汽,提升给水温度,加快机组启动速率。将部分高压旁路蒸汽分流引入高压加热器及除氧器,可以在机组启动或低负荷下提升回热系统的蒸汽参数,提升给水温度,并将部分锅炉热量回收到给水系统中,加快机组启动速率,同时有利于提升 SCR 入口烟气温度和热风温度,提高锅炉点火启动阶段和低负荷阶段的燃烧效率和稳定性。

(4)利用旁路抽汽和热网蓄热系统,快速改变热电比,提升机组 AGC 快速负荷响应能力。充分利用热电机组的抽汽系统和热网的庞大蓄热能力及高低压旁路系统中阀门的快速影响,提升机组对 AGC 的快速负荷响应,当机组升负荷时,关小抽汽系统和高低压旁路系统中的阀门,同时降低热网循环泵转速或者循环流量,短时间内将热网系统内的蓄热利用起来,从而提升机组的升负荷速率,反之亦然。

3. 实施效果

通过基于旁路系统的 1×600MW 机组灵活性改造的技术研究和工程项目实施,验证了基于高低压旁路抽汽供热系统的火电机组灵活性改造技术路线的可行性。尤其是在供暖季期间,5 号机组能够在 30% 负荷工况下长期安全稳定运行,不仅满足了东北电网火电机组深度调峰考核要求,而且保障了机组对外供热的民生需求,更通过深度调峰获得了 5000 余万元的电量补偿收益,显著提升了机组的盈利能力。

三、 蓄热水罐技术

(一)技术原理

蓄热水罐技术来自北欧,北欧在热电联产和集中供热特别是大型蓄热水罐方面已经有三四十年的应用历史。在丹麦和瑞典,几乎所有的热电厂出口都设置有大型的蓄热水罐。

蓄热水罐方案主要是在保证机组日间高负荷发电及正常供暖的基础上，额外加热一部分热网循环水，并从供水侧引出至蓄热水罐中储存。在夜间社会用电量低谷阶段，机组参与进行深度调峰，同时将蓄热水罐中的热水直接输送至热网供水母管中供热，以避免调峰期间供暖抽汽不足的问题，从而实现能源调配的灵活性。

蓄热水罐有多种形式，按压力变化的情况可分为变压式蓄热水罐和定压式蓄热水罐，按安装形式还可分为立式、卧式、露天、直埋等形式。其中，变压式蓄热水罐分为直接储存蒸汽的蓄热水罐及储存热水和小部分蒸汽的变压式蒸汽蓄热水罐两种；定压式蓄热水罐分为常压式蓄热水罐和有压式蓄热水罐两类。

由于区域供热系统的特点，其使用的蓄热水罐通常为常压式或有压式蓄热水罐。一般管网温度低于98℃时设置常压式蓄热水罐，高于98℃时设置有压式蓄热水罐。常压式蓄热水罐结构简单，投资成本较低，最高工作温度一般为95～98℃，罐内水的压力为常压，如同热网循环水系统的膨胀水箱；有压式蓄热水罐最高工作温度一般为110～125℃，工作压力与工作温度相适应，对罐的设计制造技术要求较高，成本比常压式蓄热水罐高，检验、安装都难度较大。

蓄热水罐主要用于满足和平衡日热负荷的波动，当用户处热负荷需求变小时，将多余的热能存储起来，待用户热负荷增加时再释放出来。由于蓄热水罐生产热量的成本低于由调峰锅炉生产相同热量的成本，因此，尽可能延长蓄热水罐的使用时间、减少调峰锅炉的运行时间有利于降低投资。

在热电厂热力出口安装大型蓄热水罐的作用如下：

一是保证热网的安全运行。如果出现管路爆裂等异常现象，大量失水时，在故障修复后，可以快速补充热量；出现异常低温时，蓄热水罐可以提供短期的尖峰热源。

二是电负荷调峰（下调）。当电力过剩或需要为新能源让路时，将火电厂的发电量降下来，但为保证低压缸拥有一定的冷却蒸汽流量，发电负荷不能降得太低，而且各级供热抽汽量不能太大，因为可能造成供热量不足，这时，储热水罐可以利用储存的热量解决这个问题。对于具有背压运行模式的机组，其发电量可降到很低的水平，这需要增大汽轮机旁路流量或增大锅炉主蒸汽直接供热的抽汽量，从而造成供热量过大，此时可通过大型蓄热水罐将过多的热量储存起来备用，从而实现更大深度调峰。

三是电负荷调峰（上调）。在电网缺电时，需要火电机组发挥其最大的发电能力，则必须停止或降低抽汽供热的比例，此时供热能力下降，则热量不足的部分由大型蓄热水罐补充供热。

蓄热水罐的罐体主要由碳钢板分层焊接而成，在罐体的上部和下部设置布水盘和喷嘴，作用是将热水和冷水均匀缓慢地引入至罐体内部。蓄热水罐基本结构见图8-15。

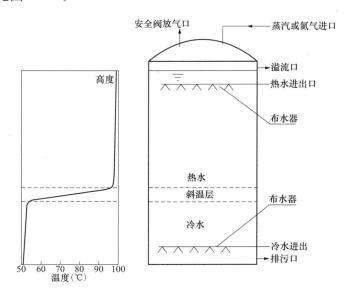

图8-15 蓄热水罐基本结构

如图8-15所示，罐内布水器分为上布水器和下布水器，分别位于储罐的上部和底部。布水器设计至为关键，一种良好、精细的布水器能使水流均匀、缓慢地布于同一平面，减少扰动和对斜温层破坏，获得优良的蓄热效果，提高蓄热效率。典型的布水器是辐射圆盘型，见图8-16。

蓄热水罐内可同时储存热水和冷水。水温不同，水的密度也不同，在一个足够大的容器中，由于重力原因，密度不同的冷热水自然分层，热水在上，

图8-16 辐射圆盘型
布水器示意

冷水在下，中间形成 1m 左右的斜温层。罐体储热时，高温水从上布水器进入罐内，通过上布水器均布于罐平面，低温水从下布水器缓慢流出罐外。此过程中，斜温层逐渐下移至罐体底部，甚至在储热极限时完全消失。当罐体释放热量时，水流方向相反，由底部回水和顶部热水出流驱动，斜温层上移，甚至在放热极限时移到顶部。蓄热水罐工作过程的实质就是蓄热、放热的过程，在任何时候，储热和释热都可以随时切换。

蓄热水罐可实现生产过程中的热电解耦，解耦时间的长短取决于蓄热水罐容量的大小。由于用热高峰和用电高峰很难同时出现，因此深度调峰后，对于电力、热力已实现市场化的国家或地区，运营部门可在上网电价价格高峰区大量地生产电能，而将副产品即热能加以存储，待用热高峰来临时，若上网电价处于较低的波动区间，则维持较少的发电量，缺少的热量由蓄热水罐储存的热量弥补。蓄热水罐的出现使运营方能以相对较高的价格出售电这种产品成为可能。蓄热水罐的蓄热和放热流程示意见图 8-17。

完整的蓄热系统包括蓄热水罐本体、蓄/放热升压泵、全自动除污器、蓄热管线及阀门、氮气定压系统及附属系统等，根据供热系统设计供回水压力及运行数据，进行蓄热系统设计优化，蓄/放热升压泵设置在蓄热水罐的冷水进出口管路系统。蓄热水罐本体采用钢结构形式，为了防止顶部腐蚀，运行时罐体顶部空间注满氮气。

（1）蓄热系统。蓄热时，热水自热网循环水供水母管接口引出，经一根蓄热高温水母管引至蓄热水罐上部高温水接口。高温水母管上设有电动蝶阀、调节阀及流量测量装置等，靠近蓄热水罐热网水接口管线处设置电动蝶阀。热水经调节阀进入蓄热水罐，通过上布水器将热水均布于上部水层，同时向下挤压冷水，通过下布水器从下部冷端水管流出罐体。

蓄热水罐中的冷水自罐体下部低温水接口引出，经一根蓄能低温水母管，由蓄热升压泵升压后送至厂区热网循环水回水母管接口。低温水母管上设有电动蝶阀及流量测量装置，蓄热升压泵进口分别设置电动蝶阀及全自动除污器，出口分别设置止回阀及电动蝶阀。蓄热过程中，蓄热水罐内高温区域逐渐增大，低温区域逐渐减小，高温区域与低温区域间的过渡层不断下移，直至高温水充满罐体，完成蓄热的过程。

常压型蓄热水罐只能承受不高于 98℃ 的管网温度，因此需要在罐的进口处设置掺凉水管道，由供热首站热网循环水泵出口引出一根冷水管并接至蓄热主管道调节阀后，调温管道上设有调节阀及流量测量装置。当热网供水温度超过98℃时，为避免罐内高温水沸腾及超温超压，需开启调温管路，调温水与高温水混合后进入蓄热水罐。

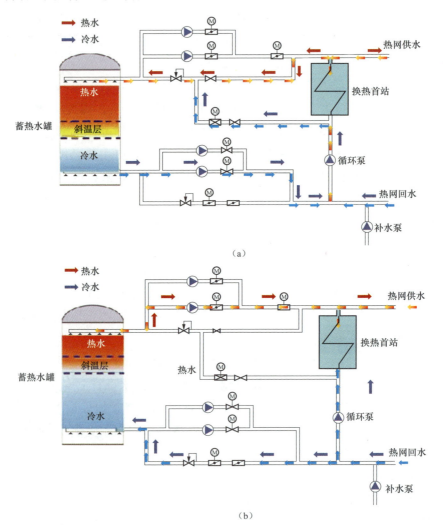

图 8-17 蓄热水罐的蓄热和放热流程示意
（a）蓄热流程；（b）放热流程

蓄热水罐设有溢流口，当罐中的水位超过溢流口设置水位时，多余的水通过溢流管排出罐体，可防止罐内介质冒罐，保证内部压力平衡。蓄热水罐底部设置排污管，用于清除罐内杂质，保持罐体内部清洁。

（2）放热系统。放热过程与蓄热过程共用一根蓄热管线。放热时，冷水自厂区热网循环水回水母管接口引出，经一根蓄热低温水母管，由升压泵升压后送至蓄热水罐下部低温水接口进入罐内，通过下布水器将冷水均布于下部水层，同时向上挤压热水，通过上布水器从上部热端水管流出罐体。放热升压泵与蓄热升压泵公用，进口分别设置电动蝶阀及全自动除污器，出口分别设置止回阀及电动蝶阀。

蓄热水罐中的热水自罐体上部高温水接口引出，经一根蓄热高温水母管，送至供热首站热网循环泵入口母管。罐内的热水可自流至热网循环泵入口母管，经供热首站热网循环水泵升压后，通过热网加热器进出口母管旁路管道直接供至厂区热网循环水供水母管对外供热，也可通过热网加热器进一步加热后供至厂区热网循环水供水母管进行供热。放热过程中，蓄热水罐内低温区域逐渐增大，高温区域逐渐减小，高温区域与低温区域间的过渡层不断上移，直至低温水充满罐体，完成放热的过程。

（3）氮气定压系统。为避免外界空气进入蓄热水罐对罐体产生腐蚀，在罐体顶部注入氮气，使罐内水面以上的气相空间充满氮气，有效隔绝罐体内壁与氧气接触，也避免氧气融入水中，导致水的溶氧量增加，加剧罐体腐蚀。同时，氮气定压系统可保证蓄热水罐运行中不出现负压，保证罐体运行安全。

在蓄热水罐的顶部设置呼吸安全阀和进气管，进气管上设置调节阀，进气管连接氮气源。采用气压控制方式，在进气管上设置自力式压力调节阀。当罐内的气压低于设定值时，阀门自动打开，充入氮气；当罐内的气压达到设定值时，阀门自动关闭，停止充入氮气。

（4）水位监测及控制系统。蓄热系统自控系统主要由水位监测与控制系统、温度监测与控制系统组成。合适的水位对蓄热器的安全运行至关重要，水位报警器及其控制系统在热水蓄热器达到报警设定值时将自动停止蓄热/放热泵的运行，关闭控制阀与关断阀；在罐壁沿高度方向和上布水盘以下与下布水盘以上位置安装若干温度测点及与测点连接的控制系统，控制蓄热/放热的运行并计算蓄热器所蓄存热量，当蓄热器所蓄存的有用热量用尽时停止放热过程，当热水达到罐底部时停止蓄热过程。蓄热水罐外部系统蓄热/放热的水泵与相应的控制阀联锁。

蓄热水罐的应用使机组的运行负荷尽可能接近额定负荷，也使发电煤耗率保持在更经济的区间。机组需停机检修时，蓄热水罐的应用可保证一段时间内的供热。当蓄热水罐达到额定蓄热能力时，夜间或某几天可以考虑停止发电而不影响供热，同时使生产计划的制订更加灵活。

对热电厂而言，如果用户侧热负荷波动大且比较频繁，蓄热水罐在低负荷时能将多余的热能吸收储存，等热负荷上升时再放出使用。蓄热阶段时，蓄热水罐相当于一个热用户，使得用户热负荷需求曲线更加平滑，有利于机组保持在较高的效率下运行，提高经济性。

蓄热水罐与电厂连接示意见图 8-18，其安装位置一般位于电厂和用户之间，推荐将蓄热水罐靠近电厂安装，以减少热网输送热损失。

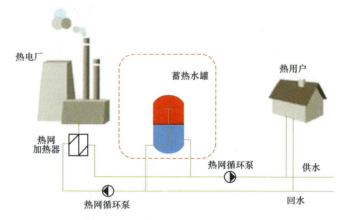

图 8-18 蓄热水罐与电厂连接示意

注：红色虚线内部为新增的储热调峰系统，其余为现有设备。

（二）适用范围及优缺点

1. 适用范围

（1）在供热期需要进行深度调峰的机组；

（2）有较大供热负荷的机组；

（3）调峰补贴政策较好的区域，如东北、西北地区。

2. 优缺点

（1）优点。供暖期增强机组调峰能力，实现热电解耦，促进当地可再生能源的消纳。

（2）缺点。投资收益受政策、调峰电量调度的影响较大，需要持续稳定的政策支持，以及足够的调峰时间。

（三）工程案例及技术指标

1. 项目概况

通过灵活性改造提升电力系统调节能力是解决可再生能源消纳最直接有效的措施之一。国家能源局在 2016 年正式启动了灵活性改造示范试点项目，先后分两批选取了可再生能源消纳问题较突出地区的 22 个典型项目进行试点，国家电投通辽第二发电公司 5 号机组蓄热水罐项目被列为第二批试点项目之一，该工程可以实现机组热电解耦，使机组的调峰能力增加 20％以上。

图 8-19　国家电投通辽第二
发电公司蓄热水罐

2. 技术方案

机组高负荷发电时，在保证正常供暖基础上增加抽汽量，额外加热一部分热网循环水，并从供水侧引出至蓄热水罐中储存。在需要调峰的时间段，机组进行深度调峰，将蓄热水罐中的热水直接输送至热网供水母管中供热，以避免调峰期间供暖抽汽不足的问题。国家电投通辽第二发电公司 5 号机组灵活性改造采用常压蓄热水罐技术方案，其容量为 30000m³，见图 8-19。

（1）蓄热和放热时间的选择。一般情况下，白天供电负荷需求量大，发电机组负荷率大；晚上供电负荷需求量小，发电机组负荷率小。当机组改为供热机组时，电负荷的波动给供热造成影响，而白天电负荷大、晚上电负荷小的特点也为蓄热系统应用提供一个可能。

蓄热水罐主要用于满足和平衡日热负荷的波动，当用户处热负荷需求变小时，将多余的热能存储起来，待用户热负荷增加时再释放出这部分热量，蓄热水罐在供热过程中起到削峰填谷的作用。白天机组电负荷较高时，同时供热能力也较大，在保证电负荷和供热负荷的情况下，通过一部分抽汽对蓄热水罐蓄热；晚上机组电负荷较低，同时供热能力降低。这时供热能力不足的部分用蓄热水罐进行放热。而在蓄热系统设计时，蓄热和放热的时间选择时蓄热系统设计的重要因素，因此必须结合机组实际运行情况来分析。

针对目前机组发电情况的调研以及国家能源局东北监管局印发的《东北电力辅助服务市场运营规则（试行）》，同时考虑机组在夜间降负荷运行经济性的问题，根据当地用电负荷情况，建议蓄热系统在夜晚 23：00～次日 6：00 的用电低谷阶段参与电网调峰时放热，放热时间为 7h，在 6：00～23：00 机组高负荷发电并抽汽供热的同时进行蓄热，蓄热时间为 17h。该工程蓄热水罐将白天蓄热时间定为 17h，晚上放热时间定为 7h。

（2）主要设备选择。

1）蓄热水罐设备结构。蓄热水罐包括罐体、盘梯、氮气防腐系统、上下布水器、温度采集装置、防腐保温等。蓄热水罐为立式圆筒形，内径 30m，罐壁高 45m，水深 43m，蓄水容积 30395m³，蓄水容积满足招标文件要求；罐体用钢板制作，最薄的钢板在罐体顶部，沿着高度方向罐体压力逐渐增加，钢板厚度及材料强度也逐渐增加。根据罐壁不同高度所承受的压力和设计规范，从上到下分别选择 Q345R、Q370R、12MnNiVR 三种钢材。罐壁采用 150mm 厚硅酸铝棉保温，罐顶采用 150mm 厚硅酸铝棉保温，外覆 0.7mm 厚彩色压型钢板保护层。

扩散式布水器，可以实现均匀稳定的布水。温度传感器，采用具有军工技术的分布式光纤传感器，每隔 1.0m 配置 1 个测点，可以更精确地测量或监视内部温度场。压力控制装置，保证顶部压力在设计范围之内，并有异常压力保护。液位控制装置，采用磁翻板液位计，可以方便地从外部看到当前水位，并考虑保温以防冻。

2）蓄热水罐技术数据。蓄热水罐参数见表 8-6～表 8-8。

表 8-6 蓄 热 水 罐 数 据

序号	名称	单位	技术参数	备 注
1	单罐蓄水总量	m³	30395	
2	单罐蓄热时间	h	17	非解耦时间
3	单罐蓄热流量	m³/h	≥1765	按非解耦时间 17h 计算
4	单罐有效蓄热量	kWh	≥1453500	见注 1
5	单罐释热时间	h	7	解耦时间
6	单罐释热流量	m³/h	≥4286	按招标要求每天解耦时间 7h 计算
7	单罐有效释热量	kWh	≥1424291	见注 2
8	罐体保温散热量	kWh	16033	
9	蓄热温度	℃	95	

续表

序号	名称	单位	技术参数	备　注
10	释热终了温度	℃	50	
11	斜温层厚度	mm	<2000	
12	温度传感器布置间距	mm	1000	
13	主罐体材质		12MnNiVR/Q370R/Q345R	
14	布水器材质		Q345R	
15	保温材料参数		150mm 厚硅酸铝棉	
16	防腐材料性能		氮气防腐装置＋耐热漆 （耐热温度大于或等于 150℃）	
17	外饰面材质		0.7mm 厚压型彩钢板	
18	保温性能	W/m²	62.9	
19	主罐体使用寿命	年	30	
20	罐体内径	m	30	
21	液位高度	m	43	
22	罐壁高度	m	45	
23	罐体高径比		1.5	
24	蓄水容积	m³	30395	
25	24h 温降	℃	0.25	
26	24h 热损	％	1.01	
27	风压	kN/m²	0.55	
28	雪压	kN/m²	0.3	
29	抗震烈度	度	7	
30	设计基本地震加速度	g	0.10	

注 　1. 单罐有效蓄热量计算：$30395m^3 \times 962kg/m^3 \times （95-50）℃ \times 1kcal/kg℃/860kcal/kWh \times$
　　　$95％=1453500kWh$，其中 95％ 为除去了散热损失和部分不可利用的斜温层损失。
　　2. 单罐有效释热量计算：$28295m^3 \times 962kg/m^3 \times （95-50）℃ \times 1kcal/kg℃/860kcal/kWh$
　　　$=1424291kWh$。

表 8-7　　　　　　　　　　蓄热水罐结构尺寸/配置情况

序号	名称	尺寸及规格	数量	备注
1	罐底	直径 30272mm	1	
2	罐壁	内径 30000mm，高度 45000mm	1	
3	罐顶	拱高 4027mm	1	

表 8-8   配套辅助设备汇总

序号	名称	规格、型号及技术数据	单位	总量
1	安全阀	DN300	个	1
2	呼吸阀	DN300	个	2
3	氮封装置	ZZYVP 16B 型	套	1

（3）蓄热系统设备布置。蓄热水罐就近布置在现有厂区南侧围墙外室外。蓄热水泵房长度为 28m，宽度为 14m，高度为 6m，单层布置，室内布置蓄热水泵、氮气装置及设备检修电动葫芦，同时设置电气配电间和蓄热系统电子设备间。

3. 实施效果

机组负荷较高时进行蓄热，夜间调峰时段放出热量供热用户，供热中期热负荷较高时，采用锅炉热段抽汽加热辅助，确保热电解耦时间达到 7h，机组最低负荷可达 40% 以下，大大提升供热期机组调峰能力。工程总投资约为 0.8 亿元，供暖期热电解耦标准煤耗增加约 11g/kWh，但是供暖期燃煤量减少约 7 万 t 标准煤。

四、电锅炉技术

（一）技术原理

电锅炉分为电极式锅炉和固体蓄热锅炉。

1. 电极式锅炉

电极式锅炉是利用水的高热阻特性，直接将电能转换成热能的一种装置，电极式锅炉系统主要由电极式锅炉、循环水泵、定压补水设备及换热器等设备组成。电极式锅炉蓄热系统示意见图 8-20。

电极式锅炉是将电能转化热能并将热能传递给介质的能量转换装置，电流通过电极与水接触产生热量，将热能传递给介质，电极通电后不断产生热量，并被介质（水）不断吸收带走，介质（水）由低温升至高温，再由循环水泵送到热用户，释放能量，介质（水）再由高温降至低温，进入电极式锅炉，以此往复保持热量平衡。电极式锅炉示意见图 8-21。

电极式锅炉将电能转换成热能，直接消纳峰值余电进行供热，而且造价较蓄热锅炉低。目前，采用增设电极式锅炉作为调峰手段的电厂有吉电股份白城热电厂等。

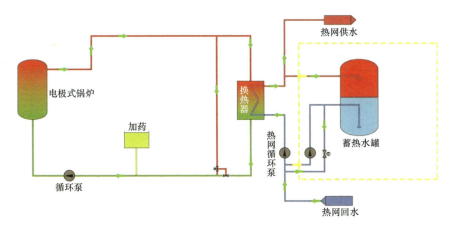

图 8 - 20　电极式锅炉蓄热系统

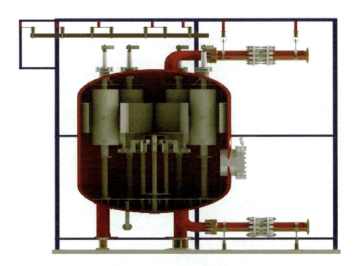

图 8 - 21　电极式锅炉示意

　　蓄热水罐能将热能储存起来，当电厂供热处于高峰期时，再将这部分热量释放出来用于供热。采用电极式锅炉与蓄热水罐相结合的调峰供热方式，当电网的负荷需求低时，将多余的上网电量通过电极式锅炉直接转换成热对外供出；当电厂内电量转换成的热量大于当时热负荷需求时，部分热量通过储热罐的形式储存起来，以便在电负荷需求高峰期将热量释放出来，尽可能减少抽汽，增加上网电量。

　　电极式锅炉用电来自厂用电，由于电极式锅炉消耗了部分电量，因此机组实际发电负荷可不必降至过低，在机组保持较高发电负荷的同时，供暖抽汽供热能力不至于降至过低，加上电锅炉补充的部分热量，仍能满足热网热负荷的需求，从而实现机组的热电解耦，参与深度调峰。

电极式锅炉适用电压范围是 $6 \sim 20kV$，可适用电压不稳定的电网系统。

电极式锅炉系统具有以下优势：

（1）电极式锅炉效率高达 99％ 以上，体积较小，节省空间；

（2）可以采用 10kV 高压电直供，降低变压器初投资；

（3）运行安全稳定可靠，没有蒸汽换热环节，不需要锅炉排污；

（4）可调节电网峰谷差值，减少电网白天负荷，充分利用电网夜间低谷电；

（5）可无级调节，根据用户负荷零到满负荷功率无级调节；

（6）智能化控制程度高，出水温度控制精度 $\pm 0.5℃$；

（7）封闭式设计，高压电绝对隔离；

（8）不产生拉弧，保护电网安全；

（9）电极实际使用寿命超过 30 年，电锅炉设计使用寿命 40 年以上。

2. 固体蓄热锅炉

固体蓄热技术是一种显热储热技术，采用电阻直接加热固体，利用热空气作为传热介质将固体中储存的热能传递给水。在低负荷条件下，该技术可以通过加热蓄热介质将多余的电能转化为热能进行储存，并在高负荷下利用热交换技术，然后把储存的热能向供暖系统或生活热水系统中释放。其蓄热介质一般都具有比热大、密度大、耐高温等特点，常见的固体蓄热介质有耐高温固体合金材料、MgO 含量 90％ 以上的压缩砖等。

固体蓄热系统由蓄热体、绝热保温层、电加热元件、内循环系统和热交换系统组成，蓄热体温度最高可达 800℃。在负载需要热量供给时，设备可按预先设定的温度和供热量，由自动变频风机提供循环高温空气，通过 PLC 程序控制，汽水换热器对负载循环水进行热交换，由循环水泵将热水提供至末端设备中。

固体电蓄热设备由高压电发热体、高温蓄能体、高温热交换器、热输出控制器、耐高温保温外壳和自动控制系统等组成。固体蓄热锅炉示意见图8－22。

3. 电锅炉设备容量选择

电锅炉设备容量选择逻辑见图 8－23，其中，F_1 点为强迫出力工作点；

图 8-22　固体蓄热锅炉示意

F_2 为实际工作点；H 点为 1、2 档调峰补贴电量分界点；D 点为最低负荷工作点；F_1G_1 为设置电锅炉后，总的调峰容量；F_2G_2 为电锅炉功率；G_2G_3 为实际输出电量。当热负荷超过热电厂最低负荷工作点的功率时，电锅炉能实现热电厂零出力，但要根据地区调峰补贴政策和热负荷稳定性选择电锅炉容量。

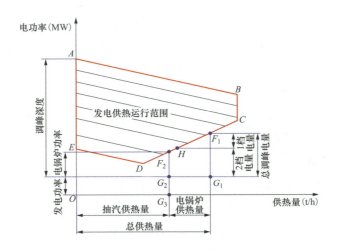

图 8-23　电锅炉设备容量选择逻辑

（二）适用范围及优缺点

1. 适用范围

（1）在供热期需要进行深度调峰的机组。

（2）有较大供热负荷的机组。

（3）调峰补贴政策较好的区域，如东北、西北地区。

2. 优缺点

(1) 优点。

1) 运行灵活, 电锅炉功率能够根据电网调峰和热网负荷需求实时连续调整, 响应速率快。

2) 对原有机组的正常运行及控制逻辑影响较小, 且由于机组实际发电负荷有一定的提高, 机组自身发电效率及运行稳定性、安全性也将有一定提升。

3) 与固体蓄热式电锅炉系统相比, 电极式电锅炉方案运行灵活性高、调峰及供热能力强、效率高、占地面积小、投资低, 能够分散布置, 并且可以同时配置热水储热系统实现储热。

4) 机组负荷率较高, 不需要考虑对烟气脱硝系统进行改造。

(2) 缺点。投资收益受政策、调峰电量调度的影响较大, 需要持续稳定的政策支持, 以及足够的调峰时间。

(三) 工程案例及技术指标

1. 项目概况

为保障甘肃省电力系统安全、稳定、经济运行, 缓解热电矛盾, 促进风电、太阳能等清洁能源消纳, 按照国家发展改革委、国家能源局联合下发《关于提升电力系统调节能力的指导意见》(发改能源〔2018〕364 号) 的要求, 某 2×330MW 电厂决定进行灵活性供热改造, 采用 5×40MW 电极式锅炉和 2×1500m³ 蓄热水罐方案, 并由外部能源公司投资灵活性改造项目, 整个灵活性改造项目实行 BOT (建设-经营-转让) 模式建设。

2. 技术方案

(1) 热电解耦时间的确定。热电解耦时间是对改造投资影响较大的参数, 解耦时间越长, 改造投资越高, 但机组参与深度调峰的灵活性也越大, 在保证供热的前提下, 机组甚至可以实现以纯凝方式运行。提升火电机组灵活性改造的目的是解决电网调峰困难问题并为可再生能源消纳创造条件, 因此热电解耦时间应综合考虑电网的负荷特性和可再生能源的发电特性确定。

冬季是甘肃风能资源较丰富的季节, 夜间社会用电负荷过低和为满足供热需求而产生的热电联产机组强迫发电大大挤占了风电在夜间上网的空间, 导致夜间风电消纳困难显著增加, 因此可以认为电网对火电机组在夜间 6h 内参与深度调峰热电解耦的需求最为迫切, 推荐热电解耦时间为 6h。

（2）调峰设备容量选择。根据《甘肃省电力调峰辅助服务市场运营规则》，在深度调峰时段上网负荷越低，则给予电厂的补贴越高。因此，在保证供热需要的同时，上网电量越低则收益越大。调峰设备容量选择以保证供热负荷需求，且上网电量最低为原则。

为保证机组的安全运行，当机组低于 50% 负荷运行时，不宜外供供暖抽汽。因此，机组运行负荷不宜长期低于 50% 额定负荷。

该热电联产（2×330MW）项目厂用电率为 6.3%，部分负荷也可按此值估算，当机组按 50% 负荷运行时，两台机组发电量为 330MW，厂用电为 20.79MW，按上网电量为 0，可供调峰设备容量为 309.21MW。

考虑经济因素和设备容量的限制，调峰设备总容量按 200MW 配置，其中电极式锅炉 5×40MW、蓄热水罐 2×1500m³。扣除调峰设备及附属设备厂用电，机组在 50% 负荷时，调峰设备投运后两台机组上网净电量约为 107MW。电厂上网负荷率约为 16.2%，可保证在深度调峰时段低负荷上网，通过调峰辅助市场交易获得较高经济补偿。

（3）供热能力核算。

1）单机运行工况供热能力核算。根据该市城区供热规划内容，供热初、末期最大热负荷为 240.8MW。电厂单机运行，电负荷为 165MW，对应供暖抽汽流量为 150～250t/h。项目厂用电率为 6.3%，部分负荷也可按此值估算，厂用电为 10.395MW。

以深度调峰时段尽可能低负荷上网为原则，通过调峰辅助市场交易获得较高经济补偿。单机 50% 负荷时，调峰设备投运后机组上网净电量按 15MW 考虑，调峰电极式锅炉需要运行 3.5 台，电极式锅炉提供 133MW 的供热量，其余由汽轮机抽汽供热（加热器效率按 98%、管道效率按 99%，疏水为饱和水）补充 107.8MW，可满足供热需要，电厂上网负荷率约为 4.5%。

2）两机运行工况供热能力核算。根据该市城区供热规划内容，供热中期最大供热面积为 950 万 m²，最大供热负荷为 607.5MW，额定供热面积 800 万 m²，额定供热负荷为 525MW。此时两机运行，电极式锅炉运行 5 台。

电热转化效率按 95% 考虑，则调峰设备 200MW 容量可提供热负荷为

190MW（200MW×0.95），当汽轮机组在50%负荷时，对应供暖抽汽流量在250t/h左右。两台机组供暖最大抽汽量500t/h，汽轮机抽汽供热能力（加热器效率98%、管道效率99%，疏水为饱和水）约为355MW。与汽轮机供暖抽汽一起可供热545MW，可以满足额定供暖热负荷（525MW）的需要，满足最大热负荷（607.5MW）90%的需要。

综合考虑经济因素和热负荷需求，当热负荷随着气温变化或供热面积增大时，可通过调整机组供暖抽汽量及汽轮机出力来满足热网需求。

（4）调峰系统配置。

1）蓄热水罐系统。该工程蓄热系统与供热外网采用直接连接方式，蓄热水罐采用2×1500m³常压水罐，最高耐受温度小于98℃，蓄热时间6h设计，热水罐进出口温度为95/50℃。按6h蓄热，平均每小时蓄热能力约为23MW。机组调峰时供热之后富裕的电量转换成热水蓄热，用电高峰时将该部分热量放出，以减少抽汽，增加机组出力能力。

2）电极式锅炉系统。电极热锅炉按每台40MW设计，共设5台，电能实时转化为热能，按电热转化效率95%计算，实时放热量为190MW。在调峰时段，根据调度要求，将调峰的电能转移到电极式锅炉设备，完成调峰任务。电极式锅炉即时将电能转化为热能释放到热网，电极式锅炉放热时先通过电加热一次水，一次水再通过换热器与二次水（即部分热网循环水）进行换热，最终所有放热量进入热网循环水，提升热网循环水水温。

3）热网循环水系统。原设计为热网循环水回水直接进入热网首站，改造后热网循环水先进入锅炉房自动排污过滤器除污，由热网循环水增压泵增压后进入电极热锅炉一次加热，再回热网首站由供暖蒸汽进一步提高水温，达到外网要求后输出厂外。

该工程供暖热水网采用两级换热系统。热水系统一级网和二级网通过换热器间接连接，一级供热管网的供水温度为130℃，回水温度为70℃，热网循环水流量9710t/h。新增4台热网循环水升压泵，设备技术参数为设计流量2500m³/h，扬程15m。

新增换热器设备阻力5m，管道及阀门阻力10m，为不影响原热网循环泵运行参数，改造设置热网循环水升压泵，扬程15m。

4）设备选型汇总。电极式锅炉和蓄热水罐选型见表8-9。

电极式锅炉和蓄热水罐厂房布置效果见图8-24。

表 8 - 9　　　　　　　　　　　　电极式锅炉和蓄热水罐选型

序号	设备名称	型号及规格	数量
1	电极式锅炉	高压锅炉，三相供电；单台电功率 40MW，额定工作电压 10kV，额定进水温度 105℃，额定出水温度 130℃	5
2	电极式锅炉循环泵	卧式，一用一备，额定工作电压 0.4kV；单台电功率 110kW，额定流量 1500m³/h，扬程 15m，设计压力 1.6MPa，设计温度 0～140℃	10
3	电极式锅炉板式换热器	单台功率 40MW，一次供回水温度 130/105℃，二次供回水温度 115/90℃，一次侧流量 1500m³/h，二次侧流量 1902m³/h，设计压力 1.6MPa，设计温度 0～140℃	5
4	定压膨胀装置		5
5	定压泵	型号 CR - 20 - 6，额定电压 0.4kV，设计流量 20m³/h，扬程 80m，设计压力 1.6MPa，设计温度 0～100℃	10
6	隔膜气压罐	容积 5m³	10
7	温度缓冲罐	容积 5m³	10
8	纯水水箱	容积 100m³	1
9	蓄热水罐	蓄水容积 1500m³，包括罐体、盘梯、氮气防腐系统、上下布水器、温度采集装置、防腐保温等	2
10	自动除污器	DN300	2
11	蓄放热循环水泵	卧式，一用一备，额定工作电压 0.4kV；单台电功率 110kW，额定流量 430m³/h，扬程 60m，设计压力 1.6MPa，设计温度 0～140℃	2
12	热网循环水升压泵	设计流量 2500m³/h，扬程 15m，额定电压 0.4kV，电机功率 220kW	4
13	自动排污过滤器	流量：10000t/h	1

3. 实施效果

该工程设置 $5×40MW$ 电极式锅炉 $+2×1500m^3$ 蓄热水罐，可以使电厂在供暖期参与深度调峰而同时保证其供暖能力，亦可在用热高峰时增加电厂的供热能力，将电能转变为热能用于供热，可以替代供暖区域散烧煤供暖。

根据对当地调峰日期暂按 150 天每天蓄热 6h 考虑，每天的可用调峰时间可达 6h。当配置 200MW 电极式锅炉时，年度最大可能调峰电量可达 $200MW×6h/天×150 天＝180000MWh＝648000GJ$，该调峰电量转换为热量后，电热

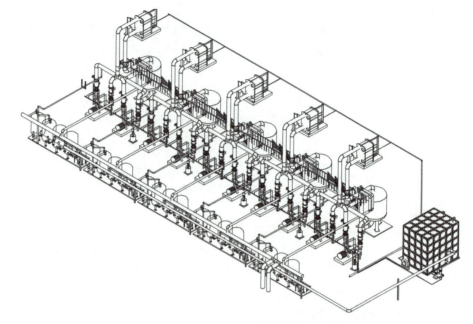

图 8－24　电极式锅炉和蓄热水罐厂房布置效果

换算按 95％计算，每年可以节约供热用煤量为 171000×860/7000＝21009t 标准煤（能源折算系数为 1kg 标准煤发热量为 7000kcal，1kWh 发热量为 860kcal）。

该工程投资约 1.5 亿元，单位造价约 1000 元/kW，投资回收期约 6 年。

第三节　热电解耦技术特点及应用分析

在能源结构调整的背景下，提高火电运行灵活性是火电行业转型发展的重要方向，其中热电解耦技术是实现供热机组深度调峰的关键技术，选择合适的技术路线是火电厂灵活性改造的关键，需要从调峰效果、改造成本和运行成本等方面进行对比分析。

低压缸切除技术涉及汽轮机本体改造，主要是将汽轮机内部高温高压蒸汽的做功份额减小，将其转化为对外供暖的热能，中压缸排汽全部用于供热，低压缸做功为零，降低了发电机组出力水平，具有较强的调峰能力，而且由于排汽全部用于供热，消除了冷源损失，具有很好的热经济性，运行费用较低。

汽轮机旁路供热将做功能力较强的高温高压蒸汽抽出供热，能够大幅降低汽轮机组的强迫出力，具有较强的调峰能力。但同时，考虑到汽轮机旁路容量、再热器超温、汽轮机轴系推力匹配、抽汽回热等问题，汽轮机旁路难以实现全容量抽汽，因此调峰幅度具有一定限制。另外，从运行成本来看，将高品位热能的高温高压蒸汽用于供暖，存在较大的热经济损失，运行成本较高。

低压缸切除和旁路蒸汽供热的调峰深度见图 8-25。

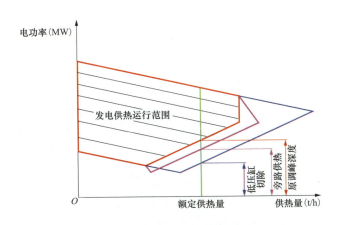

图 8-25　低压缸切除和旁路蒸汽供热调峰深度

图 8-25 中，红线范围是热电厂原发电供热运行范围，经过低压缸切除和旁路供热改造后的运行范围如蓝线和紫线所示，绿线是额定供热量。改造后，汽轮机调峰能力和供热能力增加，在供热负荷不变的条件下，调峰能力较大的是低压缸切除技术，旁路蒸汽供热技术一般只能抽出部分容量主蒸汽对外供热，因此调峰范围有一定限制。

电锅炉技术不涉及热电厂设备本体改造，对热电厂正常运行影响较小。电极式锅炉直接消耗电能，减少热电厂对外供电，以增加对外调峰能力；固体蓄热锅炉一般具有较大的储热容量，可以灵活调节热电厂发电功率和供热量。这两种技术甚至能够实现热电厂零出力，具有最好的调峰灵活性；但缺点是投资成本高，而且由于采用电供热，热经济性差，运行成本高。

蓄热水罐将用电高峰时的过剩热能存储起来，在需要调峰时，释放热能以满足供热需求，从热电厂供热特性图来看，蓄热水罐能相当于将相对固定的供热需求转化为可变的供热需求，拓展了热电厂调峰运行范围。蓄热水罐调峰范围见图 8-26。

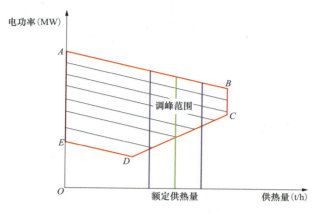

图 8-26　蓄热水罐调峰范围

如图 8-26 所示，蓄热水罐使热电厂具备了双向调峰能力，既增加热电厂低负荷运行能力，又能增加高峰期的顶负荷能力，即供热蒸汽流量出现过剩时，将多余热能存储到蓄热水罐中，当电力需求处于低谷时，减小锅炉和汽轮机出力，供热不足的部分由蓄热水罐补充；当电力需求处于高峰时，增加锅炉出力，减少汽轮机对外供热，增强电厂的带负荷能力，供热不足的部分由热水罐补充；由于采用蒸汽作为热源，热水储能的热经济性好，运行成本较低。

以 2×350MW 热电联产机组为例，简要对比不同热电解耦的投资成本、运行成本和调峰深度，见表 8-10。

表 8-10　　　　　　　2×350MW 热电联产机组热电解耦技术对比

热电解耦技术	调峰深度	投资成本（万元）	运行成本
低压缸切除	增加 20%～30%额定容量	1000～2000	较低
旁路供热	增加 10%～15%额定容量	2000～3000	较高
电极式锅炉	可实现 100%调峰容量	5000～10000	高
固体蓄热锅炉	可实现 100%调峰容量	10000～20000	高
蓄热水罐	增加 20%～30%额定容量，取决于水罐容量	3000～6000	较低

从表 8-10 可以看出，在调峰深度指标上，电锅炉具有最大的深度调峰优势，但由于采用电能作为热源，折算到等效煤耗的用能成本最高，因而运行成本最高；考虑到投资成本，采用该方案的项目技术经济优势不明显。另外，从电力辅助服务市场的供求情况来看，在市场初期，调峰容量供不应求，电锅炉项目往往能够

获得较高的调峰收益，但随着调峰电源逐渐增多，市场可提供的调峰容量不断增加，供需逐渐平衡，高收益的深度调峰需求减少，电锅炉高投入和高运行费用的劣势凸显，在与其他热电解耦技术竞争时，将处于不利地位。

低压缸切除和旁路蒸汽供热技术都能增加电厂的供热能力，配合锅炉负荷调整能增加发电机组的调峰能力，但调峰能力的增加是以发电能力的降低为代价的，而且随着供热负荷的增加，机组的顶尖峰能力下降，可能会带来调峰收益的损失，例如现在东北地区辅助服务市场规则，如果调峰机组尖峰出力达不到额定容量的 80%，调峰补偿减半。

以蒸汽为热源的蓄热水罐技术，技术成熟可靠，运行成本低，投资费用适中，更重要的是热电厂采用热水储能可以获得双向调峰能力，既能增加热电厂的调峰深度，也能增加高峰时段的顶负荷能力，在调峰市场中具有很强的竞争力。但同时，热水储能存在储热密度低、空间占用较大的问题，尤其是城市区域的热电厂，由于占地限制，技术改造较困难。

综上所述，选择热电解耦技术除了考虑技术方案的安全性和可靠性之外，技术改造方案的调峰深度、投资成本、运行成本等是决定最佳技术路线的关键因素。热电解耦技术的对比见表 8‐11。

表 8‐11　　　　　　　　　　热电解耦技术对比

项目	低压缸切除	旁路蒸汽供热	蓄热水罐	电锅炉
适用场合	需要进行深度调峰的机组；有较大供热负荷的机组	需要进行深度调峰的机组；有较大供热负荷的机组	需要进行深度调峰的机组；有较大供热负荷的机组；调峰补贴政策较好的区域	需要进行深度调峰的机组；有较大供热负荷的机组；调峰补贴政策较好的区域
技术方案	切除低压缸进汽，中压缸排汽去热网首站供热，仅保留少量冷却蒸汽进入低压缸	高低压旁路联合供热技术	将热网循环水引至蓄热水罐存储	将电能转换成热能
优点	调峰能力强，供热能力强，节能效果显著，投资少	投资少，工期短，运行维护成本低；对主机运行的影响极低；实现停机不停炉，完成启停机调峰，有利于锅炉稳燃	增强机组调峰能力，实现热电解耦	电极式电锅炉方案运行灵活性高，调峰及供热能力强，效率高，占地面积小，投资低

续表

项目	低压缸切除	旁路蒸汽供热	蓄热水罐	电锅炉
缺点	存在技术风险；运行机组台数和年数较少	控制系统复杂；对于高压末级动、静叶片的强度造成考验；供热能力有限，技术经济性较低	占地面积大，投资大；投资收益受政策、调峰电量调度的影响较大	投资收益受政策、调峰电量调度的影响较大
典型案例	国家电投辽宁东方发电有限公司	国家电投通辽第二发电公司	国家电投通辽第二发电公司	国家电投通辽盛发热电公司
节能效果	发电煤耗降低约70g/kWh；机组负荷降低约90MW，调峰补贴收入每年约1000万元	机组负荷可降低至30%，调峰补贴收入每年约5000万元	机组最低负荷可达40%以下	机组最低负荷可达40%以下，调峰补贴收入每年约5900万元
总投资费用	约2000万元	约23000万元（配合热泵技术）	约7700万元	13000万元
回收期	约3年	约5年	—	约5年

第九章
供热前景展望与发展建议

第一节 供热前景展望

一、供热政策前景展望

基于对国家、地方出台的相关政策的分析，供热政策主要导向如下：

（1）清洁供暖将得到长足发展。国家清洁取暖政策明确提出北方地区清洁取暖率在到 2021 年达到 70%；鼓励因地制宜，宜煤则煤，宜气则气，宜电则电，宜可再生则可再生；鼓励发展背压热电联产，下一步将会落实价格和资金支持，完善相关配套政策；鼓励发展热电联产、集中供热，充分利用存量机组供热能力；不同区域根据能源结构及条件，发展工业余热供暖、可再生能源供暖等形式的清洁供暖。

（2）重视煤电节能减排升级与改造。明确了大气污染防治工作目标，淘汰关停环保、能耗、安全等不达标的 30 万 kW 以下燃煤机组，加强燃煤小锅炉淘汰力度；鼓励具备条件的地区通过建设背压式热电机组、高效清洁大型热电机组等方式，对能耗高、污染重的落后燃煤小机组实施替代；鼓励通过燃煤机组、大型燃煤锅炉的超低排放改造，实现清洁供暖。

（3）鼓励在工业园区、新建大型公用设施等新增用能区域，因地制宜推广天然气热电冷三联供、分布式可再生能源发电等供能模式。

（4）提倡做好规划工作，要把清洁能源供热纳入各个城市的供热规划中。热电联产发展应统筹协调总体规划、供热规划、环境治理和电力规划，综合考虑电力、热力需求和外部条件，科学合理确定热负荷和供热方式。

（5）加快开发利用新能源和可再生能源已成为国内外共识，新能源和可再生能源在能源消费中的比例显著提高。

（6）鼓励供水、供气、供热等公共服务行业和节能服务公司从事售电业务，以热促电，将供热与配电、售电等业务集成起来进行捆绑销售提供了机会。

（7）直供网供暖供热政策对发电企业提高市场占有率带来机遇。推进网源合一，扩展直供网供热面积，是提高供热全过程的经济效益的重要措施。

二、 供热技术应用前景展望

（1）在能源转型、清洁供热的新时代背景下，清洁燃煤集中供热面临新的发展机遇。

首先，相关政策精神鼓励发电企业发展高效清洁的供热形式；其次，在更加严格的环保形势下，单机容量小、能耗高、污染重的燃煤小热电机组逐步关停，热电联产项目尚未按合理供热半径布局到位前提下，有充分的供热区域空间可以利用。

（2）淘汰工业小锅炉，开展工业集中供热、供冷将是热力行业未来的主要发展方向之一。目前，工业供热占全国热力消费总量的 70% 以上，除一些大型工业企业由自备热电厂供热外，大量工业企业由锅炉供热。与居民用热相比，工业锅炉数量多、容量小，以燃煤为主。在当前清洁能源和环保形势下，淘汰工业小锅炉、开展工业集中供热是热力行业未来的主要发展方向之一。

在南方地区，工商业用冷需求增长迅速，发展电、热、冷三联供技术方式，通过利用蒸汽溴化锂空调制冷技术，实现多种能源综合供应潜力巨大。

（3）大型天然气热电联产将放缓，天然气分布式能源发展面临机遇。《打赢蓝天保卫战三年行动计划》明确要求原则上不再新建天然气热电联产，这是为保障气源的稳定供应而出台的政策，大型天然气热电联产发展放缓。

另外，天然气分布式能源并不消耗大量天然气，对天然气供储销体系不造成压力，并且综合能效高，环保效益好，安全性、可靠性高，在突发情况下，可作为大电网的有效补充，发挥紧急电源的作用。出于环保压力，"煤改气"政策会继续推进，越来越多的区域会发力禁止煤炭散烧，这是天然气分布式的客观市场机会。从能源的角度考虑，在电力过剩的大背景下，分布式电站项目要尽可能做到电力自行消纳（完全消纳或者大部分消纳）；在部分有明确分布式电价政策的省市（上海、江苏、浙江、广东等），可以考虑以热定电，电力上网，但应尽可能高热电比。

（4）智慧供热将成为重要发展方向，支撑清洁供热，提高供热系统能效，提升供热生产的安全性和可靠性。随着"互联网＋"、物联网、工业互联网、大数据、云计算与超级计算、人工智能等新一代信息技术的发展及工业应用，智慧供热将成为支撑清洁供热、提高供热系统能效、提升供热生产的安全性和可靠性、提升用户服务水平实现按需舒适用热的重要手段。

智慧供热将通过构建具有自感知、自分析、自诊断、自优化、自调节、自适应特征的智慧型供热系统，贯穿组成供热系统的"源-网-站-线-户"热能供应链的各环节，实现热源的"产-输-配-售"各环节和各种供热设施连接在一起。

（5）长距离输送供热技术的发展带来新的发展机会，通过扩大输送距离可以有效利用城镇周边热电厂的供热能力。传统的蒸汽管网输送半径距离有限，成为余热利用的限制，出现了电厂热能不能充分利用、城镇和农村又缺乏热源等问题。近年来，国内长距离输送供热技术发展迅速，尤其是大温差长距离输送供热管网已有多个工程案例。采用长距离输送供热技术后，蒸汽管道输送距离可以延伸至20～50km，同时有效降低输送温降压降和能耗。

通过长距离输送管网有效利用机组烟气和乏汽的余热，实现城市密集区无煤化，相比常规热电联产节能30％～50％，供热成本与大型燃煤锅炉供热相当。对于冬季有供暖需求的城市，通过长距离供热可以有效利用城市周边热电厂的供热能力，替代城区落后的小机组、燃煤锅炉和散煤的使用，具有良好的社会效益和环保效益。

三、 供热机组调峰技术应用前景展望

近年来，随着全国电力负荷需求量的不断降低，越来越多的大中型发电厂已经参与或计划参与电网调峰运行，有的大型超临界火力发电厂甚至已经开始参与机组调峰运行。

随着清洁能源迅猛发展，电源结构、网架结构发生重大变化，新能源大规模集中并网增加了电网的调峰、调频难度，局部地区弃风、弃光、弃水、限核和系统调峰、供暖季电热矛盾等问题突出，因调峰困难带来的后果也十

分明显。一是电网低谷电力平衡异常困难，调度压力巨大，增加了电网安全运行风险；二是电网消纳风电、光电及核电等新能源的能力严重不足，不利于地区节能减排和能源结构转型升级；三是电网调峰与火电机组供热之间矛盾突出，影响居民冬季供暖安全，存在引发民生问题的风险。为解决这一系列问题，在更大范围内优化资源配置，亟需进一步完善和深化电力辅助服务补偿（市场）机制。

国家发展改革委和国家能源局明确提出，要根据不同地区调节能力及需求，科学制定各省火电灵活性提升工程实施方案。"十三五"期间，力争完成2.2亿kW火电机组灵活性改造（含燃料灵活性改造），提升电力系统调节能力4600万kW。改造后的纯凝机组最小技术出力达到30%～40%额定容量，部分电厂达到国际先进水平，机组不投油稳燃时纯凝工况最小技术出力达到20%～30%。

截至目前，国家能源局已批复东北地区及福建、山东、山西、新疆、宁夏、广东、甘肃、江苏、浙江等地开展辅助服务市场试点建设。在一系列的国家、地方辅助服务政策引导下，各区域电网陆续开展辅助服务市场试点建设。大部分区域电网的辅助服务补偿在上网电费总额中的占比逐步提高，电网对煤电机组灵活性发电提出更严格的要求，显现出发电侧提升辅助服务能力的紧迫性和重要性。

常用热电解耦技术有低压缸切除、旁路蒸汽供热和储热蓄能技术，常用的蓄热设备为蓄热水罐，直接调峰设备为电锅炉。

低压缸切除技术以投资低、运行灵活和改造范围低等优点逐渐成为热电解耦的常用技术路线，该技术在供热量等同于高背压循环水供热技术、低压光轴供热技术和热泵供热、旁路供热技术的基础上，能进一步降低电负荷，投资收益较高。

热电厂根据供热量增加蓄热调峰设施后，在保证热负荷的前提下可以把电能转化为热能储存起来，在其他时段供给热网，实现热电解耦及电能的储存与转换，参与深度调峰。该类项目需要相关政策的持续支撑，随着改造项目数量的增加，合同期内存在收益不稳定的可能性。推荐采用合同能源模式进行运营管理，整个节能改造过程由节能服务公司统一完成，电厂获取补贴收益。

第二节　供热发展原则及思路

一、 供热技术发展原则

清洁供暖是国家能源生产和消费革命、生活方式革命的重要内容，是改善生活环境的重要措施之一，各地区各供热企业根据国家政策的要求及市场形势的变化，积极拓展供热业务，并提出了具体的推进策略，为实现清洁、低碳、安全、高效持续发展，对于未来我国火电供热发展，应坚持如下原则：

（1）统筹规划，创新发展。发展供热业务应根据国家总体的战略规划，综合把握区域供热政策、经济潜力、热力市场规划、能源保障形式、供给需求特点，以高质量发展为中心，掌握国际前沿储热技术、地热能供暖技术，掌握相关核心技术，引领世界清洁供暖前沿技术。除技术外，还应坚持管理创新、商业模式创新，全方位打造清洁供暖产业。

（2）优化存量，市场主导。供热能力无法满足用户需求的电厂，优先通过供热改造提升供热能力，降低煤耗；供热能力大于用户需求的，要积极开拓供热市场。重视热力市场发展，扩展热力市场，坚持适度有序开发的原则。

（3）重点推进，协同发展。根据国家政策，在北方地区特别是"2+26"城市重点推进清洁供暖项目，在南方地区重点发展工业供热、供冷；确保电、热、冷等能源的生产协同发展，热网和热负荷协调发展；结合各地区资源优势，积极推进多种形式可再生能源的一体化、综合利用，形成多元发展、多能互补的可再生能源供热模式。

（4）企业为主，政府推动。充分调动企业和用户的积极性，鼓励民营企业进入清洁供暖领域，强化企业在清洁取暖领域的主体地位；发挥各级政府在清洁取暖中的推动作用，按照国家统筹优化顶层设计、推动体制机制改革，省级政府总负责并制定实施方案，市县级及基层具体抓落实的工作机制，构建科学高效的政府推动责任体系。

（5）因地制宜，示范引领。以技术进步和发展创新为依托，以体制机制完善和产业体系建设为支撑，大幅提高新能源和可再生能源在能源生产和消费中的比例，显著提高其市场竞争力，积极推动新能源和可再生能源全方位、多元化、规模化和产业化发展。不同区域根据能源结构及条件，考虑资源禀赋、经济承受能力等因素，在经济条件和基础设施较好的地区优先示范推进品牌效果好、示范效应高、技术先进的示范试点项目，树立可再生能源示范工程并将其发展模式予以推广。

二、 供热技术发展思路

（1）注重供热顶层设计和供热规划。各省要组织各地区编制统一清洁供热规划，供热企业应结合所属地区的供热政策、政府规划、用户市场、自然地理资源等条件，在扎实调研的基础上，总结经验，查找不足，完成所在区域供热规划。北方地区注重围绕清洁供暖开展供热规划，秦岭和淮河以南的非集中供暖区开展工业供热、供冷规划。

（2）持续实施存量机组供热改造，拉动整体煤耗降低。未来一段时间，煤炭是我国的主要能源，继续坚持以燃煤热电联产集中供热方式为主，持续加大燃煤机组供热改造，对存量机组挖潜扩能，开拓供热市场。供热能力无法满足实际供热需要的，要通过合理的机组改造提升供热能力，挖掘存量机组产能。老旧机组可通过供热改造、低热能利用等手段，提升供热能耗水平与服务水平，增强生存能力和竞争能力。

加大热力备用容量应适度，严格论证技术改造方法，做好经济效益评价，有效、有序安排热源、热网项目改造，提升机组供热能力和供热品质，有效降低机组煤耗。通过批量机组供热改造，预计可有效降低整体煤耗。

（3）优化供热产业空间布局，研究综合能源应用市场可行性。在无供热机组地区，抓住中央推进北方地区冬季清洁取暖、京津冀及周边地区"2＋26"城市"煤改气""煤改电"以及电力体制改革放开售电侧的契机，密切跟踪日趋严格的环境约束下的煤炭、电力替代政策，加强与地方政府和用能企业的沟通，研究在黑龙江、吉林、山东、陕西、甘肃等北方地区新建背压机和热负荷稳定的热电联产机组，长三角、珠三角、京津冀新建分布式能源和多能互补等综合能源项目的可行性。

鼓励因地制宜采用风电、太阳能、天然气、地热能和清洁电力等方式多能互补的供热方案，推进风光水火储多能互补示范工程开发建设。

（4）积极发展热、冷、水等一体化供能模式，实现产业化发展。贴近市场进行工业供热改造，大力开拓沪、赣、贵、渝、粤、皖、苏南等南方供热、供冷市场。关注热负荷集中、热价承受能力强、符合产业政策的新开发区、工业园区。

目前供冷市场发展迅速，特别是南方地区潜力巨大，要抢抓机遇，研究热电冷三联供技术的推广利用，发展热、冷、水等一体化供能模式。将供热业务和电力项目的发展，与发、售、配电业务的拓展统筹考虑，按照电、热、冷、气、水等多能源品种统一规划、协同建设、综合管理的原则，探索"供热＋售电"的新模式，将电和热进行捆绑销售，实现售电、售热一体化，拓展新的盈利空间。北方地区研究夏季供热负荷较小时，研究替代化工、食品等企业工业锅炉的可行性。

（5）重视拓展供暖市场，择优规划清洁燃煤集中供暖项目。高度重视清洁供暖市场开拓，因地制宜发展清洁燃煤集中供暖项目。新建项目严格落实热负荷，对于热负荷可靠、稳定的项目要加快布局，尽早形成集中供热能力。

在华北地区响应大气污染治理"2＋26"联防联控行动，在"2＋26"城市重点推进清洁供暖项目，在城区、县城、城乡结合部和农村地区积极发展清洁能源供暖、多能互补供暖，拓展清洁供热，取缔散烧煤取暖。在东北地区加快结构调整，改善经营环境，提高供热保障能力和管理水平，因地制宜发展热电联产项目及附加值高的热网项目。在西北地区城市周边积极拓展供热市场和有效益的供热管网。

（6）大力发展可再生能源供热，构建清洁能源生态系统。加快开发利用新能源和可再生能源是推动清洁能源供暖产业可持续发展、推动能源生产和消费革命的重要途径，是推进大气污染防治和生态建设的必然选择。清洁供暖需要深入探讨现有政策、禀赋、技术、产业、模式等方面，建设更大范围的清洁能源生态系统。

（7）重视供热安全性，保证供热安全。采用有效的安全管理手段、先进的设计技术、可靠的建设工艺和完善的测量监控技术，降低供热故障率，提高供热可靠性。采用供热改造和热电解耦技术，提高供热能力和调峰能力。积极推进供暖供热管网互联、扩容、优化改造，达到热源安全互备和经济调度。

（8）重视新技术新应用推广，降低供电供热成本。总结示范试点工程经验，做好技术储备；重视高背压供热、压力匹配供热、余热利用技术、热电解耦等技术的应用，做好长距离输送热网和智慧供热等技术储备；推进热源能量梯级利用，进一步优化热网和供热方式，达到大幅提升供热能力、显著降低供

245

热成本的目标。

供热改造技术路线应坚持一厂一策，结合热负荷特点科学论证、优化优选，工业供热改造科学应用调节阀抽汽供热、背压工业供热、压力匹配供热技术等，供暖供热改造科学应用抽汽供热技术、能量梯级利用供热改造技术、余热利用技术等。

（9）统筹规划建设热源与热网，积极推进网源一体。在电厂较为集中区域，鼓励热源点联网，掌控管网，互通互备；在热源点较少区域，与供热企业推动公共管网建设，努力实现区域联网，大力拓展热力市场。布局配套热网项目，电厂可以争取热网配套、热用户的特许经营权，提高供热保障能力和管理水平。

积极推进网源一体的供热模式，紧密跟踪地方政府"一管到户"的政策，努力扩大直供到户范围，新增供热产能要力争实现网源一体供热模式。确保热网和热负荷协调发展、热源和热网协调发展、供热量和销售收入协调发展、销售收入和利润协调发展。

（10）因势利导提升供热调峰能力，稳健开拓辅助服务市场。结合电厂所在区域做好煤电机组的供热灵活性改造项目，尤其在调峰补偿力度较大的区域，合理建设储能供热装置，注重源、网、荷的协调匹配，实现传统能源、新能源和热源的调峰互补，提高煤电机组的供热调峰能力。

第三节　供热发展应用建议

清洁供热必须从热源、热网和用户末端三个方面同时推进，缺一不可。具体的推进策略是因地制宜选择热源、全面提升热网系统效率、有效降低用户能耗，结合项目具体需要选出最优方案。

一、工业供热技术

（1）新建机组推荐根据用户参数，采用中压缸抽汽。旋转隔板抽汽主要适用于压力 1.0～2.0MPa 的工业抽汽，座缸阀抽汽主要适用于压力 1.5～5.0MPa 的工业抽汽。这两种技术适用于新建机组，不推荐改造使用。

（2）对于工业热负荷品质单一且稳定、用热小时较高、发电负荷在 50MW 及以下机组，可优先考虑选择新建背压机组。

（3）对于改造项目，推荐根据用户压力选择再热冷段管道、热段管道或连通管相应的位置打孔抽汽，不推荐在汽轮机本体、主蒸汽管道打孔抽汽。如果以上参数都不能满足用户需要，推荐采用压力匹配技术。

（4）对于热负荷较大，而用电负荷较小（一般不大于 $10\sim50MW$）的中小型热电联产燃机项目，推荐采用余热锅炉供热技术。

二、 火电厂清洁供暖技术

（1）新建机组推荐采用从汽轮机中压缸排汽抽出蒸汽供热技术。

（2）对于改造项目，推荐优先采用中低压缸连通管打孔抽汽技术，不同容量机组抽汽量为 200MW 等级机组小于 300t/h，300MW 等级机组小于 500t/h，600MW 等级机组小于 800t/h。不推荐采用汽轮机本体打孔和旋转隔板改造技术。

（3）对于 300MW 及以下容量的机组，如以上两种供热技术不能满足供暖需求时，推荐优先采用高背压供热技术：湿冷机组采用双背压双转子，空冷机组采用双背压单转子。要求单机 200/300MW 机组所带供热面积分别不少于 500 万/700 万 m^2。此外，光轴技术存在发电量损失大、运行调节困难等问题，要根据供热和用电需求综合考虑选择。供热面积在 $500\sim1000$ 万 m^2 的 135MW、150MW 及 200MW 抽凝机组，可考虑选择该技术。300MW 及以上容量的机组不推荐采用该技术。

（4）燃气-蒸汽联合循环供热机组，在气源充足、经济承受能力较强的条件下，可作为大中型城市集中供热的新建基础热源，应安装脱硝设施以降低氮氧化物排放浓度。结合电负荷及冷、热负荷需求，热电冷三联供分布式机组，适用于政府机关、医院、宾馆、综合商业及交通枢纽等公用建筑。对于供暖热负荷大的联合循环供热机组，推荐采用凝抽背（含 NCB）技术。

（5）能源梯级利用技术适用于供热抽汽参数高于所需的供热参数，需要对抽汽进行减温减压的情况，推荐满足条件的机组广泛采用，可有效降低厂用电率，减少供电煤耗。

（6）热泵供暖需要大量较高参数蒸汽作为驱动，占地面积较大、投资较高，可根据工程实际情况进行技术对比后确定是否采用。

三、 可再生能源供暖 （供热） 技术

（1）以生物质能资源的能源化循环利用和清洁利用为重点，坚持因地制

宜、多元发展，结合用热需求和经济技术可行性，对已投运生物质纯发电项目进行供热改造，新建项目原则上按热电联产方式设计、建设，提高生物质能利用效率，积极推进生物质热电联产为县城及工业园区供热。在具备资源和市场条件的地区，结合大气污染防治、散煤治理等工作任务，继续推进生物质成型燃料锅炉供热，为村镇、工业园区及公共和商业设施提供清洁热力。

（2）充分发挥太阳能资源丰富、分布广泛、开发利用基础较好的优势，以提供绿色电力、绿色热力为重点，坚持太阳能发电与热利用并重的原则，不断扩大太阳能利用规模；积极推进太阳能利用与常规能源体系相融合，发展以太阳能为主的复合热源、多能互补的大规模集中式热水、供暖、制冷联供技术。

（3）充分发挥风电清洁供暖的节能环保作用，积极推动风电清洁供暖技术的应用，使其成为促进风电消纳和解决大气环境问题的有效措施。

（4）科学开发利用地热能，积极推地热能供暖，结合地热能资源分布及用热需求，重点在地热资源丰富地区开发新地热井，建设地热能供暖。地热能资源丰富地区应将地热能供暖纳入城镇基础设施建设。

（5）围绕构建安全可靠稳定的清洁能源供热系统，倡导"地热能＋"模式，大力开展浅层地热能供暖（制冷）、水热型地热资源供暖等综合利用，同时辅助以太阳能、空气能、生物质能、余热回收和天然气三联供等多能互补，推广多种清洁能源深度融合，因地制宜实施多能协同发展，取长补短、相互协作，确保供暖安全可靠，提高清洁供暖的经济性。

（6）大力推进风光水火储多能互补工程，重点在青海、甘肃、宁夏、内蒙古等省（区），利用风能、太阳能、水能、煤炭、天然气等资源组合优势，充分发挥流域梯级水电站、具有灵活调节能力火电机组的调峰能力和效益，积极推进储能等技术研发应用，完善配套市场交易和价格机制，开展风光水火储互补系统一体化运行示范，提高互补系统电力输出功率稳定性和输电效率，提升可再生能源发电就地消纳能力，提高可再生能源利用率。

四、 长距离输送供热技术

长距离输送供热技术可以显著提高供热范围，但由于初投资高、经济性相对较差、系统复杂、影响范围大，一般适合热负荷集中的大中型城市。在应用长距离输送供热技术时，要重视以下问题：

（1）高度重视经济性。首先应优先挖掘本地热源，避免舍近求远；同时，应确保末端用户有较稳定的热负荷，敷设的长距离管道投资可回收。为提高长距离输送供热工程经济效益，可结合大温差输送和电厂余热回收。

（2）在系统设计建造过程中必须进行动态水力分析，重视上游供热首站和下游城市热网的可靠性。与普通供热系统不同，长距离输送供热工程是一个复杂的系统工程，常规静态水力计算不能满足要求，必须进行动态水力计算分析，必要时应进行模拟试验。除了输送管线，对上游供热首站和下游城市热网的联合控制、事故应急处理等要求都很高。

（3）通过多热源联网或采取燃气分布式调峰措施，使长距离输送管网整个供热期承担基本供热负荷，降低长距离输送热网的输送成本，同时进一步增加城市供热系统的安全性。

五、　智慧供热技术

智慧供热是构建自感知、自分析、自诊断、自优化、自调节、自适应功能的新一代智慧型供热系统，能够友好包容和消纳清洁低碳能源。要实现上述目标，还需要克服目前存在的基础建设缺乏统筹规划，由于标准、平台等不一致导致的数据共享困难和应用场景与实际应用存在差距等问题，实现资源融合、数据融合和业务融合。

（1）实现资源融合。将现有体系下的信息化基础设施、计算存储资源、网络资源及显示资源高效、安全融合，拓展升级为整体的大数据中心，实现部署智慧供热各个应用服务支撑系统，实现信息共享、应用协同和安全保障。

（2）实现数据融合。将热源、热网、热力站、用户、地理信息、收费信息、客户服务等各类系统进行数据整合，建设具有智慧性、开发性、可拓展性的数据融合架构，按照统一标准和接入服务，对数据进行清洗、过滤、转换、共享，进而整合所有相关业务标准。

（3）实现业务融合。根据供热的业务需求，整合现有供热业务应用系统数据库，构建"大数据＋云平台"的运营模式，进一步完善各个应用系统，满足不同用户、不同场景和不同应用的需要。

六、　热电解耦技术

（1）对于供热期需要进行深度调峰、有较大供热负荷的机组，推荐采用

火电厂供热及热电解耦技术

旁路蒸汽供热技术。低压缸切除技术应用时间密集，实际运行检验时间短，存在技术风险，建议加强机组运行监管。

（2）在弃风弃光严重的区域，如东北、西北地区，推荐采用电极式锅炉或固体蓄热锅炉技术。项目需要相关政策的持续支撑，推荐采用合同能源模式进行运营管理。

构建清洁低碳、安全高效的现代化供热能源体系，已成为全社会的共识和行动指南。随着城镇化快速发展，人民生活水平和对环境质量要求的不断提高，供热产业面临产业升级的重大变革，供热市场化进程加快，机遇与挑战并存，总体来说机遇大于挑战。供热技术要结合工程的具体需要论证筛选并实施最优的方案，对于未来我国供热发展意义重大。行业与利益相关方应贯彻国家和地方政策，按照因地制宜、统筹发展、优化存量、做精增量、重点推进、协同发展的原则，促进供热产业清洁、低碳、安全、高效持续发展。

附录 A 国家供热政策汇总

序号	颁布时间	政策名称	内 容
1	2001年	《关于印发〈热电联产项目可行性研究报告技术规定〉的通知》(计基础〔2001〕26号)	对以煤为燃料的区域性热电厂和企业自备热电站,以及凝汽式发电机组改造为供热机组的工程提出要求。以国家鼓励发展热电联产、集中供热,提高热电机组的利用率为依据,在制定了《关于发展热电联产的规定》的同时,还对热电联产的技术方法及经济性计算提出要求
2	2003年	《关于城镇供热体制改革试点工作的指导意见》(建城〔2003〕148号)	要求城镇公共建筑和住宅小区的供热供暖系统应以集中供热为主导,在集中供热管网覆盖的地区,不得新建燃煤供热锅炉。鼓励各地因地制宜、积极研究开发利用新能源、新技术的供热供暖方式,形成多种方式相结合的经济、安全、清洁、高效的城镇供热供暖系统。同时稳步推进城镇用热商品化、供热社会化
3	2005年	《关于进一步推进城镇供热体制改革的意见》(建城〔2005〕220号)	要求改变机关、企事业单位后勤供热,企事业单位后勤部门分散供热的模式,以集中供热为主导,鼓励开发和利用可再生能源及清洁能源供热。同时利用先进技术,按照国家工程标准要求、改造供暖设施,改进消烟除尘系统,充分挖掘现有系统供热能力,提高能源利用效率、改善环境质量,实行供热社会化、专业化
4	2007年	《关于加快关停小火电机组的若干意见》(国发〔2007〕2号)	对需关停机组做了详细规定。倡导大中型城市优先安排建设大中型热电联产机组,中小型城镇鼓励建设背压型热电机组或生物质能热电机组。热电联产机组原则上执行以热定电,非供热期供电煤耗高出上年本省(区、市)火电机组平均水平10%或全国火电机组平均水平15%的热电联产机组,在非供热期应停止运行或限制发电
5	2007年	《城市供热价格管理暂行办法》(发改价格〔2007〕1195号)	热价的制定和调整应遵循合理补偿成本、促进节约用热,坚持公平负担的原则。热价分为政府定价或政府指导价。具备条件的地热价可由热力企业(单位)与用户协商确定。热力生产企业之间输送基本热价逐步实行按热量计量收费。热力销售价格逐步实行基本热价和计量热价相结合的两部制热价。过渡期内可实行按热面积计价收费

续表

序号	颁布时间	政策名称	内　容
6	2007年	《关于印发节能减排综合性工作方案的通知》（国发〔2007〕15号）	积极推进能源结构调整。大力发展可再生能源。抓紧制定出台可再生能源中长期规划。推进风能、太阳能、地热能、水电、沼气、生物质能利用以及可再生能源建筑一体化的科研、开发和建设。加强资源调查评价。加快核准推进建设和改造供暖供热为主的热电联产和工业热电联产机组1630万kW；组织实施低能耗、绿色建筑示范项目30个。推动北方供暖区既有居住建筑供热计量及节能改造1.5亿 m²
7	2007年	《热电产和煤矸石综合利用发电项目建设管理暂行规定》（发改能源〔2007〕141号）	热电联产应当以集中供热为前提。在不具备集中供热条件的地区，暂不考虑规划建设热电联产项目。在严寒、寒冷地区（包括秦岭淮河以北、新疆、青海和西藏）且具备集中供热条件的城市，应优先规划建设以供暖为主的热电联产项目，取代分散供热的锅炉，以改善环境质量，节约能耗。在夏热冬冷地区（包括长江以南的部分地区）如具备集中供热条件可适当建设供热机组，并可考虑与集中制冷相结合的热电联产机组。夏热冬暖地区和温和地区除可适当建设供暖热机组外，不考虑建设供暖供热机组。 以工业热负荷为主的工业区应当尽可能集中规划建设，以实现集中供热。在已有电厂的供热范围内，原则上不重复建设企业自备热电厂。除大型石化、化工、钢铁和造纸等企业外，限制为单一企业服务的热电联产项目建设。热电联产项目中，优先安排背压型热电联产机组。背压型机组的发电装机容量不计入电力建设大型高效热电机组20万kW及以上的大型高效热电机组。 在电网规模较小的边远地区，结合当地电力电量平衡需要，可以按热负荷半径一般按20km考虑，推广采用生物质能、太阳能和地热能等可再生能源，煤气和煤层气等资源实施分布式热电联产。机组20万kW及以上的抽凝式供热机组，并优先考虑利用生物质能等可再生能源的热电联产机组；限制新建并逐步淘汰低效高压参数及以下燃煤（油）抽凝机组。 以热水为供热介质的热电联产项目覆盖的供热半径一般按20km考虑，在10km范围内不重复规划建设此类热电项目；以蒸汽为供热介质的一般按8km考虑，在8km范围内不重复规划建设此类热电项目。 国家支持利用多种方式解决中小城镇季节性供暖供热问题。并鼓励有条件的地区采用天然气、煤气和煤层气等清洁能源实施高效清洁热电联产。 中小城镇季节供暖供热应当符合因地制宜，合理布局，先进适用的原则。 国家采取多种措施，大力发展煤炭清洁高效利用技术，积极探索应用高效清洁热电联产技术。重点开发建设煤气化联合循环发电、供热（制冷）、发电多联产技术。热电联产项目应优先上网发电。

续表

序号	颁布时间	政策名称	内 容
8	2010年	《关于2009年7—12月可再生能源电价补贴和配额交易方案的通知》(发改价格〔2010〕1894号)	可再生能源电价附加资金补贴范围为2009年7—12月可再生能源发电项目上网电价高于当地脱硫燃煤机组上网电价标杆上网电价的部分。公共可再生能源独立电力系统运行维护费用、可再生能源发电项目接网费用。对纳入补贴范围内的秸秆直燃发电量给予临时电价补贴。补贴标准为0.1元/kWh
9	2011年	《关于发展天然气分布式能源的指导意见》(发改能源〔2011〕2196号)	加强规划指导。各省(区、市)和重点城市发展改革和能源主管部门会同住房城乡建设主管部门同时制定本地区天然气分布式能源专项规划,并与城镇燃气、供热发展规划统筹协调,确定合理供应结构、统筹安排项目建设
10	2012年	《关于开展燃煤电厂综合升级改造工作的通知》(发改厅〔2012〕1662号)	鼓励对供电煤耗高出同类机组申报国家级平均水平5g/kWh以上的煤电机组实施综合升级改造。重点支持满足下列条件的机组申报国家燃煤电厂综合升级改造项目年度实施计划: (1) 单机容量大于10万kW且小于100万kW。 (2) 投产运行2年以上。对20万kW级及以下纯凝机组、除供热改造外,服役运行年限在15年以内。 (3) 供热改造项目。单台机组供热能力达到割工业热负荷70t/h或供暖热负荷240万m²以上。 (4) 单台机组预计年节能量超过7500t标准煤
11	2013年	《关于印发大气污染防止行动计划的通知》(国发〔2013〕37号)	到2017年,全国地级及以上城市可吸入颗粒物浓度比2012年下降10%以上,优良天数逐年提高;京津冀、长三角、珠三角等区域细颗粒物浓度分别下降25%、20%、15%左右。其中北京市细颗粒物年均浓度控制在60μg/m³左右。 全面整治燃煤小锅炉。加快推进集中供热、煤改电工程建设、煤改气,到2017年,除必要保留的以外,地级及以上城市建成区基本淘汰蒸发量10t/h及以下的燃煤锅炉;其他地区原则上不再新建蒸发量20t/h以下的燃煤锅炉,改用电、新能源或清洁能源。推广应用高效节能环保型锅炉。在供热供气管网不能覆盖的地区,改用电、新能源或清洁能源。通过集中供热、热电联产机组逐步淘汰分散燃煤锅炉。制药、印染、制革、制药等产业集聚区,长三角、珠三角等区域要于2015年底前基本完成燃煤电厂、燃煤锅炉和工业窑炉的污染治理设施建设与改造,完成石化企业有机废气综合治理。

续表

序号	颁布时间	政策名称	内　　容
11	2013年	《关于印发大气污染防止行动计划的通知》（国发[2013] 37号）	到2017年，煤炭占能源消费总量比例降低到65%以下。京津冀、长三角、珠三角等区域新建项目禁止配套建设自备燃煤电站。除热电联产外，禁止审批新建燃煤发电项目；现有多台燃煤机组装机容量合计达到30万kW以上的，可按照煤炭等量替代的原则建设大容量燃煤机组。积极有序发展水电，开发利用地热能、风能、太阳能、生物质能、安全高效发展核电。到2017年，运行核电机组装机容量达到5000万kW，非化石能源消费比例提高到13%
12	2014年	《煤电节能减排升级与改造行动计划（2014—2020年）》（发改能源[2014] 2093号）	在进行煤电机组升级改造的同时积极发展热电联产。对分散燃煤小锅炉实施替代和限期淘汰。大中型城市适度建设大型热电机组。鼓励建设背压式热电机组；中小型城市和热负荷集中的工业园区，优先建设背压式热电机组。到2020年，燃煤热电冷多联供占煤电总装机容量比例力争达到28%
13	2015年	《关于开展风电清洁供暖工作的通知》（国能综新能[2015] 306号）	根据目前风电清洁供暖项目弃风限电现象严重，热力管网或天然气管网难以满足供热需求等问题，鼓励新建建筑优先使用风电清洁供暖技术。同时要求加快开展风电供暖建设，鼓励风电场与电力用户采取直接交易的模式供电。按照每1万kW风电配套制热量满足2万m²建筑供暖需求的标准确定参与供暖的装机规模
14	2015年	《关于进一步深化电力体制改革的若干意见》（中发[2015] 9号）	鼓励供水、供气、供热等公共服务行业和节能服务公司从事售电业务
15	2015年	《全面实施燃煤电厂超低排放和节能改造工作方案》（环发[2015] 164号）	优先淘汰改造后仍不符合能效、环保等标准的30万kW以下机组，特别是运行满20年的纯凝机组和运行满25年的抽凝热电机组。列入淘汰方案的机组不再要求实施改造
16	2016年	《关于供热企业增值税 房产税 城镇土地使用税优惠政策的通知》（财税[2016] 94号）	"三北地区"供热企业在供暖期向居民个人收取的供暖收入（包括供热企业直接向居民收取的和由单位代居民缴纳的供暖费）免征收增值税。对向居民供热而收取供暖费的供热企业，为居民供热所使用的生产、厂房免征收房产税、生产免征收城镇土地使用税

续表

序号	颁布时间	政策名称	内　　容
17	2016 年	《关于下达火电灵活性改造试点项目的通知》（国能综电力〔2016〕397 号）	首次确定了 16 个项目作为第一批提升火电灵活性改造试点项目
18	2016 年	《关于下达第二批火电灵活性改造试点项目的通知》（国能综电力〔2016〕474 号）	提出要充分挖掘火电机组调峰潜力，提升我国火电运行灵活性，提高新能源消纳能力
19	2016 年	《热电联产管理办法》（发改能源〔2016〕617 号）	热电联产发展应遵循"统一规划，以热定电，立足存量，结构优化，提高能效，环保优先"的原则，力争实现北方大中型以上城市热电联产集中供热率达到 60% 以上，20 万人口以上县级城市热电联产全覆盖，形成规划科学、布局合理、供热安全的热电联产业健康发展格局。鼓励对热电联产机组实施技术改造，进一步提高供热能力。同时也鼓励采用清洁能源和可再生能源供热方式满足新增集中热负荷需求。以工业热负荷为主的工业园区应尽可能通过规划建设公用热电联产项目实现集中供热
20	2016 年	《关于推动东北地区电力协调发展的实施意见》（国能电力〔2016〕179 号）	要引导热电有序发展。落实《热电联产管理办法》，充分发挥背压式热电机组供热能力强、机组容量小的优势。严格限制现役纯凝机组供热改造，确需供热改造满足供暖需求的，须同步安装蓄热装置，确保热系统调峰安全
21	2016 年	《"十三五"节能环保产业发展规划》（发改环资〔2016〕2686 号）	在余能回收利用方面要加强有机朗肯循环发电，吸收式换热集中供热，低浓度瓦斯发电等技术攻关，推动余热余压资源回收利用，推动中低品位余热资源跨行业协同利用和余热供暖应用
22	2016 年	《"十三五"节能减排综合工作方案》（国发〔2016〕74 号）	要因地制宜采用生物质能、太阳能、空气热能、浅层地热能等解决农房供暖、炊事、生活热水等用能需求，提升农村能源利用的清洁化水平

255

续表

序号	颁布时间	政策名称	内 容
23	2016 年	《能源技术革命创新行动计划（2016—2030 年）》（发改能源〔2016〕513 号）	在可再生能源领域，要重点发展可再生能源制氢、热电联供系统集成示范。掌握电站运行特性和调控策略。到 2050 年，四代核电站具备规模建设条件面实现"可持续性、安全性、经济性和核不扩散"的要求，核能在供热、化工、制氢、冶金等方面具备规模建设条件
24	2016 年	《关于进一步做好煤电行业淘汰落后产能工作的通知》（发改能源〔2016〕855 号）	抽凝煤电机组关停后，应通过新建背压机组等方式解决。差额电力需求采用发电权交易易等市场化方式解决。企业自备电厂机组要按照《关于加强和规范燃煤自备电厂监督管理的指导意见》等要求，积极推行升级改造。鼓励运行年限满 15 年且具备改造条件的纯凝煤电机组改造为符合产业政策的热电联产机组。当地系统调峰能力不足的，要同步安装蓄热装置，避免增加系统调峰压力。13 省（区）在 2017 年前（含 2017 年）的除居民生热电外的自用煤电项目（不含国家确定的示范项目）应暂缓核准
25	2016 年	《能源发展"十三五"规划》（发改能源〔2016〕2744 号）	我国能源结构双重更替叠加快，能源供需形态深刻变化。传统能源产能结构性过剩同题突出。可再生能源发展面临多重瓶颈，部分地区弃风、弃水、弃光问题严重。在发展中应注重结构调整，推进能源绿色低碳发展。在供热方面，要大力推广热、电、冷、气一体化集成应能。加快推进"互联网＋"智慧能源建设。实施多能互补集成优化工程。加强集成供用能系统规划和一体化建设。在新工业园区、新建城镇、新建大型公用设施、商务区和海岛地区等新增用能区域，因地制宜推广天然气热电冷三联供、分布式再生能源发电、地热能供暖制冷等供能模式。加强热、电、冷、气等能源生产和互补利用。同时要统筹电网升级改造配套热电联产机组建设。城电能替代。积极推进棚户区改造配套热电联产机组。积极推进棚户区改造配套热电联产机组
26	2016 年	《能源生产和消费革命战略（2016—2030）》（发改基础〔2016〕2795 号）	在推动城乡电气化发展中，鼓励利用可再生电力实现建筑性供热（冷）、炊事、热水，实现增量需求主要依靠清洁能源，因地制宜选择合理技术路线，广泛开发生物质能、加快集中供热燃气管网展。在具备条件的农村地区，建设集中供热燃气管网发
27	2017 年	《完善电力辅助服务补偿（市场）机制工作方案》（国能发监管〔2017〕67 号）	提出要实现电力辅助服务补偿项目全覆盖。鼓励采用竞争方式确定电力辅助服务承租机组。鼓励储能设备参与提供电力辅助服务，允许第三方参与提供电力辅助服务

续表

序号	颁布时间	政策名称	内容
28	2017 年	《关于推进北方供暖地区城镇清洁供暖的指导意见》（建城〔2017〕196 号）	要按照"企业为主、政府推动、居民可承受"的方针，以满足群众取暖需求为导向，推进供暖供给侧改革。重点推进京津冀及周边地区"2+26"城市"煤改气""煤改电"及可再生能源集中供暖等多种清洁供暖方式，加快推进"禁煤区"建设。其他地区进一步发展清洁燃煤集中供暖，提高清洁供暖水平。减少散煤供暖，加快替代散烧煤方式，提高清洁供暖水平
29	2017 年	《北方地区冬季清洁取暖规划（2017—2021 年）》（发改能源〔2017〕2100 号）	我国北方地区取暖使用能源以燃煤为主，燃煤取暖面积约占总取暖面积的 83%，其中清洁燃煤集中供暖面积约占总取暖面积合计约占 17%，其中天然气供暖面积 22 亿 m²，占比 11%；电供暖面积约 4 亿 m²，占比 2%；地热供暖面积约 5 亿 m²；工业余热供暖面积约 1 亿 m²。截至 2016 年底，我国北方地区城乡建筑取暖总面积约 206 亿 m²。其中，城镇建筑取暖面积 50 亿 m²，农村建筑取暖面积 65 亿 m²，"2+26"城市城乡建筑取暖面积 141 亿 m²。以保障北方地区广大群众温暖过冬，减少大气污染为立足点，按照企业为主、政府推动，尽可能利用清洁能源，加快提高清洁供暖比例，构建绿色、节约、高效、协调，适用的北方地区清洁供暖体系。争取到 2019 年北方地区清洁取暖率达到 50%，替代散烧煤（含低效小锅炉用煤）7400 万 t。到 2021 年，北方地区清洁取暖率达到 70%，替代散烧煤（含低效小锅炉用煤）1.5 亿 t。供热系统平均标准的散煤降低至 15kg 标准煤/m² 以下。力争用 5 年左右时间，基本实现雾霾严重城市化地区的散煤供暖能源清洁化
30	2017 年	《关于印发北方地区清洁供暖价格政策意见的通知》（发改价格〔2017〕1684 号）	按照"企业为主、政府推动、居民可承受"的方针，遵循因地制宜、突出重点、统筹协调的原则，宜气则气、宜电则电，建立有利于清洁供暖价格机制、综合运用价格、阶梯价格，扩大市场化交易等各项支持政策，促进北方地区加快实现清洁供暖。同时建立有利于清洁供暖价格机制，综合运用多种价格方式等支持政策，促进北方地区加快实现清洁供暖。通过热电联产、大型燃煤锅炉等方式致热力生产增加较多的，必须达到超低排放标准后供热。大型燃煤锅炉环保改造导致致供热力生产成本增加较多的，可以通过适当调整集中供热价格予以疏导，燃气分布式及风电机热电联产，不足部分通过当地财政予以补偿。鼓励发展燃机热电等清洁能源供暖

续表

序号	颁布时间	政策名称	内容
31	2017年	《关于加快浅层地热能开发利用 促进北方供暖地区燃煤减量替代的通知》（发改环资〔2017〕2278号）	一些地区在发展浅层地热能供热（冷）一体化服务、减少燃煤消耗、提高区域能源利用效率等方面取得明显成效。以《国务院关于印发大气污染防治行动计划的通知》（国发〔2013〕37号）、《国务院关于印发"十三五"节能减排综合工作方案的通知》（国发〔2016〕74号）以及国家发展改革委等部门《国务院关于印发"十三五"生态环境保护规划的通知》（国发〔2016〕65号）的通知》（发改环资〔2014〕2984号）和《关于推进北方采暖地区清洁供暖的指导意见》（建城〔2017〕196号）为依据，要进一步促进浅层地热能的开发利用，推进北方供暖地区居民供热等领域燃煤减量替代，提高区域供热（冷）能源利用效率和清洁化水平，改善空气环境质量。 争取到2020年，京津冀及周边地区等北方供暖地区，浅层地热能在供热（冷）领域得到有效应用，应用水平得到较大提升，在替代民用散煤供热（冷）方面发挥积极作用，区域供热（冷）用能结构得到优化，相关政策机制和保障制度进一步完善，浅层地热能利用技术开发、咨询评价、关键装备制造、工程建设、运营服务等产业体系进一步健全。
32	2018年	《京津冀及周边地区2018—2019年秋冬季大气污染综合治理攻坚行动方案》（环大气〔2018〕100号）	要深化工业污染治理，按照"一区一热源"原则，推进园区内分散燃煤锅炉有效整合。坚持从实际出发，统筹兼顾温暖过冬与清洁取暖，合理确定改造技术路线，宜电则电、宜气则气、宜煤则煤，坚持以气定改、以电定改，各地在优先保障2017年已经开工的居民"煤改气""煤改电"项目用气用电基础上，根据年度和供暖期新增气量以及实际供电能力合理确定居民"煤改气""煤改电"户数。对以气代煤、以电代煤等替代方式，在气源电源未落实之前，原有取暖设施不拆除。制定并落实以煤保供热安全可靠的前提下，加快集中供热管网建设，优先利用热电联产等清洁供暖方式淘汰供暖范围内的燃煤锅炉。 力争2019年10月底前基本完成散煤替代工作：河北省替代174万户，完成北京市以南、石家庄市以北散煤替代工作，山西省替代28万户、山东省替代45万户、河南省替代81万户。

续表

序号	颁布时间	政策名称	内 容
33	2018 年	《打赢蓝天保卫战三年行动计划》(国发〔2018〕22 号)	要深化工业污染治理，大力推进企业清洁生产，完善园区集中供热设施，积极推广集中供热。有效推进北方地区群众安全清洁取暖。坚持从实际出发，宜电则电，宜气则气，宜煤则煤，宜热则热，确保北方地区群众安全取暖过冬。集中资源推进京津冀及周边地区、汾渭平原等区县以乡镇或单元整体推进。2020 年供暖季前，在保障能源供应前提下，京津冀及周边地区、汾渭平原的平原地区基本完成生活和冬季取暖散煤替代，山区、汾渭平原推广洁净型煤，积极推广能源替代，并加强煤质监管。严厉打击销售劣质煤行为。燃气壁挂炉能效不得低于 2 级水平
34	2018 年	《关于做好 2018—2019 年采暖季清洁供暖工作的通知》(国能发电力〔2018〕77 号)	各地区要结合清洁供暖实践，创新体制机制，优化营商环境，热力生产和供应领域，引导社会资本进入清洁供暖市场，鼓励企业开展技术创新和经营创新，发展新技术、新模式、新业态。稳妥推进"煤改气"技术。要按照就近利用清洁能源的原则，因地制宜就近利用清洁能源资源，增加地热供暖面积，重点发展生物质热电联产或生物质取暖炉供暖，以及分散式生物质成型燃料供暖，或将太阳能集中供暖。方式科学搭配，发展"太阳能+"供暖。同时，扎实推进清洁燃煤集中供暖、天然气等各类能源联保联供。对仍需使用煤炭取暖的用户，切实做好洁净煤供应保障工作。对于偏远山区等暂不能通过清洁供暖替代清洁取暖的，重点利用"洁净型煤+环保炉具"等方式替代散烧煤
35	2018 年	《汾渭平原 2018—2019 年秋冬季大气污染综合治理攻坚行动方案》(环大气〔2018〕132 号)	要有效推进清洁取暖，坚持因地制宜，宜电则电，宜气则气，宜煤则煤，宜热则热，要充分利用达到超低排放的热电联产、燃煤锅炉集中供热及工业余热和地热等清洁供暖能源。加快供热管网基础设施建设，加大散煤替代力度，积极推广太阳能光热利用和集中式生物质利用；坚持以气定改、以电定改，合理确定居民"煤改气""煤改电"户数，坚持先立后破。各地健全供热价格机制，合理制定清洁取暖价格，全力做好气源、电源供应保障，抓好天然气产供销体系和调峰能力建设，夯实"压非保民"应急预案

续表

序号	颁布时间	政策名称	内容
36	2018年	《关于印发〈北方地区冬季清洁取暖试点城市绩效评价办法〉的通知》(财建〔2018〕253号)	北方地区冬季清洁取暖试点城市示范期为三年，三年期间，每年组织试点城市进行绩效自评，四部门根据工作需要委托相关单位进行抽查，示范两年后四部门组织开展中期评估，期满后组织实施总体绩效评价
37	2018年	《关于扩大中央财政支持北方地区冬季清洁取暖城市试点的通知》(财建〔2018〕397号)	示范城市在三年示范期结束后，城市城区清洁取暖率达到100%，平原地区基本完成取暖散煤替代；新建居住建筑全部完成节能改造，城市城区具备改造价值的既有建筑执行国家标准水平较现有水平再提高30%，城乡结合部及所辖县要完成80%以上。并且，示范城市应统筹利用天然气、电、地热、太阳能、生物质、工业余热等各类清洁能源，宜电则电、宜气则气、宜煤则煤、宜油则油、宜热则热，"以气定改""以电定改""先立后破"，多措并举推进北方地区冬季清洁取暖。 其中，邯郸、邢台、张家口、沧州、洛阳、阳泉、安阳、晋城、长治、晋中、运城、吕梁、临汾、淄博、济宁、滨州、德州、聊城、菏泽、安阳、焦作、濮阳、西安、咸阳等23个城市入围第二批试点
38	2018年	《关于提升电力系统调节能力的指导意见》(发改能源〔2018〕364号)	"十三五"期间，力争完成2.2亿kW火电机组灵活性改造（含燃料灵活性改造，下同），提升电力系统调节能力4600万kW。优先提升30万kW级煤电机组的深度调峰能力，改造后的纯凝机组最小技术出力达到30%～40%额定容量，热电联产机组最小技术出力达到40%～50%额定容量；部分电厂达到国际先进水平，机组不投油稳燃时纯凝工况最小技术出力达到20%～30%。在气源保障、调峰需求突出的地区发展一定规模的燃气调峰，"十三五"期间，新增调峰气电规模500万kW，推动产业化发展和规模化应用，"十三五"期间，太阳能热发电装机积极支持太阳能热发电，提升电力系统调节能力400万kW，力争达到500万kW
39	2018年	《清洁能源消纳行动计划(2018—2020年)》(发改能源规〔2018〕1575号)	全面落实《北方地区冬季清洁取暖规划(2017—2021年)》要求，加快提高清洁供暖比例。上下联动落实任务分工，明确省级清洁取暖率达到50%、70%。加强清洁取暖设计与清洁能源消纳的统筹衔接。2019年，2021年实现北方地区清洁取暖率达到50%、70%

续表

序号	颁布时间	政策名称	内　容
40	2018 年	《乡村振兴战略规划（2018—2022 年）》	优化农村能源供给结构，大力发展太阳能、浅层地热能、生物质能等，因地制宜开发利用水能和风能。加快推进生物质热电联产、生物质供热、规模化生物质天然气等燃料清洁化工程。推进农村能源消费升级，大幅提高电能在农村能源消费中的比例，加快实施北方农村地区冬季清洁取暖。积极稳妥推进散煤替代
41	2019 年	《关于延续供热企业增值税房产税城镇土地使用税优惠政策的通知》（财税〔2019〕38 号）	为支持居民供热供暖，自 2019 年 1 月 1 日至 2020 年供暖期期结束，"三北"地区供热企业向居民供热取得的供暖费收入免征增值税。为居民供热所使用的厂房及土地免征房产税、城镇土地使用税；对供热企业其他厂房及土地，按照规定征收房产税、城镇土地使用税

附录 B 地方供热政策汇总

地方政策		颁布时间	政策名称	内 容
华北地区	北京市	2018年	《北京市打赢蓝天保卫战三年行动计划》(京政发〔2018〕22号)	到2020年，优质能源比例提高到95%，基本解决燃煤污染。加强外部电力调入，提高外输电比例。充分开发本地新能源资源，推进可再生能源清洁取暖
		2018年	《北京市中心热网热源余热利用工作方案(2018—2021年)》(京发改〔2018〕1349号)	到2021年末，建成京能高安屯电厂烟气余热等一批余热回收项目，力争新增余热回收能力约1040MW，其中燃气热电厂余热回收能力850MW，调峰热源厂余热回收能力190MW
		2019年	《关于进一步加快供热泵系统应用推动清洁供暖的实施意见》(京发改规〔2019〕1号)	第一阶段：到2020年，新增热泵系统利用面积1000万m²，累计利用面积达到7000万m²。第二阶段：到2022年，新增热泵系统利用面积2000万m²，累计利用面积达到8000万m²左右，热泵系统应用水平得到显著提升
	天津市	2017年	《天津市居民冬季清洁取暖工作方案》(津政发〔2017〕38号)	全面推进居民冬季清洁取暖。除山区等不具备清洁取暖条件的采用无烟型煤替代外，全市居民散煤基本"清零"。实施居民煤改清洁能源取暖121.3万户(不含山区)约3万户，农村地区108.4万户。各区结合配套电力和城中村改造4.3万户(含棚户区和城中村气设施改造)，空气源热泵等设施情况，主要确定以下改造方式：一是"煤改电"，包括采用电暖器，主要采用燃气壁挂炉取暖；三是集中供热补热，主要针对热力管网已经覆盖区域，通过集中供热替代分散燃煤取暖；四是少量拆迁，腾正利用现有空调等其他方式调等其他方式
		2018年	《天津市打赢蓝天保卫战三年作战计划(2018—2020年)》(津政发〔2018〕18号)	2018年，全市煤炭消费总量控制在4200万t以下；2020年，全市煤炭消费总量控制在4000万t以内，煤炭占一次能源消费比例控制在45%以下。2018年9月底前，全市基本淘汰蒸发量35t/h以下燃煤锅炉，其他锅炉基本实现超低排放，蒸发量65t/h及以上燃煤油锅炉全部实现超低排放，其他锅炉达到大气污染物特别排放限值。2020年底前，30万kW及以上热电联产电厂供热半径15kW范围内的燃煤锅炉全部关停整合

续表

地方政策		颁布时间	政策名称	内容
华北地区	河北省	2018年	《河北省打赢蓝天保卫战三年行动方案》（冀政发〔2018〕18号）	深入实施燃煤锅炉治理。全省基本淘汰除蒸发量35t/h及以下燃煤锅炉、茶炉大灶及经营性小煤炉。2019年底前，蒸发量35t/h以上燃煤锅炉基本完成有色烟羽治理和超低排放改造。保留的燃煤锅炉全面达到排放限值和能效标准。城市和县城建成区禁止新建蒸发量35t/h及以下燃煤锅炉。禁止新建蒸发量35t/h以上的生物质锅炉，蒸发量35t/h以上的生物质锅炉要达到超低排放标准。2020年10月底前，燃气锅炉完成低氮燃烧改造。城市建成区生物质锅炉实施超低排放改造。2020年底前，全部关停整合30万kW及以上上热电联产电厂电厂供热半径15km范围内的燃煤锅炉和落后燃煤小热电
		2018年	《河北省2018年冬季清洁取暖工作方案》（冀政办〔2018〕29号）	河北省农村地区统筹气源电源保障和基础设施支撑能力，拟定安排180.2万户，其中电代煤31.9万户，气代煤145.1万户，新型取暖约3.2万户
	山西省	2018年	《山西省打赢蓝天保卫战三年行动计划》（晋政发〔2018〕30号）	2018年10月底前，11个设区市城市建成区清洁取暖覆盖率达到100%；2020年10月底前，县（市）建成区清洁取暖覆盖率达到100%，农村地区清洁取暖覆盖率力争达到60%以上；重点区域平原地区基本完成生活及冬季取暖散煤替代。力争2020年天然气占能源消费总量比例达到10%左右。县级及以上城市不再新建蒸发量35t/h以下的燃煤锅炉。2020年10月1日前，重点区域基本淘汰蒸发量35t/h以下燃煤锅炉、其他地区原则上不再新建燃煤锅炉。重点区域市及县（市）建成区的燃煤供暖锅炉、生物质锅炉于2019年10月1日前完成节能和超低排放改造。2020年底前，全省30万kW及以上上热电联产电厂供热半径15km范围内的燃煤锅炉和落后燃煤小热电全部关停整合
		2018年	《山西省冬季清洁取暖实施方案》（晋发改能源发〔2018〕485号）	未来三年，山西省城乡建筑取暖总面积约15.7亿㎡，清洁取暖率达到75%，替代燃烧煤600万t。清洁燃煤集中供暖面积达到8.6亿㎡，占比73%。电供暖和天然气供暖面积达到2.44亿㎡，占比20.7%。2021年基本形成以清洁燃煤集中供热、工业余热为基础热源，以天然气、电能、地热、生物质、太阳能、清净型煤等为补充的供热方式。以天然气分布式燃气锅炉房为调峰，壁挂炉、电锅炉为补充的供热方式

地方政策		颁布时间	政策名称	内 容
华北地区	内蒙古自治区	2018年	《内蒙古自治区打赢蓝天保卫战三年行动计划实施方案》（内政发〔2018〕37号）	到2020年底，全区能源消费总量控制在2.25亿t标准煤左右，煤炭占能源消费总量比例由2015年的82.9%降低到79%，单位地区生产总值能耗较2015年下降14%。重点削减非电力用煤，提高电力用煤比例，全区天然气消费量占煤炭消费量比重提高到55%左右。 到2020年底，电力用煤占煤炭消费总量增加到4%，消费量达到80亿m³左右。新增天然气消费优先用于居民生活、天然气汽车和替代燃煤。加快储气设施建设步伐，2020年供暖季前、地方政府、城镇燃气企业和上游供气企业的储备能力达到量化指标要求。 进一步加大燃煤小锅炉淘汰力度。全区旗县（市、区）及以上城市建成区基本淘汰蒸发量10t/h及以下燃煤锅炉等燃煤设施，原则上不再新建蒸发量35t/h及以下燃煤锅炉，其他地区原则上不再新建蒸发量10t/h以下燃煤锅炉
		2018年	《内蒙古自治区冬季清洁取暖实施方案》（内发改能源〔2018〕1080号）	城市城区优先发展集中供暖，2019年清洁取暖率达到60%以上，2021年清洁取暖率达到80%以上，城市建成区禁止新建蒸发量3t/h及以下燃煤锅炉，其中呼和浩特市、包头市、乌海市城市建成区逐步淘汰蒸发量35t/h及以下燃煤锅炉，新建建筑全部实现清洁供暖。 县城和城乡结合部构建以集中供暖为主、分散供暖为辅的基本格局。2019年清洁取暖率达到50%以上，2021年清洁取暖率达到70%以上，逐步淘汰蒸发量35t/h及以下燃煤锅炉。 农村地区优先利用地热、生物质、太阳能等多种清洁能源供暖，有条件的发展天然气或电供暖，政府所在地优先利用集中供暖延伸覆盖，2019年清洁取暖率达到20%以上，2021年清洁取暖率达到40%以上
东北地区	辽宁省	2017年	《辽宁省推进全省清洁取暖三年滚动计划（2018—2020年）》（辽政办发〔2017〕116号）	按照由城镇到农村分层次全面推进的总体思路，加快提高清洁取暖比例。城镇优先发展集中供暖、集中供暖难以覆盖的，加快实施各类分散式清洁取暖。农村地区采用天然气或电供暖、太阳能等清洁能源取暖，有条件的地区发展天然气集中供暖，适当扩大集中供暖延伸覆盖范围。不能通过清洁取暖替代散烧煤取暖的，重点利用"洁净型煤+环保炉具"的模式替代散烧煤取暖。力争2020年，全省清洁取暖率达到70%以上

续表

地方政策		颁布时间	政策名称	内　　容
东北地区	辽宁省	2018年	《辽宁省打赢蓝天保卫战三年行动方案（2018—2020年）》（辽政发〔2018〕31号）	按照由城镇到农村分层次全面推进的总体思路，稳步实施清洁燃煤供暖，有序推进天然气供暖，积极推广电供暖，科学发展热泵供暖，拓展工业余热供暖，加快提高清洁取暖比例，落实低电价电源，保证电力供应。2018年清洁取暖率达到40%，2019年清洁取暖率达到44%，2020年清洁取暖率达到49%。2019年，县级及以上城市建成区基本实现高效一体化供热；2020年底前，县级及以上热电联产电厂供暖半径15km范围内的燃煤锅炉和落后的供暖燃煤小热电全部关停整合，实现高效一体化供热。2019年，提高淘汰燃煤锅炉标准，扩大实施范围，推进淘汰城市供热专项规划确需保留的供暖锅炉以外，城市建成区蒸汽蒸发量20t/h（或14MW）及以下燃煤锅炉全部予以淘汰
	吉林省	2017年	《关于推进电能清洁供暖的实施意见》（吉政办发〔2017〕49号）	提高电能清洁供暖占比，促进富余电力消纳，减轻大气污染物排放。争取到2020年，全省电能清洁供暖面积达到4000万 m^2，年供暖用电量达到40亿 kWh 以上，减排二氧化硫1.6万t，减排氮氧化物4500t，减排粉尘6000t
		2018年	《吉林省落实打赢蓝天保卫战三年行动计划实施方案》（吉政发〔2018〕15号）	按照由城镇到农村分层次全面推进的总体思路，稳步实施清洁燃煤供暖，有序推进天然气供暖，积极推广电供暖，科学发展热泵供暖，拓展工业余热供暖，加快提高清洁取暖比例，落实低电价电源，保证电力供应。2018年清洁取暖率达到40%，2019年清洁取暖率达到44%，2020年清洁取暖率达到49%。2019年，县级及以上城市建成区基本实现高效一体化供热；2020年底前，县级及以上热电联产电厂供暖半径15km范围内的燃煤锅炉和落后的供暖燃煤小热电全部关停整合，实现高效一体化供热。2019年，提高淘汰燃煤锅炉标准，扩大实施范围，推进淘汰城市供热专项规划确需保留的供暖锅炉以外，城市建成区蒸汽蒸发量20t/h（或14MW）及以下燃煤锅炉全部予以淘汰

265

续表

地方政策		颁布时间	政策名称	内　容
东北地区	黑龙江省	2017年	《黑龙江省关于推进全省城镇清洁供暖的实施意见》（黑建发〔2017〕16号）	各地通过推进清洁供暖，提高燃煤清洁热源、燃气、电等清洁能源供暖占比，减少大气污染排放。城市城区，2019年清洁取暖率达到60%以上；2021年清洁取暖率达到80%以上。县城和城乡结合部，2019年清洁取暖率达到50%以上；2021年清洁取暖率达到70%以上
		2018年	《黑龙江省打赢蓝天保卫战三年行动计划》（黑政规〔2018〕19号）	抓好天然气产供销储体系建设。力争2020年天然气占能源消费总量比例达到8%。新增天然气量优先用于城镇居民和大气污染严重地区的生活和冬季取暖替代散煤，实现"增气减煤"。2020年底前，县级及以上城市建成区基本淘汰蒸发量10t/h及以下的燃煤锅炉，其他地区原则上不再新建蒸发量35t/h及以下燃煤锅炉。2020年底前，哈尔滨市城市建成区基本淘汰蒸发量65t/h及以上燃煤锅炉全部实现节能和超低排放
	国家能源局东北监管局	2018年	《东北电力辅助服务市场运营规则（暂行）》（东北监能市场〔2018〕220号）	增设了旋转备用交易品种，实现辅助服务市场"压低谷、顶尖峰"全覆盖。旋转备用是指为了保证可靠供电、发电机组在尖峰时段通过预留旋转备用所提供的服务。为激励和引导火电厂主动提升顶尖峰能力。新规则设计了尖峰备用市场竞价机制，火电厂目前报最大发电能力及备用售价。每15min为一个统计周期。对原电量深度调峰实时完善，将非供热期实时深度调峰费用减半处理，同时供热期适度提高调峰资稀缺程度，使新能源受益与分摊的费用更加对等。正式将光伏纳入电力辅助服务市场范畴，对市场主体组的省内与跨省调峰费用之和设置了上限。对设有调节节能力较弱的市场主体起到"底线"保护作用；对深度调峰辅助服务的调用原则和执行流程进行了细化、优化
华东地区	山东省	2018年	《山东省打赢蓝天保卫战作战方案暨2013—2020年大气污染防治规划三期行动计划（2018—2020年）》（鲁政发〔2018〕17号）	加快淘汰落后的燃煤机组。大力淘汰关停环保、能耗、安全等不达标的30万kW以下燃煤机组，优先淘汰30万kW以下的运行满20年的纯凝机组，运行满25年的抽凝机组和2018年底前防达不到超低排放标准的燃煤机组。县级及以上城市建成区基本淘汰蒸发量10t/h及以下燃煤锅炉、经营性炉灶、储粮烘干等燃煤设施。不再新建35t/h及以下的燃煤锅炉。2020年底前，7个输通道城市30万kW及以上热电联产电厂15km供热半径范围内的燃煤锅炉和落后燃煤小热电产全部关停整合

266

续表

地方政策	颁布时间	政策名称	内　容
山东省 华东地区	2018 年	《山东省冬季清洁取暖规划（2018—2022 年）》（鲁政字〔2018〕178 号）	（1）清洁取暖率。到 2020 年，全省平均清洁取暖率达到 70% 以上。其中，20 万人口以上城市基本实现清洁取暖全覆盖，农村地区平均清洁取暖率达到 55% 左右。到 2022 年，全省清洁取暖率达到 80% 以上。其中，县城及以上城市基本实现清洁取暖全覆盖，农村地区平均清洁取暖率达到 75% 左右。 （2）用能结构。到 2020 年，燃煤取暖面积占总取暖面积 70% 左右，电能以及可再生能源取暖面积占总取暖面积 30% 左右。到 2022 年，燃煤取暖面积占总取暖面积比达到 60% 左右，电能以及生物质能等可再生能源、天然气、工业余热、电能、天然气、工业余热、电能以及生物质能等可再生能源取暖面积占比达到 40% 左右。 （3）能效水平。到 2020 年，全省供热平均能耗下降到 18kg 标准煤/m² 左右，累计完成城镇既有居住建筑节能改造面积达到 1.8 亿 m²，逐步提高农村地区清洁取暖建筑保温改造比例；新建居住建筑供热平均能耗控制在 15kg 标准煤/m² 以内。到 2022 年，全省供热平均能耗下降到 16kg 标准煤/m² 左右，具有改造价值的城镇既有居住建筑全部完成节能改造，农村地区清洁取暖建筑基本具备保温能力；新建居住建筑供热平均能耗控制在 13kg 标准煤/m² 左右。 （4）污染物排放。到 2020 年，单位地区生产总值二氧化碳排放强度较 2015 年下降 20.5%，二氧化硫、氮氧化物排放总量在 2015 年基础上消减 27%。到 2022 年，继续完成国家下达的减排任务
安徽省	2018 年	《安徽省打赢蓝天保卫战三年行动计划实施方案》（皖政〔2018〕83 号）	巩固燃煤锅炉淘汰成果。全省基本淘汰蒸发量 35t/h 以下燃煤锅炉及茶水炉、经营性炉灶、储粮烘干设备等燃煤设施，不再新建蒸发量 35t/h 以下的燃煤锅炉；蒸发量 35t/h 及以上燃煤锅炉（燃煤电厂锅炉除外）全部达到特别排放值要求；蒸发量 65t/h 及以上燃煤锅炉全部完成节能和超低排放改造。2020 年底前，30 万 kW 及以上热电联产电厂（供热半径 15km 范围内）的燃煤锅炉和落后燃煤小热电全部关停整合

续表

地方政策		颁布时间	政策名称	内容
华东地区	江苏省	2018年	《江苏省打赢蓝天保卫战三年行动计划实施方案》(苏政发〔2018〕122号)	2019年10月前,在保障能源供应的前提下,供暖区域基本完成生活和冬季取暖散煤替代。燃气壁挂炉能效不得低于2级水平。到2020年,天然气消费量力争达到350亿m³左右,占能源消费比例提高到12.6%以上。新增天然气优先用于城镇居民和大气污染严重地区的生活和冬季取暖散煤替代,实现"增气减煤"。 2019年底前,蒸发量35t/h及以下燃煤锅炉全部淘汰或实施清洁能源替代,按照宜电则电、宜气则气等原则进行整治,鼓励使用太阳能、生物质能等;推进煤炭清洁化利用,推广清洁高效燃煤锅炉,蒸发量65t/h及以上燃煤锅炉全部完成节能和超低排放改造。 2019年底前,30万kW及以上热电联产电厂供热半径15km范围内的燃煤锅炉和落后燃煤锅炉全部关停整合,30万kW及以上热电联产电厂供热半径30km范围内的燃煤锅炉和小热电全部关停整合,鼓励苏南地区关停整合30万kW以下热电联产电厂和小热电
	福建省	2018年	《福建省打赢蓝天保卫战三年行动计划(2018—2020年)》(闽政〔2018〕25号)	加大燃煤小锅炉淘汰力度,县级及以上城市建成区基本淘汰蒸发量10t/h及以下燃煤锅炉,其他地区原则上不再新建蒸发量10t/h以下的燃煤锅炉。环境空气质量达标城市应进一步加大淘汰力度,大力推进集中供热。加大对纯凝机组热电联产机组技术改造力度,推进热能和超低排放改造。加快供热管网建设,充分释放和提高供热能力,淘汰管网覆盖范围内的燃煤锅炉和散煤,优先发展热电联产、冷热电联供,接受工业园区集中供热的企业原则上不再建设自备电厂
西北地区	陕西省	2018年	《陕西省铁腕治霾打赢蓝天保卫战三年行动方案(2018—2020年)(修订版)》(陕政发〔2018〕29号)	全省不再新建蒸发量35t/h以下的燃煤锅炉,蒸发量65t/h及以上燃煤锅炉全部完成节能和超低排放改造。加大燃煤小锅炉及茶水炉、经营性炉灶、储粮烘干设备等燃煤淘汰力度,陕南、陕北淘汰蒸发量10t/h及以下燃煤锅炉。2019年底前,关中地区所有蒸发量35t/h及以下已完成清洁能源改造,其中,2018年(蒸发量20t/h及以上已完成超低排放改造的除外)全部拆除或实行清洁能源改造,蒸发量35t/h及以下已完成清洁能源改造的除外)不少于60%

续表

地方政策	颁布时间	政策名称	内　容
西北地区			
陕西省	2018年	《陕西省冬季清洁取暖实施方案（2017—2021年）》（陕发改能源〔2018〕735号）	到2019年，全省（关中和陕北地区）清洁取暖率达到63%；到2021年，全省清洁取暖率达到70%以上。供热系统平均综合能耗、热网系统失水率、综合热损失明显降低。实现城镇地区以热电、燃气锅炉等集中供暖为主、分散式天然气、电、可再生能源等利用为辅的清洁供暖格局。农村地区综合采用天然气、电、可再生能源等清洁供暖方式。加快替代散烧煤取暖
甘肃省	2018年	《甘肃省打赢蓝天保卫战三年行动作战方案（2018—2020年）》（甘政发〔2018〕68号）	加大燃煤小锅炉淘汰力度。县级及以上城市建成区基本淘汰蒸发量10t/h及以上城市燃煤设施，经营性炉灶、储粮烘干设备等燃煤蒸发量35t/h以下燃煤锅炉。原则上不再新建燃煤锅炉，其他地区原则上不再新建蒸发量10t/h以下燃煤锅炉应予以淘汰关闭。集中供热管网覆盖范围内且满足清洁供暖需求的分散燃煤锅炉应予以淘汰关闭，并入集中供热管网
	2018年	《甘肃省冬季清洁取暖总体方案（2017—2021年）》（甘发改能源〔2018〕337号）	用5年左右时间，全省确保完成以气代煤和电代煤150万户以上，争取达到200万户以上。全省总面积争取达到3000万m²，形成城区供暖清洁化的冬季取暖新格局。风电、生物质、风能等可再生能源取暖面积1500m²，城郊县城供暖多元化。全省暖清洁供暖多元化
宁夏回族自治区	2018年	《宁夏回族自治区打赢蓝天保卫战三年行动计划（2018年—2020年）》（宁政发〔2018〕34号）	到2020年，扣除热电联产用煤，全区煤炭消费总量控制在1.19亿t以内。加强煤炭洗选和清洁利用。2020年全区原煤入选率达到86%。重点削减非电力用煤。县级及以上城市建成区一律禁止新建燃煤设施，其他地区一律不再新建蒸发量35t/h以下燃煤锅炉。储粮烘干设备等燃煤蒸发量10t/h以下的燃煤锅炉。2020年底前，全区各地市城市建成区基本淘汰蒸发量35t/h以下燃煤锅炉和落后燃煤小热电机组，重点区域30万kW及以上热电联产电厂电15km供热半径范围内的燃煤锅炉全部关停整合
	2018年	《宁夏回族自治区清洁取暖实施方案（2018年—2021年）》（宁政办发〔2018〕85号）	2018年，地级市清洁能源取暖率达到76%以上，县（市、区）清洁取暖率达到63%以上，农村清洁取暖率达到13%以上。2019年，地级市清洁能源取暖率达到78%以上，县（市、区）清洁取暖率达到65%以上，农村清洁取暖率达到20%以上。2021年，地级市清洁能源取暖率达到70%以上，县（市、区）清洁取暖率达到80%以上，农村清洁取暖率达到40%以上

续表

地方政策		颁布时间	政策名称	内容
西北地区	新疆自治区	2018年	《新疆自治区打赢蓝天保卫战三年行动计划(2018—2020年)》(新政发〔2018〕66号)	县级及以上城市建成区原则上不再新建燃煤锅炉，其他地区原则上城市不再新建蒸发量35t/h以下的燃煤锅炉。"乌—昌—石""奎—独—乌"工业园区(兵团级、自治区级、国家级)区域禁止新建蒸发量65t/h以下燃煤锅炉。2020年9月底前，"乌—昌—石""奎—独—乌"区域各县级及以上城市建成区完成蒸发量5t/h以下燃煤锅炉的淘汰工作。2020年9月底前，"乌—昌—石""奎—独—乌"区域各县级及以上城市建成区完成蒸发量65t/h及以上燃煤锅炉节能和超低排放改造工作；基本完成燃气锅炉低氮改造在2019年底前完成改造工作。各项改造量不低于70%
		2019年	《新疆维吾尔自治区清洁取暖实施方案(2018—2021年)》	到2021年，全区总取暖建筑面积需求将达9.07亿m²，较2017年新增取暖面积约2.27亿m²，全区清洁取暖面积达3.26亿m²；新建及改造热网总长度达1050km，其中一级热网290km，二级热网760km
	青海省	2018年	《青海省打赢蓝天保卫战三年行动实施方案(2018—2020年)》(青政〔2018〕86号)	县级及以上城市建成区基本淘汰蒸发量10t/h及以下燃煤锅炉及茶水炉，经营性炉灶等燃煤设施。原则上不再新建蒸发量35t/h以下的燃煤锅炉，其他地区原则上不再新建蒸发量10t/h以下的燃煤锅炉。2020年底前，30万kW及以上热电联产电厂供热管网覆盖范围内的燃煤锅炉和落后燃煤小热电全部关停整合
		2018年	《青海省关于推进冬季城镇清洁供暖的实施意见》(青建燃〔2018〕5号)	设市城市城区优先发展热电联产，大型区域锅炉房为主的集中供暖，加快实施各类分散式清洁供暖。2019年，集中供暖暂时难以覆盖的，清洁取暖率达到60%以上；2021年，清洁取暖率达到80%以上。县城和城市城乡结合部建以集中供暖为主、分散供暖为辅的基本格局。2019年，清洁取暖率达到50%以上；2021年，清洁取暖率达到70%以上

续表

地方政策		颁布时间	政策名称	内　容
华中地区	河南省	2018 年	《河南省污染防治攻坚战三年行动计划（2018—2020 年）》（豫政〔2018〕30 号）	2020 年底前，京津冀大气污染传输通道城市、汾渭平原城市建成区集中供暖普及率分别达到 90% 和 85% 以上，其他城市（周口、信阳市除外）建成区集中供暖普及率达到 75% 以上；已发展集中供热的县级城市 2020 年中供热普及率达到 50% 以上。全省城区、县城和城乡结合部、农村地区清洁取暖率 2020 年分别达到 95%、75%、50%。逐步扩大燃煤锅炉拆除和清洁能源改造范围。2020 年底前，全省基本淘汰蒸发量 35t/h 及以下燃煤锅炉。对 2018 年 10 月底前完成拆改的燃煤锅炉，蒸发量 1t/h 给予 6 万元资金奖补；对 2019 年 10 月底前完成拆改的燃煤锅炉，蒸发量 1t/h 给予 4 万元资金奖补；对 2019 年 10 月底后完成拆改的燃煤锅炉，不再给予资金奖补。淘汰方式主要包括煤改电、煤改气、煤改热泵代、集中供热替代、可再生能源的生物质能、地热、风能、太阳能，配备袋除尘器的生物质能。全省原则上不再办理审核使用登记审批和生物质蒸发量 35t/h 及以下燃煤锅炉。到 2020 年，累计新增供热能力 7700 万 m² 左右。2020 年底前，30 万 kW 及以上热电联产产电厂供热半径 15km 范围内的燃煤锅炉和落后燃煤小热电全部关停整合

参 考 文 献

[1] KIMBER，ADELE. Pushing the CHP cause ［J］. European Chemical News，1997，68（17）：612－620.

[2] 中国城镇供热协会. 中国供热蓝皮书 2019 ［M］. 北京：中国建筑出版社，2019.

[3] 何斯征. 国外热电联产发展政策、经验及我国发展分布式小型热电联产的前景 ［J］. 能源工程，2003（5）：1－5.

[4] SHARPE，LORNA. Swap Your Boiler for a Power Station ［J］. IEE Review，2003，49（8）：458－464.

[5] 宋波，柳松，邓琴琴，等. 俄罗斯、挪威、德国清洁供暖交流启示 ［J］. 区域供热，2018（04）：105－111，127.

[6] 赵金玲. 俄罗斯供热发展历史与现状 ［J］. 暖通空调，2015，45（11）：10－16.

[7] 张沈生，孙晓兵，傅卓林. 国外供暖方式现状与发展趋势 ［J］. 工业技术经济，2006（07）：131－134.

[8] 王洋洋. 我国城市集中供热系统模式研究 ［D］. 河北工程大学，2019.

[9] 杨旭中，郭晓克，康慧，等. 热电联产规划设计手册 ［M］. 北京：中国电力出版社，2009.

[10] 黄以明. 集中供热管网优化设计 ［D］. 西安理工大学，2007.

[11] 中国华电集团有限公司. 发电企业供热管理与技术应用 ［M］. 北京：中国电力出版社，2018.

[12] 靖长财. 机组工业供汽集成和优化技术研究及应用 ［J］. 神华科技，2018（7）：45－47.

[13] 胡泽丰. 高参数旋转隔板在 300MW 等级抽汽式机组上的运用 ［J］. 热力透平，2011（01）：61－63.

[14] 王为民. D35A 高压喷嘴调节旋转隔板热力设计 ［J］. 东方汽轮机，1994（2）：14－26.

［15］刘金芳，许晔，魏小龙. 东方超超临界 1000MW 供热汽轮机组方案探讨 ［J］. 东方电气评论，2012，26（1）：8-15.

［16］蔡振铭，殷槐金，李广磊. 330MW 高参数大功率汽轮机旋转隔板的制造工艺 ［C］. 2010 全国机电企业工艺年会上海电气杯征文论文集，2010.

［17］张学凯. 300MW 热电联供机组抽汽方式选型及结构特点 ［J］. 发电设备，2013，27（1）：1-4.

［18］付怀仁，宋春节，从春华. 燃煤电厂供热改造技术浅析 ［J］. 区域供热，2019（02）：74-78.

［19］彭敏. 东汽大型汽轮机组中压调节阀供热——DEH 控制方案 ［J］. 东方汽轮机，2013（02）：51-57.

［20］卢洲杰，金光勋. 利用汽轮机中压调门调整抽汽的技术分析研究 ［J］. 热力透平，2018（03）：34-37.

［21］王汝武. 大型凝汽机组改造成供热机组的新途径 ［J］. 沈阳工业学院院报，2009（1）：27-31.

［22］孙春农. 上海漕泾电厂 1000MW 机组供热改造热经济性分析 ［J］. 价值工程，2015（9）：41-42.

［23］马家贵. 减温减压器和压力匹配器在供热系统中的热经济性分析 ［J］. 科技与创新，2005（8）：119.

［24］顾玉新. 压力匹配器在供热系统中应用 ［J］. 发电设备，2005（5）：340-342.

［25］戈志华，杨佳霖，何坚忍，等. 大型纯凝汽轮机供热改造节能研究 ［J］. 中国电机工程学报，2012，32（17）：25-30，139.

［26］周博. 200MW 超高压抽凝式汽轮机组高背压改造的可行性研究 ［J］. 机械工程师，2018（04）：133-138.

［27］郑杰. 汽轮机低真空运行循环水供热技术应用 ［J］. 节能技术，2006（4）：380-382.

［28］张绣琨，郑刚. 抽凝机组低真空循环水供热技术分析与应用 ［J］. 上海电力学院学报，2009，25（6）：543-546.

［29］王学栋. 两种汽轮机高背压供热改造技术的分析 ［J］. 电站系统工程，2013（3）：17-50.

［30］董学宁. 对改用循环水供热汽轮机的安全性分析［J］. 东北电力技术，
2005（3）：5 - 8.

［31］许敏. 凝汽式机组改为循环水供热的技术可行性研究［J］. 节能，2001
（11）：24 - 27.

［32］刘娆. 汽轮机高背压供热改造的方式［J］. 机械工程师，2017（9）：
135 - 136.

［33］洪蕾，张宝峰. 热泵技术在电厂循环水余热回收的应用论述［J］. 应用
能源技术，2014（2）：32 - 37.

［34］王再峰，刘承刚. 基于吸收式热泵技术的石化企业低温余热利用研究
［J］. 江西建材，2016，8（185）：87 - 92.

［35］贾晓涛. 热电联产机组乏汽余热利用项目可行性分析［J］. 电力学报，
2012，3（27）：261 - 263.

［36］崔海林. 热泵技术在电厂中的应用探讨［J］. 中小企业管理与科技，
2013（24）：235 - 236.

［37］张涛. F级联合循环机组供热方案研究［J］. 中国高新技术企业，2015
（21）：67 - 69.

［38］焦树建. 燃气-蒸汽联合循环［M］. 北京：机械工业出版社，2003.

［39］赵玺灵，付林，孙涛，等. 9F级燃气-蒸汽联合循环背压供热机组烟气
余热深度利用工艺流程研究［J］. 暖通空调，2017（5）：83 - 87.

［40］华志刚，周乃康，袁建丽，等. 燃煤供热机组灵活性提升技术路线研究
［J］. 电站系统工程，2018（6）：79 - 80.

［41］吴彦廷，尹顺永，付林，等. "热电协同"提升热电联产灵活性［J］.
区域供热，2018（1）：32 - 38.

［42］谢国辉，樊昊. 东北地区风电运行消纳形势及原因分析［J］. 中国电
力，2014，47（10）：152～155.

［43］郝广讯，康剑南. 火电机组参与灵活性调峰的可行性研究［J］. 机械工
程师，2017（9）：46～49.

［44］斐哲义，王新雷，董存，等. 东北供热机组对新能源消纳的影响分析及
热电解耦措施研究［J］. 电网技术，2016（6）：1787 - 1792.

［45］董云风，吕少胜. 大型热电厂热电解耦方式选择［J］. 工程建设与设计，
2018（1）：60 - 61.

[46] 王仲博，等. 高背压小容积流量下汽轮机末级长叶片可靠性的试验研究 [J]. 热力发电，1986，02（001）：1－6.

[47] 王仲博. 小容积流量下汽轮机末级长叶片可靠性的试验研究 [J]. 中国电机工程学报，1987，07（4）：43－48.

[48] 薛朝囷，等. 汽轮机高低压旁路路联合供热在超临界 350MW 机组上的应用 [J]. 热力发电，2018，47（5）：101－105.

[49] 陈继平，刘冲. 热水供热长距离输送技术 [J]. 电力勘测设计，2018（03）：23－26.

[50] 江亿. 我国供热节能中的问题和解决途径 [J]. 暖通空调，2006（03）：37－41.

[51] 李明辉. 长距离大高差热电联产供热管网设计方案研究 [D]. 吉林建筑大学，2017.

[52] 陈鹏，王亚楠. 太古长输供热系统运行调节及控制边界条件 [J]. 区域供热，2019（02）：19－21，42.

[53] 张赟纲. 长输供热管网的供热调节 [C]. 2017 供热工程建设与高效运行研讨会会议论文专题报告，2017：361－363.

[54] 石光辉. 太原太古大温差长输供热引发的新探讨 [J]. 区域供热，2019（01）：71－76.

[55] 方修睦，周志刚. 供热技术发展与展望 [J]. 暖通空调，2016，46（03）：14－19.

[56] 钟崴，陆烁玮，刘荣. 智慧供热的理念、技术与价值 [J]. 区域供热，2018（02）：1－5.

[57] 方修睦. 智慧供热对供热企业及相关企业的要求 [J]. 煤气与热力，2018，38（03）：1－6.

[58] 田兴涛. 智慧供热系统关键技术浅析 [J]. 中外能源，2019，24（11）：16－21.